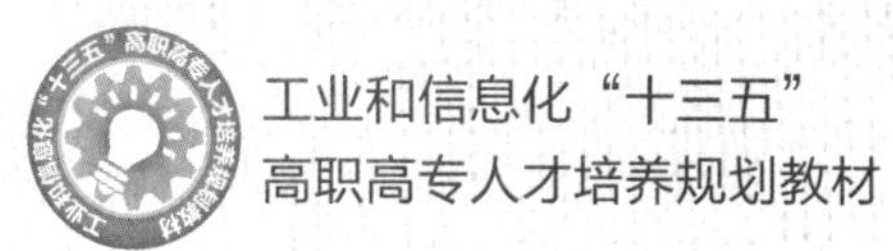


# 计算机网络基础
## 及应用案例教程

**微课版**

李臻 王艳 刘树超 主编
徐少波 刘明伟 孙杰 张磊 副主编



Foundation and Application of Computer Network

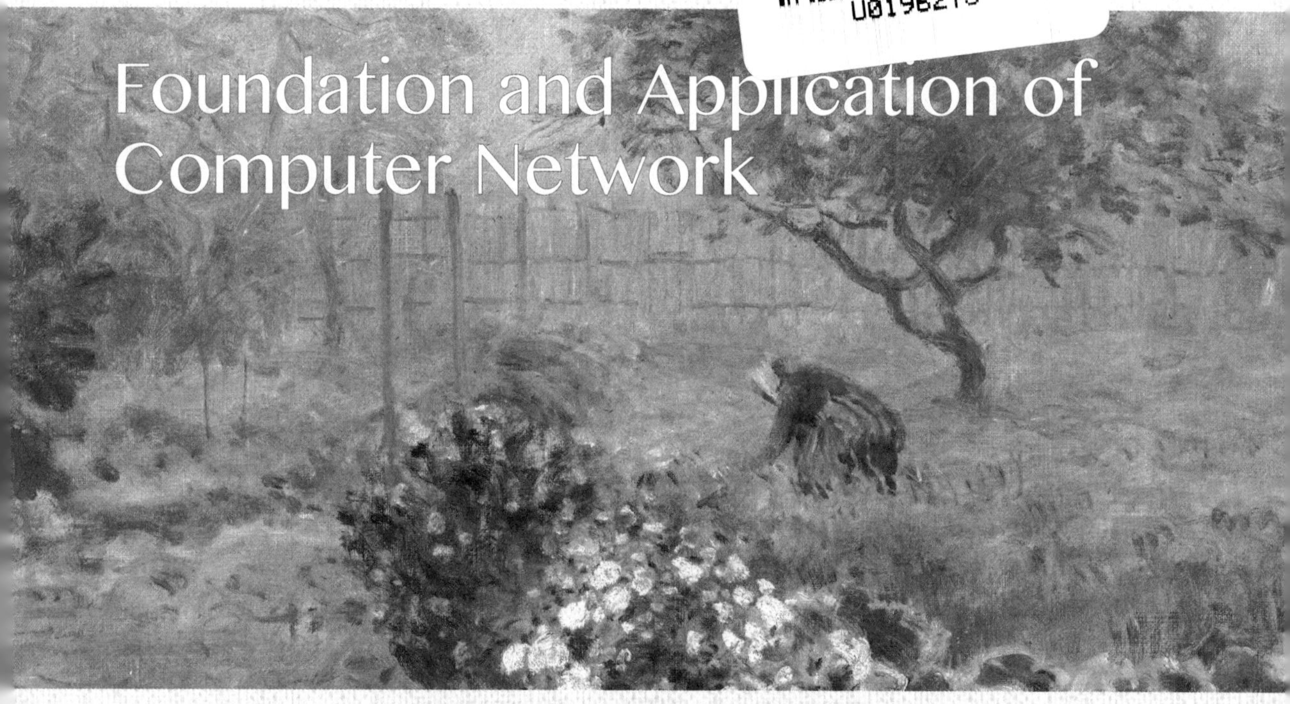

人民邮电出版社
北京

图书在版编目（CIP）数据

计算机网络基础及应用案例教程 ：微课版 / 李臻，王艳，刘树超主编. -- 北京 ：人民邮电出版社，2020.5（2023.7重印）
工业和信息化“十三五”高职高专人才培养规划教材
ISBN 978-7-115-53454-5

Ⅰ. ①计… Ⅱ. ①李… ②王… ③刘… Ⅲ. ①计算机网络－高等职业教育－教材 Ⅳ. ①TP393

中国版本图书馆CIP数据核字(2020)第031040号

## 内 容 提 要

本书以搭建东方电子商务有限公司网络为案例，设置 9 个学习情境，分别介绍计算机网络概述、局域网基础、局域网的构建与配置、无线局域网、网络测试和网络资源共享、用 Windows Server 2012 构建 C/S 局域网，接入 Internet、Internet 应用、网络维护与安全等内容，并根据每章具体内容安排了相应的习题和实训；最后一章安排完整案例—东方电子商务有限公司办公网络的组建，方便学生掌握构建网络的实际技能。

本书从高职高专人才培养目标出发，注重将计算机网络基础知识与实际应用相结合，力求内容新颖，难度适中，通俗易懂，理论联系实际，体现了系统性、完整性、实践性，反映计算机网络技术的最新发展。

本书可以作为高职高专计算机相关专业的教材，也适合作为非计算机专业以及广大计算机网络初学者的学习参考书。

◆ 主　　编　李　臻　王　艳　刘树超
副 主 编　徐少波　刘明伟　孙　杰　张　磊
责任编辑　马小霞
责任印制　王　郁　马振武

◆ 人民邮电出版社出版发行　　北京市丰台区成寿寺路 11 号
邮编　100164　　电子邮件　315@ptpress.com.cn
网址　https://www.ptpress.com.cn
北京隆昌伟业印刷有限公司印刷

◆ 开本：787×1092　1/16
印张：15　　　　　2020 年 5 月第 1 版
字数：382 千字　　2023 年 7 月北京第 9 次印刷

定价：49.80 元

读者服务热线：(010)81055256　印装质量热线：(010)81055316
反盗版热线：(010)81055315
广告经营许可证：京东市监广登字20170147号

# 前言 PREFACE

当今世界，计算机信息技术日新月异，互联网正在全面融入社会生产和生活的各个领域，引领着社会生产新变革，创造人类生活新空间，并深刻地改变着全球的产业、经济等格局。互联网正在成为 21 世纪影响和加速人类历史发展进程的重要因素，成为推动全球创新与变革、发展与共享的重要议题。

计算机网络技术不断更新发展，给我们的工作和生活带来了巨大的变化。计算机网络技术与各个行业有机融合，助推了各个行业的高速发展，网络已经成为我们生活中不可或缺的一部分。党的二十大报告提出，加快建设网络强国、数字中国，面对数字产业就业结构性矛盾和网络人才短缺等问题，职业教育需要培育更多高素质高技能网络人才。在这个网络技术不断更新的信息时代，IPv6、5G、全光网络等网络新技术不断涌现，物联网、云存储、云计算、工业互联网等新的网络应用层出不穷，我们也将迎来“互联网+”时代带来的更多挑战。全社会对职业院校的计算机网络相关课程的教学提出了更高的要求。

随着教育改革的深入，任务驱动教学法在高等职业教育领域得到广泛的认可与应用。对于“计算机网络基础”这样的专业基础课，同样可以使用任务驱动的方式将知识与实际应用相结合，使教学与学习都有的放矢。为了适应时代发展步伐，满足职业院校对计算机网络基础教学的需求，我们特意编写了本书。

本书具有以下特点。

1. 融入职业教育的新理念

本书以培养学生职业能力为核心，以基础够用为原则，采用项目导向、任务驱动的编写形式，把计算机网络的基础知识有机融入具体的工作任务中，突出了“工学结合”的特点，可以有效增强学生的实践动手能力。在工作任务设计中融入创新创业精神和工匠精神，以“三引领”注重培养学生责任担当意识、创新精神，提升学生民族自豪感和政治认同感，突出职业道德、工匠精神和质量意识培育。

2. 紧跟网络技术发展前沿

计算机网络技术的发展速度比较快，与行业企业的融合度高，时时刻刻都在影响我们的生活。为了突出教材的实用性，我们在编写的过程中，尽量把行业企业的最新应用技术融入进来，将教学内容与实际应用对接，提升了教学的职业性、针对性、实用性和前瞻性。

全书共有 10 章，结构安排如下。

第 1 章计算机网络概述，介绍计算机网络的概念、发展、分类和功能，计算机网络的体系结构，OSI 参考模型和 TCP/IP 参考模型等内容。

第 2 章局域网基础，介绍局域网的基本组成、特征、拓扑结构和类型，局域网常用的设备硬件，包括网络主机、传输设备、网络互连设备等，常用的网络软件系统，包括介质访问控制、网络操作系统、网络通信协议、IP 地址和子网掩码等知识。

第 3 章局域网的构建与配置，介绍网络结构、网络设备、网络布线规范、对等网结构、使用交换机组建局域网、网络协议与 IP 配置以及设置计算机标识等内容。

第 4 章无线局域网，介绍无线局域网的标准、常用设备和网络结构，无线局域网的组建、安全设置，移动设备接入无线网络等内容。

第 5 章网络测试和网络资源共享，介绍 Ping、IPConfig、net view 等常用网络命令，设置共享文件夹，查看网络资源，配置网络驱动器以及共享打印机，网络远程桌面连接等内容。

第 6 章用 Windows Server 2012 构建 C/S 局域网，介绍 C/S 局域网的基本概念，安装 Windows Server 2012 操作系统、配置 DNS 服务器、DHCP 服务器、Web 服务器等常用的 Windows Server 2012 服务器。

第 7 章接入 Internet，介绍 Internet 的组成、工作原理、域名与域名解析、局域网接入 Internet、WWW 的工作原理及 IE 浏览器的设置与使用等内容。

第 8 章 Internet 应用，介绍网络搜索引擎的使用、免费邮箱的使用、迅雷等下载工具的使用、微信、QQ 等即时通信工具的使用、网络论坛与博客的应用、淘宝电子商务应用等内容。

第 9 章网络维护与安全，介绍网络安全概念与内容、网络安全措施、网络病毒防护、防范黑客入侵、防火墙的应用等网络安全知识。

第 10 章完整案例——东方电子商务有限公司办公网络的组建，以东方电子商务网络公司实际网络搭建项目为案例，详细介绍了公司局域网的搭建过程。

本书注重计算机网络基础知识与实际应用相结合，基于东方电子商务有限公司实际网络搭建项目的真实案例，培养学生掌握构建网络的实际技能。每章最后还附有大量练习，便于学生复习。

本书由山东信息职业技术学院省级计算机网络技术创新团队与 360 政企安全集团共同编写，由李臻、王艳、刘树超担任主编，负责本书整体结构的设计和全书统稿；徐少波、刘明伟、孙杰、张磊担任副主编；参与编写的还有张锋、梁宇琪等。其中，张磊编写了第 1 章，孙杰编写了第 2 章，李臻编写了第 3~4 章，刘树超编写了第 5 章，徐少波编写了第 6 章，梁宇琪编写了第 7 章，刘明伟编写了第 8 章，王艳编写了第 9 章，张锋编写了第 10 章。李正吉、廉亚囡担任主审，负责全书的审查审阅工作。

由于编者水平有限，书中难免有疏漏和欠缺之处，敬请广大读者提出宝贵意见。

编者

2023 年 5 月

# 目录 CONTENTS

## 第4章



## 第5章



## 第6章



## 第7章

## 第 10 章 完整案例——东方电子商务有限公司办公网络的组建…………219

# 第1章 计算机网络概述

随着计算机技术的发展，人们越来越意识到网络的重要性。网络拉近了彼此的距离，本来分散在各处的计算机被网络紧密地联系在了一起。本章主要介绍计算机网络的基础知识和计算机网络体系结构的基本概念，重点介绍 OSI 参考模型与 TCP/IP 参考模型。

## 学习目标

- 计算机网络的概念
- 计算机网络的分类
- 计算机网络的功能
- 计算机网络体系结构的基本概念
- OSI
- TCP/IP 参考模型

## 学习情境引入

东方电子商务有限公司是一个拥有 200 多名员工、一座办公楼的电子商务企业，现准备搭建一个高速、安全、方便的企业网络。网络的规划、设计和实施由网络服务部的工程师老张和技术员小王负责。小王查阅网络资料后，提议将本公司的网络体系结构设计为“开放系统互连参考模型”(Open Systems Interconnection Reference Model，OSI/RM)，简称 OSI，认为该网络体系结构安全、合理、完善。请同学们学完本章内容后，分析小王提议的体系结构是否具有可行性。

## 1.1 计算机网络基础知识

计算机网络是现代通信技术与计算机技术紧密结合的产物，是随着现代社会对信息共享和信息传递日益增强的需求而发展起来的，给人类社会的生产、生活都带来了巨大的影响。它经历了一个由低级到高级、由简单到复杂、从单机到多机的发展过程。

### 1.1.1 计算机网络的概念

什么是计算机网络?多年来并没有严格的定义，人们从不同的角度出发，对计算机网络有不同的定义。

（1）从计算机技术与通信技术相结合的观点出发，通常把计算机网络定义为计算机技术与通信技术相结合，实现远程信息处理并进一步达到资源共享的系统。

（2）从物理结构上看，计算机网络又可定义为在协议控制下，由若干台计算机、终端设备、数据传输和通信控制处理机等组成的集合。

（3）从着重于应用和资源共享上看，计算机网络是把地理上分散的资源，以相互共享的方式连接起来，并且具有独立功能的计算机系统的集合。

综上所述，计算机网络是利用通信线路和设备，将分散在不同地域，并具有独立功能的多个计算机系统互连起来，按照网络协议，在功能完善的网络软件支持下，实现资源共享和数据通信的系统。

## 1.1.2 计算机网络的发展历程

随着计算机网络的发展，其功能不断增强，应用领域不断拓展，所采用的技术也在逐渐变化、进步。计算机网络的发展过程主要经历了面向终端的计算机网络、面向通信的计算机网络、开放式标准化计算机网络，以及新一代综合性、智能化高速网络等几个阶段。

**1. 面向终端的计算机网络**

在 1946 年第一台计算机诞生后的一段时期里，计算机的使用都处在单机运行状态，而且当时的计算机数量少、价格昂贵。到 20 世纪 50 年代，人们为使多数人能够同时使用同一台计算机，开始进行计算机网络技术的研究。美国半自动地面环境防空系统第一次把计算机技术和通信技术相结合，成功地将远距离雷达和其他测控设备的信息，通过通信线路汇集到一台 IBM 计算机里进行集中处理和控制。随后，出现了许多类似的系统，它们将分布在不同地域的多个终端通过通信线路连接到一台中心计算机上。用户可以在自己的办公室终端上输入程序，从而分时使用系统上的资源，完成自己的任务。这种由一台中心计算机连接大量地理上分散终端的计算机连机系统，就是计算机网络的雏形。这种系统中的所有数据处理都由主机完成，终端没有任何处理能力，仅起着字符输入、结果显示等作用。这种连机系统称为主机—终端系统，或称为面向终端的计算机网络，如图 1-1 所示。

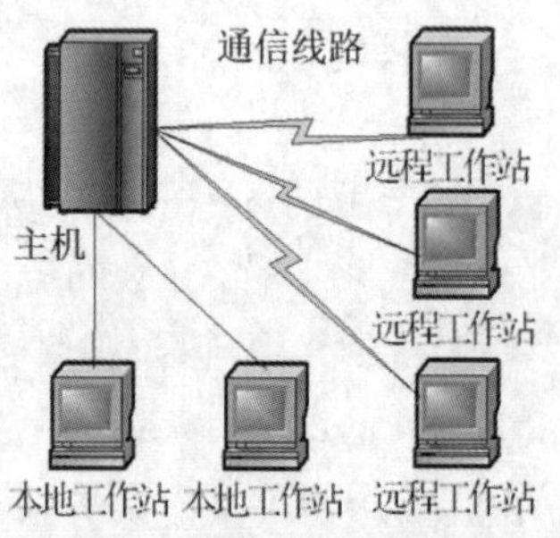

图 1-1　面向终端的计算机网络

**2. 面向通信的计算机网络**

20 世纪 60 年代末期至 20 世纪 70 年代中期，在单机连接网络的基础上，人们完成了对计算机网络体系结构与网络协议的研究，并形成了初级计算机网络，又称为计算机—计算机网络的构建。这一代计算机网络包括两大部分：一部分是以交换机为中心的通信子网，另一部分是由若干个主机和终端构成的用户资源子网。这代网络以通信子网为中心，并且以分组交换技术为基础理论。世界上第一个成功的远程计算机网络是 1969 年由美国高级研究计划局（Advanced Research Project Agency，ARPA）组织研制的 ARPANet。1969 年 12 月，美国的分组交换网 ARPANet（当时仅 4 个节点）投入运行，从此，计算机网络的发展就进入了崭新的纪元。1971 年 2 月，ARPANet 建成了具有 15 个节点、23 台主机的网络，并投入运行。它是世界上最早出现的计算机网络之一，现代计算机网络的许多概念和方法都来源于它，人们通常认为它是现代计算机网络的起源，同时，也是 Internet 的起源。

**提示　计算机网络把许多计算机连接在一起，而互联网则把许多网络连接在一起。Internet 是世界上最大的互联网。**

ARPANet 首先提出将计算机网络划分为“通信子网”和“资源子网”两大部分，其中资源子网包含主机和终端两部分。现在的计算机网络仍然沿用这种组织方式，如图 1-2 所示，图中的 CCP（Communication Control Processor）为通信控制处理机。在计算机网络中，通信子网完成全网的数据传输和数据转发等通信处理工作；资源子网承担着全网的数据处理业务，并向网络用户提供各种网络资源和网络服务。

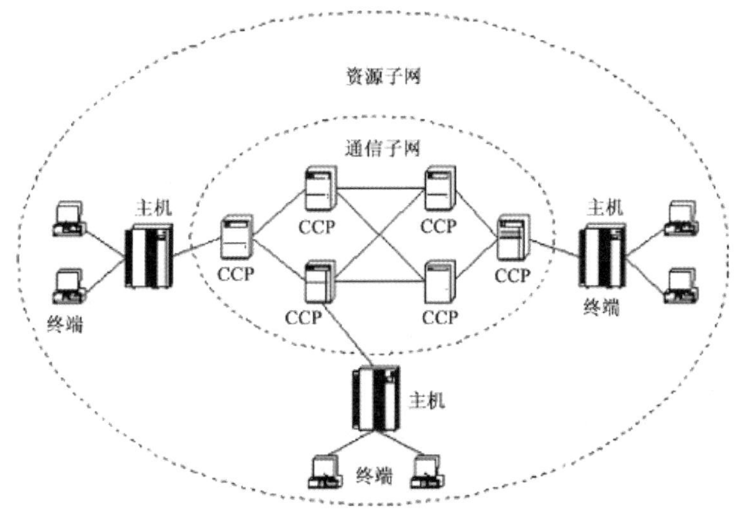


图 1-2　计算机网络由通信子网和资源子网组成

### 3. 开放式标准化计算机网络

计算机网络在起步阶段大都是由研究部门、大学、计算机公司等各自研制的，因而没有统一的标准。由于各厂家的计算机产品、网络产品在技术、结构等方面存在很大的差异，不同厂家的计算机和网络很难互连在一起，这给用户带来了很大的不便。用户无法确定哪一种网络更适合自己的需求，而且如果选择了某种网络产品，就无法再选用其他厂家的计算机或网络产品。不同的系统之间无法互连就不利于用户保护已有的投资。为此人们迫切希望建立一系列的国际标准，得到一个“开放”的系统。

20 世纪 70 年代后期，人们开始提出研制新一代计算机网络的问题。许多国际组织，如国际标准化组织（International Organization for Standardization，ISO）、国际电报电话咨询委员会（Consultative Committee on International Telephone and Telegraph，CCITT）、电气电子工程师学会（Institute of Electrical and Electronics Engineers，IEEE）等都成立了专门的研究机构，研究计算机系统的互连、计算机网络协议标准等问题，以使不同的计算机系统、不同的网络系统能互连在一起，实现“开放”的通信和数据交换、资源共享和分布处理等。1984 年，ISO 正式颁布了 OSI，开创了一个网络体系结构统一、遵循国际标准化协议的计算机网络新时代。

OSI 标准不仅确保了各厂商生产的计算机间的互连兼容，还促进了企业的竞争。厂商只有执行这些标准，才有利于产品销售，用户也可以从不同制造厂商获得兼容、开放的产品，从而大大加速了计算机网络的发展。

在 ARPANet 基础上发展起来的 Internet，使用的是传输控制协议与互联网协议 TCP/IP，尽管不是 OSI 标准，但至今仍被采纳，成为事实上的工业标准。

**4．新一代综合性、智能化高速网络**

自 20 世纪 90 年代以来，计算机网络向全面互连、高速和智能化方向发展，并且得到了广泛的应用。同时，与网络有关的技术在更大的范围内取得了进展。例如，计算机技术和通信技术共同发展，推动着光纤数字传输技术和宽带综合业务数字网的迅速发展；网络标准化工作进一步完善，网络体制趋于成熟，人们将更多的注意力转到提高线路容量和利用率上，研究和发展接入网和内部网及其设施，更注重网络互连和互连标准。

目前，计算机网络面临诸多问题，如网络带宽限制、网络安全，IP 地址紧缺等问题。因此，新一代计算机网络应向高速、大容量、综合性和智能化的方向发展。目前，不断出现新的网络技术（如移动互连技术、IPv6、全光网络等），是构建新一代宽带综合业务数字网的技术基础。

### 1.1.3 计算机网络的分类

计算机网络的分类标准有许多种。例如，按覆盖范围分类、按拓扑结构分类、按网络协议分类、按计算机在网络中的地位分类、按传输介质的不同利用方式分类等。不同的分类标准能得到不同的分类结果，本节将介绍两种不同标准的计算机网络分类。

**1．按计算机网络的覆盖范围分类**

计算机网络按覆盖范围可分为 3 类，即局域网（Local Area Network，LAN）、城域网（Metropolitan Area Network，MAN）和广域网（Wide Area Network，WAN）。它们的特性参数见表 1-1。

**表 1-1 各类计算机网络特性参数**

| 网络类型 | 网络缩写 | 覆盖范围 | 地理位置 | 传输速率 |
|---|---|---|---|---|
| 局域网 | LAN | 1km | 校园 | 4Mbit/s～10Gbit/s |
| 城域网 | MAN | 5km～50km | 城市 | 50kbit/s～2Gbit/s |
| 广域网 | WAN | 100km～1000km | 国家或地区 | 9.6kbit/s～2Gbit/s |

（1）局域网

局域网是分布在有限地理范围内的网络。由于地理范围较小，局域网通常使用专用通信线路连接，故而数据传输速率较高。局域网的本质特征是覆盖范围小、数据传输速度快，一般属于具体单位管理。

局域网的覆盖范围一般在 1km 之内，它通常是由一个部门或一个单位组建的网络。局域网是在微型机得到广泛应用后迅速发展起来的。局域网易于组建和管理，同时具有拓扑结构简单、数据传输速率高、传输延时小、成本低、应用广泛、组网灵活和使用方便等优点。

（2）城域网

城域网是一种介于广域网和局域网之间的范围较大的网络，覆盖范围通常是一个城市，距离为

5km～50km。城域网设计的目标是满足一个地区的计算机互连的要求，以实现大量用户、多种信息传输目标的综合信息传输网络。但在实际应用中，几乎没有专门的城域网，通常使用局域网或广域网的技术去构建城域网，这样，反而更实用和方便。

（3）广域网

广域网也称为远程网。广域网通常是指将分布范围较大，覆盖一个地区、国家甚至全球范围内的局域网、主机系统等互连而成的大型计算机通信网络。广域网的特点是采用的协议和网络拓扑结构多样化、数据传输速率较低、传输延时较大。广域网通常采用公共通信网作为通信子网，整个网络不归属于某单位或部门。广域网通常是连接不同地区的大型主机的局域网，如 Internet 就是一种重要的广域网。

**2. 按计算机在网络中的地位分类**

在计算机网络中，有一些计算机为网络中的用户提供共享资源和应用软件，实现服务功能，这些计算机称为服务器。而接受服务或需要访问服务器上共享资源的计算机称为客户机。在计算机网络中，服务器与客户机的地位或作用是不同的，服务器处于核心地位，客户机则处于从属地位。依据服务器与客户机的不同地位，可将计算机网络分为 3 类。

（1）基于服务器的网络

在计算机网络中，有几台计算机只作为服务器为网络用户提供共享资源，而其他计算机仅作为客户机去访问服务器上的共享资源，这种网络就是基于服务器的网络。在这种网络中，服务器处于核心地位，它在很大程度上决定网络的功能和性能。根据服务器提供的共享资源的不同，通常可以将服务器分为文件服务器、打印服务器、邮件服务器、Web 服务器和数据库服务器等。

基于服务器的网络，可以集中管理网络的共享资源和网络用户，因而具有较高的安全性。由于重要的共享资源主要集中在服务器上，而服务器一般是集中管理的，故这种网络易于管理和维护。同时，基于服务器的网络还易于实现对网络用户的分级管理。在实际的应用中，大多数局域网都是基于服务器的网络。

（2）对等网络

对等网络与基于服务器的网络不同，它没有专用的服务器，网络中的每台计算机都能作为服务器，同时，又都可以作为客户机。每台计算机既可管理自身的资源和用户，又可作为网络客户机去访问其他计算机中的资源。

在对等网络中，所有计算机的地位是平等的，因此，常常将对等网络称为工作组。在对等网络中，计算机不能太多，一般不能超过 10 台，这是因为在对等网络中，所有计算机的地位相同，很可能出现的情况是：当一个用户正在访问另一台计算机资源时，被访问的计算机突然关机了，造成访问失败。

由于对等网络中的每台计算机能独立管理自身资源，故很难实现资源的集中管理，因而，数据的安全性也较差。

（3）混合型网络

混合型网络是服务器网络和对等网络相结合的产物。在混合型网络中，服务器负责管理网络用户及重要的网络资源，客户机一方面可以作为客户访问服务器的资源，另一方面，客户机又可以被看成是一个对等网络中的计算机，客户机之间可以共享数据资源。

### 1.1.4 计算机网络的功能

计算机网络具有丰富的资源和多种功能，其主要功能是共享资源和数据通信。

**1. 共享资源**

共享资源就是共享网络上的硬件资源、软件资源和信息资源。

（1）硬件资源

计算机网络的主要功能之一就是共享硬件资源。共享硬件资源就是连接在网络上的所有用户可以共享网络上各种不同类型的硬件设备，如巨型计算机或专用高性能计算机、大容量磁盘、高性能打印机、高精度绘图设备，以及通信线路和通信设备等。

共享硬件资源的好处是显而易见的，用户可以通过网络使用各种不同类型的设备，既解决了部分资源贫乏的问题，又有效地利用了现有的资源，充分发挥了资源的潜能，提高了资源利用率。

（2）软件资源

互联网上有极为丰富的软件资源，可以让人们共享。可共享的软件资源包括：各种操作系统及其应用软件、工具软件、数据库管理软件和各种 Internet 信息服务软件等。共享软件允许多个用户同时调用服务器中的各种软件资源，并能保持数据的完整性和一致性。

用户可以通过客户机/服务器（Client/Server，C/S）模式、浏览器/服务器（Browser/Server，B/S）模式或其他形式，使用各种类型的网络应用软件，共享远程服务器上的软件资源；用户也可以通过一些网络应用程序将共享软件下载到本地计算机上使用，如匿名文件传输协议(File Transfer Protocol，FTP)。

（3）信息资源

信息也是一种资源，而且是一种更重要的资源。Internet 就是一个巨大的信息资源宝库，它像是一个信息的海洋，取之不尽，用之不竭。Internet 上的信息资源涉及各个领域，内容极为丰富。每个接入 Internet 的用户都可以共享这些信息资源；可以在任何时间，以任何形式搜索、访问、浏览、获取网上的信息，共享网上的信息资源；可共享的信息包括科学技术、社会文化、文艺体育、休闲娱乐、医疗卫生等方方面面的内容。通过 Internet 信息服务系统，用户主要可以获得 3 个方面的服务：一是可以浏览 Web 服务器上的主页及各种链接，获取 FTP 服务器中的软件与文档；二是检索各种数据库中的数据信息；三是查询各种各样的电子图书、电子出版物、网上信息、网络新闻、阅读各种远程教学课件和培训资源等。网上所有信息都可以共享。

**2. 数据通信**

数据通信功能是计算机网络的另一个主要功能，它可以为网络用户提供强有力的通信手段。组建计算机网络的主要目的就是让分布在不同地理位置的计算机用户能够相互通信、交流信息和共享资源。计算机网络提供了一条可靠的通信通道，它可以传输各种类型的信息，包括数据信息和图形、图像、声音、视频流等多媒体信息。利用网络的通信功能，人们可以进行远程的各种通信，实现各种网络上的应用，如收发电子邮件、视频点播、视频会议、远程教学、远程医疗、在网上发布各种消息、进行各方面的讨论，等等。

**3. 其他功能**

计算机网络除了上述功能外，还有以下功能。

（1）高可靠性

单个计算机或系统难免出现暂时故障，致使系统瘫痪，计算机网络能提供一个多机系统的环境，可以实现两台或多台计算机互为备份，使计算机系统的冗余备份功能成为可能，从而提高整个系统的可靠性。

（2）均衡负载

计算机网络具有均衡负载的功能，当网络上某台主机的负载过重时，通过网络和一些应用程序的控制和管理，可以将任务交给网络上的其他计算机去处理，由多台计算机共同完成任务，起到均衡负载的作用，以减少延迟，提高效率，充分发挥网络系统上各主机的作用。

（3）协调运算

计算机系统的一个基本应用就是计算，许多科学领域都离不开计算。而一些科学计算题目的量非常大，一台计算机难以完成。这时，可以通过计算机网络，在网络操作系统或应用软件的统一管理和调度下，让多台计算机协同工作（Computer Supported Cooperative Work，CSCW），共同完成计算，以提高系统的性能。

（4）分布式处理

在网络环境中，可以构建分布式处理系统，如分布式计算系统、分布式数据库管理系统等，以提高系统的处理能力，高效地完成一些大型应用系统的程序计算及大型数据库的访问等，使计算机网络除了可以共享文件、数据和设备外，还能共享计算能力和处理能力。

## 1.2 计算机网络体系结构

计算机网络系统的功能强、规模庞大，通常采用高度结构化的分层设计方法，依靠各层之间的功能组合提供网络的通信服务，从而降低网络系统设计、修改和更新的复杂性。

### 1.2.1 网络体系结构的基本概念

**1. 计算机网络协议**

一个计算机网络有许多互相连接的节点。这些节点之间要不断地进行数据（其中包括控制信息）交换。要想使这些数据交换有条不紊地进行，就要让每个节点必须遵守一些事先约定好的规则。这些规则明确规定了所交换数据的格式和有关同步问题等。这里所说的同步是指在一定的条件下应当发生某一事件，含有时序的意思。这些为网络中的数据交换而建立的规则、标准或约定即为网络协议。一个网络协议由3个要素组成。

微课1-1 网络体系结构的基本概念

（1）语法，即数据与控制信息的结构或格式。协议解决了如何进行通信的问题，如报文中内容的顺序、形式等。

（2）语义，即需要发出何种控制信息、完成何种动作以及做出何种应答。协议应规定在什么层次上定义通信，其内容是什么。例如，报文由哪些部分组成，哪些部分用于控制数据，哪些部分是通信的内容。

（3）同步，即事件实现顺序的详细说明，又称为定时。协议规定了何时进行通信，先讲什么，后讲什么，讲话的速度等。

可见，网络协议是计算机网络不可或缺的组成部分，协议定义了网络上各种计算机和设备之间相互通信和进行数据管理、数据交换的整套规则。通过这些规则的定义，网络上的计算机才有了通信的共同语言。

**2. 网络分层体系结构**

网络协议是计算机网络必不可少的部分，那么如何安装、管理和实现网络通信，使网络能够有条不紊、高效率地工作呢？

（1）网络分层的必要性

ARPANet 的研究经验表明，对于非常复杂的计算机网络协议，其结构最好采用层次式。为什么计算机网络会和层次有关呢？下面用一个简单的例子来说明。

**【案例 1-1】** 假设甲、乙两人通过电话讨论有关计算机网络的问题，那么至少要分 3 个层次来讨论这个问题。

最高层可称为认识层，即参与讨论的甲、乙两人必须具备一定的计算机网络方面的知识，也就是甲、乙两人必须有共同感兴趣的话题和相关的知识，而且能听懂对方所谈的内容是什么意思。

中间一层可称为语言层，即通信双方具有共同的语言，他们能够听懂对方所说的话。在这一层不必涉及所说的话具体是什么意思，内容的含义由下一层来处理。如果甲、乙两人说的话是一样的，则可不要语言层，但如果甲是中国人而乙是德国人，这时甲、乙两人彼此之间不懂对方的语言，那么就需要进行翻译。例如，翻译成大家都能听懂的第三国语言（如英语）。在这种情况下，语言层就比较复杂。

最下面的一层称为传输层，它负责将每一方所讲的话变换为电信号，传输给对方后，再还原为可听懂的语言。这一层完全不管所传的语音信息是什么语言，更不需要考虑其内容是什么。

从上面的例子可以看出，进行分层后，每一层实现一种相对独立的功能，因而可以将一个难以处理的复杂问题分解为若干个较易处理的较小的问题。

（2）网络分层的优点

计算机之间的通信当然远远比两个人打电话要复杂得多，但是计算机网络协议的实现仍可使用分层的思想来设计，计算机网络协议的层次结构具有以下优点。

① 各层之间是相互独立的。某一层并不需要知道它的下一层是如何实现的，而仅仅需要知道该层通过层间接口所提供的服务。

② 灵活性好。当任何一层发生变化时，只要接口关系保持不变，则该层以上或以下的各层均不受影响。此外，某一层提供的服务还可以修改，当某层的服务不需要时，甚至还可将该层取消。

③ 从结构上各层可分割开。各层都可以采用最合适的技术来实现。

④ 易于实现和维护。这种结构使得实现和调试一个庞大而又复杂的系统变得较容易，因为整个系统已经被分解为若干个更小的子系统了。

⑤ 能促进标准化工作。这主要是因为每一层的功能和所提供的服务都已经有了明确的说明。

（3）网络体系结构的定义

计算机网络的各层及其协议的集合称为网络的体系结构。换句话说，计算机网络的体系结构就是这个计算机网络及其部件所应实现的功能的精确定义。需要强调的是，这些功能究竟是用何种硬件或软件实现的，则是一个遵循这种体系结构的计算机网络要解决的问题。可见，体系结构是抽象的，而实现则是具体的，是真正在运行的计算机硬件和软件。

（4）网络体系结构的发展

1974 年，美国 IBM 公司提出了世界上第一个网络体系结构（Systems Network Architecture，SNA）。之后，凡是遵循 SNA 结构的设备都可以方便地进行互连。随之而来的是，各公司纷纷推出自己的网络体系结构，这些体系结构大同小异，都采用了层次的技术。而各层次的划分、功能、采用的技术术语等却互不相同，都有特殊的名称，例如：

数字网络体系结构（Digital Network Architecture，DNA）——Digital 公司；

宝来网络体系结构（Burroughs Network Architecture，BNA）——宝来机器公司；

分布式系统架构（Distributed System Architecture，DSA）——Honeywell 公司。

总之，计算机网络体系结构描述了网络系统的各个部分应实现的功能、各部分之间的关系以及它们之间的联系方式。网络体系结构划分的基本原则是把应用程序和网络通信管理程序分开。同时，又按照信息在网络中的传输过程，将通信管理程序分为若干个模块，将原来专用的通信接口转变为公用的、标准的通信接口，从而使网络具有更大的灵活性，也使得网络系统的建设、扩建和升级等工作更易于实现，大大降低了网络系统运行、维护的成本和复杂度，提升了网络的性能，加快了计算机网络的发展。

## 1.2.2 OSI

### 1. OSI 的概念

OSI 是指开放系统互连（Open Systems Interconnection）。“开放”是指只要遵循 OSI 标准，一个系统就可以与位于世界上任何地方的遵循同一标准的系统进行通信。

微课 1-2 OSI 参考模型

OSI 和两个通信实体之间的分层结构如图 1-3 所示。

OSI 只给出了原则的说明。该模型将整个网络的功能划分为 7 层。在实体之间进行通信时，双方必须遵循这 7 层的规定，但它不是一个真实的、具体的网络。

OSI 采用了 3 级抽象，分别是：体系结构、服务定义（Service Definition）和协议规范（Protocol Specification）。

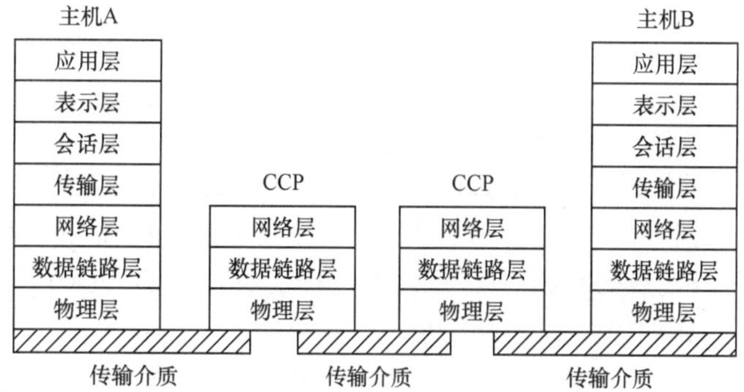


图 1-3　OSI 和两个通信实体之间的分层结构

OSI 的体系结构定义了一个 7 层模型，用以实现进程间的通信，并作为一个框架来协调各层标准的制定；OSI 的服务定义描述了各层提供的服务，以及层与层之间的抽象接口和交互用的服务原语；OSI 各层的协议规范精确地定义了应当发送何种控制信息，以及用何种过程来解释该控制信息。

### 2．OSI 的结构与各层的功能

（1）OSI 的结构

OSI 是一种 7 层网络通信模型，它采用的是分层结构，如图 1-3 所示。ISO 将网络划分为 7 层结构的基本原则如下。

① 网络中各节点都具有相同的层次。

② 不同节点的同等层具有相同的功能。

③ 同一节点内的相邻层之间通过接口通信。

④ 每层可以使用下层提供的服务，并向其上层提供服务。

⑤ 不同节点的同等层通过协议来实现对等层之间的通信。

OSI 采用了表 1-2 所示的 7 个层次的体系结构。

**表 1-2　OSI 中的 7 个层次**

| 层号 | 层的名称 | 层的英文名称 | 层的英文缩写 |
|---|---|---|---|
| 7 | 应用层 | Application Layer | A |
| 6 | 表示层 | Presentation Layer | P |
| 5 | 会话层 | Session Layer | S |
| 4 | 传输层 | Transport Layer | T |
| 3 | 网络层 | Network Layer | N |
| 2 | 数据链路层 | Data Lind Layer | D |
| 1 | 物理层 | Physical Layer | PH |

OSI 每一层的功能均以协议的形式描述，协议定义了某层与另一（远方）系统中的一个对等层通信时使用的一套规则和约定；每一层向相邻的上一层提供一套确定的服务，并且使用与它相邻的下层提供的服务。在概念上，每一层都根据一个明确定义的协议与一个远方系统中的一个对等层通信，但实际上，该层产生的协议信息单元是借助于相邻下层提供的服务传送的。因此，将对等层之间的通信称为虚拟通信。

（2）OSI 各层的主要功能

下面将根据图 1-3 来介绍 OSI 的 7 层协议以及每层协议实现的具体功能。

微课 1-3　OSI 七层功能

① 物理层

物理层是 OSI 的最底层，即第 1 层。

物理层包括设备之间物理连接的接口以及用户设备和网络端设备之间的数据传输规则。设备要传输信息就要利用一些物理介质，如双绞线、同轴电缆等。但具体的物理介质并不一定要在 OSI 的 7 层之内，也有人将物理介质当作第 0 层，因此物理介质的位置就位于物理层的下面。

物理层的任务就是为它的上层（即数据链路层）提供一个物理连接，以便透明地传输比特流，在物理层上传输数据的单位是比特。

“透明地传输比特流”表示经实际电路传送后的比特流没有发生变化。因此，对于传送的比特流来说，这个电路好像是透明的。

如果不采用 OSI 的那些抽象术语，那么可以将物理层的主要任务描述为确定与传输介质接口的一些特性，具体如下。

a. 机械特性。说明接口所用物理连接器的形状、尺寸、引脚数目、排列、固定方式和锁定装置等。例如，EIA-RS-232-D 标准规定使用 25 引脚的 DB-25 插座，其两个固定螺丝之间的距离为 47.04±0.17mm。

b. 电气特性。说明接口处信号线上出现电压的范围，即什么样的电压表示 1 或 0。电气特性规定了物理连接信道上传输比特流时信号的电平、数据编码方式、阻抗及其匹配、传输速率和连接电缆最大距离的限制等。例如，EIA-RS-232-D 采用负逻辑，即逻辑 0（相当于数据 0）或控制线处于接通状态时，相对信号的地线有+5V～+15V 的电压，当其连接电缆不超过 15m 时，允许的传输速率不超过 20kbit/s。

c. 功能特性。说明某条线上出现的电压表示何种意义。功能特性规定了物理接口各个信号线的确切功能和含义，如数据线和控制线的功能等。例如，EIA-RS-232-D 规定的 DB-25 插头座的引脚 2 和引脚 3 均为数据线。

d. 规程特性。说明不同功能的各种可能事件的出现顺序，如信号线的工作规则和时序等。规程特性是指利用信号线传输比特流时的操作过程。

② 数据链路层

数据链路层是 OSI 的第 2 层。数据链路层负责在两个相邻节点间的线路上，无差错地传输以帧为单位的数据。

数据链路层在物理层提供的比特流服务的基础上，建立相邻节点之间的数据链路，传送按一定格式组织起来的位组合，即数据帧。每一帧包括一定数量的数据和一些必要的控制信息。和物理层类似，数据链路层要负责建立、维持和释放数据链路的连接。在传送数据时，若接收节点检测到所传送的数据有差错，就要通知发送方重发这一帧，直到这一帧准确无误地到达接收方为止。每一数据帧包括的控制信息包含同步信息、地址信息、差错控制信息和流量控制信息等。

数据链路层的具体工作是接收来自物理层的比特流形式的数据，并将其加工（封装）成帧，传送到上一层。同时，也将来自上层的数据流，拆装成比特流形式的数据发送到物理层，并负责处理接收方发回的确定帧，以便提供可靠的数据传输。这样，数据链路层就把一条有可能出现差错的物理链路，转变为更可靠的数据链路。

③ 网络层

网络层是 OSI 中的第 3 层，它是 OSI 中最复杂的一层，也是通信子网的最高层。它在其下两层的基础上为资源子网提供服务。

在网络层中，数据传输的单位是分组或包。网络层在通信子网中传输信息包或报文分组（具有地址标识和网络层协议的格式化信息单位），它向传输层提供信息包的传输服务，使传输实体无需知道任何用于数据传输和连接系统的交换技术。

网络层的任务就是选择合适的路由和交换节点，使发送方的传输层传下来的分组能够准确无误地按照地址找到目的站点，并交付给目的站点的传输层。该层控制数据链路层和传输层之间的信息转发，并建立、维持和终止网络的连接。具体地说，数据链路层的数据帧在这一层被转变为分组，然后通过路由选择、差错控制和流量控制等，将信息从一台网络设备传送到另一台网络设备。

当一个通信子网中到达某一节点的分组过多时，分组就会彼此争夺网络资源，这有可能导致网络性能下降，有时甚至发生网络瘫痪的现象。防止产生这种网络拥塞，也是网络层要实现的功能之一。

④ 传输层

传输层是 OSI 的第 4 层。一般来说，OSI 的第 1~4 层的主要任务是实现数据通信，第 5 层及以上层的主要任务是实现信息处理，而传输层位于 OSI 的中间。该层是通信子网和资源子网的接口和桥梁，起着承上启下的作用。通常将 OSI 的第 1~4 层称为低层，其对应的协议称为低层协议，而将传输层以上的 3 层称为高层，其对应的协议称为高层协议。

传输层用于提供在不同系统进程之间进行数据交换的可靠服务，在网内的两个实体之间建立端到端的通信信道，用于传输信息或报文分组，向高层屏蔽低层数据通信的细节，即向用户透明地传输报文。传输层提供两端点之间可靠、透明的数据传输，执行端到端差错检测和恢复、顺序控制和流量控制功能，管理多路复用。

传输层提供会话层和网络层之间的传输服务，这种服务从会话层获得数据，并在必要时对数据进行分割，然后传输层将数据传输到网络层上，并确保数据能准确无误地传输到网络层。因此，传输层负责两端点之间数据的可靠传输。当两端点的联系确定后，传输层负责监督工作。传输层的数据传输单元是报文段（Segment），简称报文。

⑤ 会话层

会话层是 OSI 的第 5 层。会话层也可称为会晤层或对话层。在会话层及以上更高的层次中，数据传输的单位一般均称为报文。

会话层是用户应用程序与网络之间的接口。会话层的主要任务是负责两个会话实体之间的会话连接，确保点—点的传输不会被中断，并且进行会话管理和数据交换管理，即组织和协调两个会话进程之间的通信，并对数据交换进行管理。

会话层虽不参与具体的数据传输，但它却对数据传输进行管理。会话层在两个互相通信的应用进程之间建立、组织和协调其交互。例如，确定是双工工作（双方可以同时发送和接收信息），还是半双工工作（双方交替发送和接收信息）。当意外发生时（如已建立的会话连接突然中断），要确定应从何处开始恢复会话。

⑥ 表示层

表示层是 OSI 的第 6 层。它对来自应用层的命令和数据进行解释，为各种语法赋予相应的含义，并按照一定的格式传送给会话层。

表示层的主要功能是处理两个通信系统中用户信息的语法表示问题。表示层将欲交换的数据从适合某一用户的抽象语法，变换为适合 OSI 系统内部使用的传送语法。有了这样的表示层，用户就可以将精力集中在他们所要交谈的问题本身，而不必过多考虑对方的某些特性，如对方使用什么语言。

对传输信息的加密和解密也是表示层的一项主要任务。由于数据的安全和保密问题比较复杂，在 OSI 的 7 层结构中，其他的一些层次也与这一问题有关。

⑦ 应用层

应用层是 OSI 的最高层。它是计算机网络用户、各种应用程序与网络之间的接口。应用层的功能是直接向用户进程提供服务接口，完成用户希望在网络上完成的各种工作。

应用层确定进程之间通信的性质，以满足用户的需要（这反映在用户产生的服务请求上），负责用户信息的语义表示，并在两个通信者之间匹配语义。应用层不仅要提供应用进程所需的信息交换和远程操作，还要作为互相作用的应用进程的用户代理，具备一些为进行语义上有意义的信息交换必需的功能。

在 OSI 的 7 个层次中，应用层是最复杂的，所包含的应用层协议也最多，有些协议还在研究之中。

应用层在其他 6 层工作的基础上，负责完成网络中应用程序与网络操作系统之间的联系，建立与结束使用者之间的联系，并完成网络用户提出的各种网络服务及应用所需的监督、管理和服务等各种协议。此外，应用层还负责协调各个应用程序之间的工作。

应用层为用户提供的常见服务和协议有：文件服务、目录服务、文件传输服务、电子邮件服务、打印服务、网络管理服务、远程登录服务和数据库服务等。上述每种服务均需一种具体的应用层协议来完成。

把上述 7 层最主要的功能归纳如下。

应用层——与用户应用进程的接口，即相当于：做什么？

表示层——数据格式的转换，即相当于：对方看起来像什么？

会话层——会话的管理与数据传输的同步，即相当于：轮到谁讲话和从何处讲？

传输层——从端到端经网络透明地、可靠地传输报文，即相当于：对方在何处？

网络层——分组传输、路由选择、拥塞控制网络互连，即相当于：走哪条路可以到达该处？

数据链路层——在链路上无差错地传送数据帧，即相当于：每一步该怎么走？

物理层——将比特流送到物理介质上传送，即相当于：对上一层的每一步应怎样利用物理介质。

由于 OSI 是一个理想的模型，因此，一般具体的网络只涉及其中的几层，很少有系统具有 OSI 的所有 7 层，并完全遵循 OSI 的规定。

### 1.2.3 TCP/IP 参考模型

前面介绍了 OSI 的 7 层参考模型。从理论上来说，只要遵循 OSI，任何网络之间就都可以实现无差别的互连。但是在实际上，完全实现 OSI 的协议十分庞大和复杂，因此，完全遵循 OSI 7 层参考模型的协议几乎不存在，OSI 仅为人们考查其他协议各部分间的工作方式提供了评估基础和框架。

20 世纪 70 年代，出现了 TCP/IP 参考模型。该模型在 20 世纪 80 年代被确定为 Internet 的通信协议。

**1. TCP/IP 的基本概念**

（1）TCP/IP 的发展

TCP/IP 是一组通信协议的代名词，是由一系列协议组成的协议簇。它本身指的是两个协议集：TCP——传输控制协议，IP——互联网际协议。在开始研究 TCP/IP 时，人们并没有提出参考模型的概念。TCP/IP 最早是由美国国防高级研究计划局在其 ARPANet 的基础上实现的。1974 年，卡恩（Kahn）定义了最早的 TCP/IP 参考模型；20 世纪 80 年代，莱纳（Leiner）、克拉克（Clark）等人对 TCP/IP 参考模型做了进一步的研究。

到目前为止，TCP/IP 一共出现了 6 个版本，其中后 3 个版本是 V4、V5 与 V6。目前使用的主要是 V4，一般被称为 IPv4。IPv6 被称为下一代的 IP，现在我国已开始推广和使用 IPv6。

（2）TCP/IP 的特点

由于 TCP/IP 一开始可以用于连接不同的环境，再加上工业界很多公司都支持它，特别是在 UNIX

环境中，TCP/IP 已成为其实现的一部分。UNIX 的广泛使用，促进了 TCP/IP 的应用及普及，因此随着 Internet 的迅速发展，TCP/IP 逐渐成为事实上的网络互连的工业标准。TCP/IP 的特点如下。

① 开放的协议标准。

② 独立于特定的计算机硬件与操作系统。

③ 独立于特定的网络硬件，可以运行在局域网、广域网，更适用于互联网中。

④ 统一的网络地址分配方案，使得整个 TCP/IP 设备在网络中都具有唯一的地址。

⑤ 标准化的高层协议，可以提供多种可靠的用户服务。

### 2. TCP/IP 参考模型与层次

TCP/IP 参考模型是将多个网络进行无差别连接的体系结构。

（1）TCP/IP 参考模型的 4 层

TCP/IP 参考模型由主机网络层、互连层、传输层和应用层 4 层组成，它与 OSI 7 层参考模型的关系如图 1-4 所示。

微课 1-4 各层功能

（2）TCP/IP 参考模型各层的服务和功能

下面简单介绍 TCP/IP 参考模型的各层提供的服务和功能。

① 主机网络层

TCP/IP 参考模型对互连层以下的层未做定义，只是指出主机必须通过某种协议连接到网络，才能发送 IP 分组。该层协议未定义，其随不同主机、不同网络而不同，因此被称为主机网络层。主机网络层作为 TCP/IP 的底层，它与 OSI 参考模型的低两层对应，即物理层和数据链路层。因而可以灵活地与各种类型的网络连接。TCP/IP 参考模型在主机网络层上未定义具体的接口协议，从这种意义上来说，TCP/IP 参考模型可以运行在任何网络上。

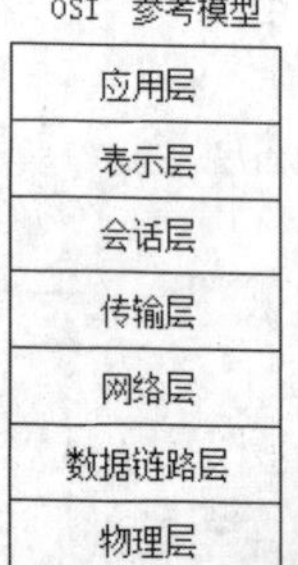


图 1-4 OSI 参考模型与 TCP/IP 参考模型的对应关系

② 互连层

互连层是网络互连的基础，它提供了无连接的分组交换服务。互连层是对大多数分组交换网所提供的服务的抽象。其任务是允许主机将分组发送到网络上，使每个分组能够独立地到达目的站点。由于互连层提供的是无连接服务，因此，分组到达目的站点的顺序有可能与发送站的发送顺序不一致，所以，必须由高层协议负责对接收到的分组进行排序。与 OSI 参考模型的网络层功能类似，分组的路径选择也是互连层的主要工作。

由于互连层提供了无连接的数据报服务，因此人们常常将报文分组称为 IP 数据报。

互连层负责为要传输的数据信息分配地址，进行数据分组的打包，并选择合适的路径将其发送到目的站点。因此，它具有以下 3 个基本功能。

- 负责处理来自 TCP 层的分组发送请求，将分组形成 IP 数据报，并为该数据报选择路由。数据打包和路由选择是将由 TCP 层传来的数据信息装入数据报，填充报头，形成 IP 数据报，并选择去往目的站点的路径，然后将 IP 数据报发向适当的网络接口。
- 负责处理主机网络层接收到的数据报。先检查数据报的合理性，然后去掉报头控制信息，并将剩余的数据信息上传至 TCP 层。

- 负责处理网间差错、控制报文协议（Internet Control Message Protocol，ICMP）、处理路径、流量控制和拥塞控制等。

互连层主要包括以下 4 个协议。

- 网际协议（Internet Protocol，IP）的主要任务是为数据报选择路由，并从一个网络转发至另外一个网络中。即为要传输的数据分配地址、打包、确定目的站点地址及路由，并提供端到端的无连接的数据报传输。IP 规定了计算机在 Internet 中通信时必须遵守的一些基本规则，以确保路由选择的正确性和数据报传输的正确性。
- Internet 控制报文协议（Internet Control Message Protocol，ICMP）为 IP 提供差错报告。ICMP 用于处理路由路径，协助 IP 层实现报文传送的控制协议。例如，ICMP 能够传送控制信息以及提供错误信息报告等。
- 地址解析协议（Address Resolution Protocol，ARP）用于实现从 IP 地址向物理地址的转换，即从远程网的 IP 地址映射到局域网的硬件地址。
- 反向地址解析协议（Reverse Address Resolution Protocol，RARP）用于完成从物理地址向 IP 地址的转换，这个转换过程是地址解析的逆过程。

③ 传输层

在 TCP/IP 参考模型中，互连层之上的一层是传输层。与 OSI 参考模型中的传输层类似，在 TCP/IP 参考模型中，传输层允许源主机与目的主机之间的对等实体进行会话。传输层定义了两个端—端协议，对应了两种不同的传输控制机制。

传输控制协议（Transmission Control Protocol，TCP）：TCP 规定把输入的比特流分解为离散的报文传送给 IP 层。在目的端，TCP 接收进程，重新把接收到的报文组装成比特流。TCP 是一种可靠的面向连接的协议，它可保证信息从某一机器准确地传送到另一机器。为了保障数据的准确传输，TCP 对从应用层传送到 TCP 实体的数据进行监管，提供了重发机制。在传输层中，也需控制流量，以便发送方与接收方保持同步。

用户数据报协议（User Data Protocol，UDP）提供无连接服务，无重发和纠错功能，不能保证数据的可靠传输。UDP 适用于那些不需要面向连接的顺序和流控制，并且自身能够对此加以处理的应用程序。UDP 在客户/服务器类型的请求响应查询模式中得到了广泛的应用，在诸如语音、视频应用等领域中也有广泛应用。

IP、TCP 及 UDP 三者之间的关系如图 1-5 所示。

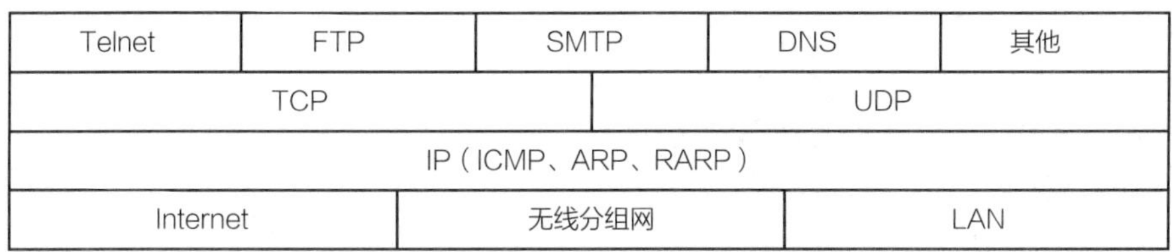


图 1-5 IP、TCP 及 UDP 三者之间的关系

④ 应用层

在 OSI 中，大部分应用程序不涉及会话层和表示层，因此在 TCP/IP 参考模型中没有考虑这两层，在传输层之上就是应用层。应用层包含了所有的高层协议。

远程登录协议（Telnet Protocol）用于实现互联网中的远程登录功能。

FTP 用于实现互联网中的交互式文件传输功能。

简单邮件传输协议（Simple Mail Transfer Protocol，SMTP），用于实现互联网中电子邮件的传送功能。

域名解析协议（Domain Name System，DNS）用于实现网络设备名字到 IP 地址映射的网络服务。

超文本传输协议（Hyper Text Transfer Protocol，HTTP）用于 WWW 服务和 HTML 文件的传输。

（3）OSI 与 TCP/IP 参考模型的比较

OSI 是迄今为止最完善的网络协议集，但是它太庞大，难以实现，而 TCP/IP 参考模型却简单、灵活，所以用作实际的工业标准。

微课 1-5 OSI 与 TCP 对比

对 OSI 的评价如下。

① 层次数量与内容选择不是很好，会话层很少用到，表示层几乎是空的，数据链路层与网络层有很多子层插入。

② OSI 将“服务”与“协议”的定义结合起来，使得参考模型变得格外复杂，实现困难。

③ 寻址、流控与差错控制在每一层中都重复出现，降低了系统效率。

④ 数据安全性、加密与网络管理在参考模型的设计初期被忽略了。

⑤ 参考模型的设计更多是被通信的思想所支配，不适用于计算机与软件的工作方式。

⑥ 严格按照层次模型编程的软件效率很低。

对 TCP/IP 参考模型的评价如下。

① 在服务、接口与协议的区别上不明确，一个好的软件工程应该将功能与实现方法区分开，因而参考模型不适合其他非 TCP/IP 协议簇。

② TCP/IP 参考模型的主机网络层本身并不是实际的一层。

③ 物理层与数据链路层的划分是必要和合理的，但是 TCP/IP 参考模型却没有做到这点。

## 1.3 实训：认识 OSI 和 TCP/IP 参考模型

**实训目的**

（1）掌握 OSI 的体系结构。

（2）掌握 TCP/IP 参考模型的体系结构。

（3）理解 OSI 和 TCP/IP 参考模型的区别。

**实训内容及步骤**

（1）OSI 体系结构的提出背景。

（2）TCP/IP 参考模型的发展史。

（3）查阅 OSI 和 TCP/IP 参考模型的论文，总结自己对这两个模型的认识。

**实训总结**

（1）OSI 有三个明确的核心概念：服务、接口、协议；而 TCP/IP 参考模型对此没有明确的区分。

（2）OSI 是在协议发明之前设计的，而 TCP/IP 参考模型是在协议出现之后设计的。

（3）OSI 有 7 层，而 TCP/IP 参考模型只有 4 层。

（4）OSI 的网络层同时支持无连接和面向连接的通信，但是在传输层上只支持面向连接的通信；TCP/IP 参考模型的网络层上只有一种无连接通信模式，但是在传输层上同时支持两种通信模式。

## 1.4 习题

**1．单项选择题**

（1）早期的计算机网络是由（　　）组成系统的。

A．计算机—通信线路—计算机　　B．PC—通信线路—PC

C．终端—通信线路—终端　　D．计算机—通信线路—终端

（2）计算机网络中实现互连的计算机之间是（　　）进行工作的。

A．独立　　B．并行　　C．相互制约　　D．串行

（3）一座大楼内的一个计算机网络系统，属于（　　）。

A．PAN　　B．LAN　　C．MAN　　D．WAN

（4）下述对广域网的覆盖范围叙述最准确的是（　　）。

A．几千米～几十千米　　B．几十千米～几百千米

C．几百千米～几千千米　　D．几千千米以上

**2．简答题**

（1）什么是计算机网络？

（2）计算机网络的发展可划分为哪几个阶段？每个阶段各有何特点？

（3）从几个不同的角度简述对计算机网络的分类。

（4）简述 OSI 及各层的主要功能。

（5）比较 OSI 和 TCP/IP 参考模型的异同点。

（6）试举出对网络协议分层处理的优缺点。

（7）什么是网络体系结构？为什么要定义网络体系结构？

（8）什么是网络协议？它在网络中的作用是什么？

（9）局域网的主要特点是什么？为什么说局域网是一个通信网？

# 第2章 局域网基础

局域网是在一个有限的地理范围内（如一个学校、工厂和机关内），一般是方圆几千米以内，将各种计算机、外部设备和数据库等互相连接而组成的计算机通信网。局域网作为计算机网络的重要组成部分，发挥了不可忽视的作用。本章主要介绍局域网的基本概念、常用的网络硬件设备、网络操作系统和网络通信协议。通过本章的学习，读者可了解局域网的相关概念和局域网中的软、硬件的相关知识。

## 学习目标

- 局域网的发展历史
- 局域网的基本组成
- 局域网的特征
- 局域网的拓扑结构
- 局域网的结构
- 局域网的类型
- 网络主机
- 传输介质
- 网络互连设备
- IEEE 802 标准
- 介质访问控制
- 网络操作系统
- 通信协议
- IP 地址和网络掩码

## 学习情境引入

东方电子商务有限公司计划投资组建新型网络，以优化网络，提高网速，实现企业办公的网络自动化和信息化，该工程由老张和小王负责。为了按期完成网络的规划，两人准备去科技市场调研网络的硬件设备。

当前，网络设备品牌繁多，老张和小王在科技市场调研后，难以判断这些品牌的优势，现将他们调查过的品牌列举如下，请同学们学完本章内容后，帮助老张和小王做出合适的选择。

（1）华为。华为技术有限公司是一家生产销售通信设备的民营通信科技公司，总部位于广东省深圳市。华为的产品和解决方案涵盖移动、宽带、IP、光网络、网络能源、电信增值业务和终端等领域，致力于提供全 IP 融合解决方案，使最终用户在任何时间、任何地点都可以通过任何终端享受一致的通信体验，方便人们的沟通和丰富人们的生活。华为的产品和解决方案已经应用于全球 100 多个国家，服务全球运营商 50 强中的 45 家及全球 1/3 的人口，具体包括无线接入、固定接入、核心网、传送网、数据通信、能源与基础设施、业务与软件、对象存储服务（Object Storage Service，OSS）、安全存储、华为终端 10 个方面。华为公司的愿景使命是为客户服务，客户需求是华为发展的原动力。

（2）思科。思科公司（Cisco Systems，Inc.）是全球领先的网络解决方案供应商。Cisco 的名字取自 San Francisco（旧金山），闻名于世的金门大桥就坐落于旧金山。1984 年 12 月，思科公司在美国成立，创始人是斯坦福大学的一对教师夫妇。思科的产品以路由器、交换机、互联网操作系统（Internetwork Operating System，IOS）软件为主，还有宽带有线产品、板卡和模块、内容网络、网络管理、光纤平台、网络安全产品与虚拟专用网（Virtual Private Network，VPN）设备、网络存储产品、视频系统、IP 通信系统、远程会议系统、无线产品、服务器等。思科公司的愿景使命是改变网络的局限性，让网络成为最时尚的潮流，为顾客、员工和商业伙伴创造前所未有的价值和机会，构建网络的未来世界。

## 2.1 局域网概述

局域网是计算机网络的重要组成部分。近年来，随着微型计算机价格的不断下降，局域网获得了广泛的应用，进而促进了计算机网络技术的飞速发展。大多数公司、企业、政府部门及住宅小区内的计算机都通过局域网连接起来，以达到资源共享、信息传递和数据通信的目的。

### 2.1.1 局域网的发展历史

早期的计算机网络大多为广域网，局域网是在 20 世纪 70 年代个人计算机（Personal Computer，PC）在市场推出以后出现并发展起来的。20 世纪 80 年代，由于 PC 性能不断提高、PC 和小型机的价格不断降低，计算机从“专家”群里走进“大众”之中，网络应用也从科学计算走入事务处理，使得 PC 大量地进入各行各业的办公室和百姓的家中。

由于个人计算机的大量涌现和广泛分布，信息交换和资源共享的需求越来越迫切。人们要求把一个办公室、一栋楼或一个园区内的计算机连接起来，相互之间交换信息、交互工作、共享硬件资源（贵重仪器设备）和软件资源，于是出现了局域网技术。局域网技术的发展极为迅速，标准化的进程也非常快。1980 年 9 月，DEC、英特尔（Intel）和施乐（Xerox）（DIX）3 家公司联合研制并公布了以太网（Ethernet）的标准规范，此后一系列的局域网标准应运而生。其中以太网技术最为活跃，应用最为广泛。从 1980 年公布了标准以太网（传输速率为 10Mbit/s）以来，人们很快又制定了快速以太网标准、千兆以太网标准以及万兆以太网标准。在短短 20 几年中，以太网的传输速率从 10Mbit/s 提高到 10 000Mbit/s，传输速率整整提高了 1 000 倍。交换局域网技术的问世，是局域网技术的一场革命。交换局域网具有独占传输通道、独占带宽的特性，它给用户提供足够的带宽，很大程度上解决了带宽的需求问题。

近年来，在局域网领域中又推出了无线局域网技术。利用无线局域网，可将园区网延伸到移动用户较多和布线困难的公共区域，使园区网实现全方位的 Internet 连接，达到网络无处不在的标准。在有无线局域网的环境中，网络用户可以实现在任何时间、任何地点都能上网的目的。局域网的出现与飞速发展，直接影响着计算机网络的发展。局域网技术的不断更新，在网络发展史上起到重要的推动作用。因此，局域网技术是极为重要的，它是本书的重点，本章将对其进行全面、详细的介绍。

### 2.1.2 局域网的基本组成

局域网由网络硬件和网络软件两部分组成。网络硬件用于实现局域网的物理连接，为连接在局域网上的计算机之间的通信提供一条物理信道，以实现局域网间的资源共享；网络软件则主要用于控制并具体实现信息的传送和网络资源的分配与共享。这两部分互相依赖，共同完成局域网的通信功能。

局域网硬件包括网络服务器、网络工作站、网络接口卡、网络设备、传输介质及介质连接部件、各种适配器等。其中网络设备是指计算机接入网络和网络与网络之间互连时必需的设备，如集线器（Hub）、中继器（Repeater）、交换机（Switch）等。

网络软件是在网络环境下运行和使用，控制和管理网络运行和通信双方交流信息的一种计算机软件。它包括网络系统软件和网络应用软件。网络系统软件是控制和管理网络运行、提供网络通信和网络资源分配与共享功能的网络软件，为用户提供访问网络和操作网络的友好界面。网络系统软件主要包括网络操作系统、网络协议和网络通信软件等。网络应用是为某一应用目的而开发的网络软件，它为用户提供一些实际应用。

### 2.1.3 局域网的特征

局域网用于将有限范围内的各种计算机、终端与外部设备互连成网。局域网按照采用的技术、应用范围和协议标准的不同，可以分为共享局域网和交换局域网。局域网技术发展非常迅速，应用也日益广泛，它是计算机网络中最活跃的领域之一。局域网的主要特征是：高数据传输速率、短距离和低误码率。一般来说，它有以下主要特点。

（1）覆盖的地理范围较小。例如，一幢大楼、一个工厂或一所学校，其范围一般不超过 1km。

（2）以计算机为主要连网对象。连接的设备可以是计算机、终端和各种外围设备等，但计算机是其最主要的连网对象，也可以说，局域网是专为计算机设计的连网工具。

（3）通常属于某个单位或部门。局域网是由一个单位或部门负责建立、管理和使用的，完全受该单位或部门的控制，这是局域网与广域网的重要区别之一。广域网可能分布在一个国家的不同地区，甚至不同的国家之间，由于经济和产权方面的原因，不可能被某一组织所有。

（4）传输速率高。局域网由于通信线路短，数据传输快，目前通信速率通常在 4Mbit/s～10Gbit/s。因此局域网是计算机之间高速通信的有效工具。

（5）管理方便。由于局域网范围较小，且为单位或部门所有，因而网络的建立、维护、管理、扩充和更新等都十分方便。

（6）价格低廉。由于局域网区域有限、通信线路短，且以计算机为连网对象，因而局域网的性价比相当理想。

（7）实用性强，使用广泛。在局域网中既可采用双绞线、光纤、同缆电缆等有形介质，也可采用无线、微波等无形信道，此外，也可采用宽带局域网，实现对数据、语音和图像的综合传输。在基带上，采用一定的技术，也可实现语音和静态图像的综合传输。这使得局域网有较强的适应性和综合处理能力。

## 2.1.4　局域网的拓扑结构

在计算机网络的结构设计中，人们引用了拓扑学中拓扑结构的概念，将计算机网络中的通信设备抽象为与大小和形状无关的点，并将连接节点的通信线路抽象为线，而将这种点、线连接而成的几何图形称为网络的拓扑结构。网络的拓扑结构通常可以反映出网络中各实体之间的结构关系。计算机网络的拓扑结构是指计算机网络的硬件系统的连接形式，主要指的是通信子网的网络拓扑结构类型。常见的局域网拓扑结构类型有：总线型、环形、星形和树形网络拓扑，其中星形网络拓扑结构是目前组建局域网时最常使用的结构。

微课 2-1　局域网拓扑结构

### 1. 总线型

在总线型网络拓扑结构中，网络使用总线作为传输介质，所有的网络节点都通过接口串接在总线上。每个节点发送的信息都通过总线传输，并被总线上的所有节点接收。但是，在同一个时刻，只能有一个节点向总线发出信息，不允许有两个或两个以上的节点同时使用总线，一个网段内的所有节点共享总线资源。可见，总线的带宽成为网络的瓶颈，网络的性能和效率随着网络负载的增加而急剧下降。

总线型网络结构简单、易于安装且价格低廉，是最常用的局域网拓扑结构之一。总线型网络的主要缺点：如果总线断开，网络就不通；如果发生故障，则需要检测总线在各节点处的连接，不易管理；总线上信号的衰减程度较大，总线的长度受限制，因而网络的覆盖范围受限制。

采用总线型网络拓扑结构最常见的网络有 10Base-2 以太网和 10Base-5 以太网等。总线型网络拓扑结构如图 2-1 所示。

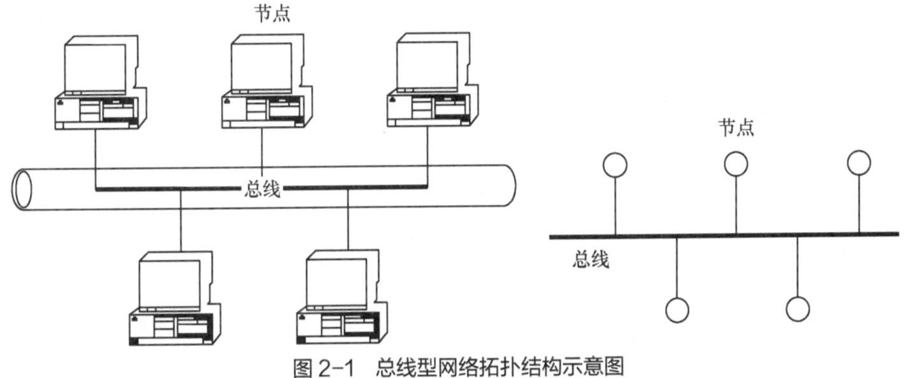


图 2-1　总线型网络拓扑结构示意图

### 2. 环形

环形网络将网络中的各节点用公共缆线连接，缆线的两端连接起来形成一个闭合的环路，信息在环中以固定的方向传输。环形网络拓扑结构示意图如图 2-2 所示。

在环形网络中，有一个令牌（Token）沿着环形总线在入网节点计算机间依次传递，令牌实际上是一个特殊格式的帧，本身并不包含信息，仅控制信道的使用，确保在同一时刻只有一个节点能够独占信道，在环形网中，只有获得令牌的节点才能发送数据。当节点获得令牌后，将数据信息加入令牌中，并继续向前发送。带有数据的令牌依次通过每个节点，直到令牌中的目的地址与某个节点的地址相同，该节点接收数据信息，并返回一个信息，表示数据已被接收。本次信息回到发送站，经验证后，原发送节点创建一个新令牌并将其发送到环路上。

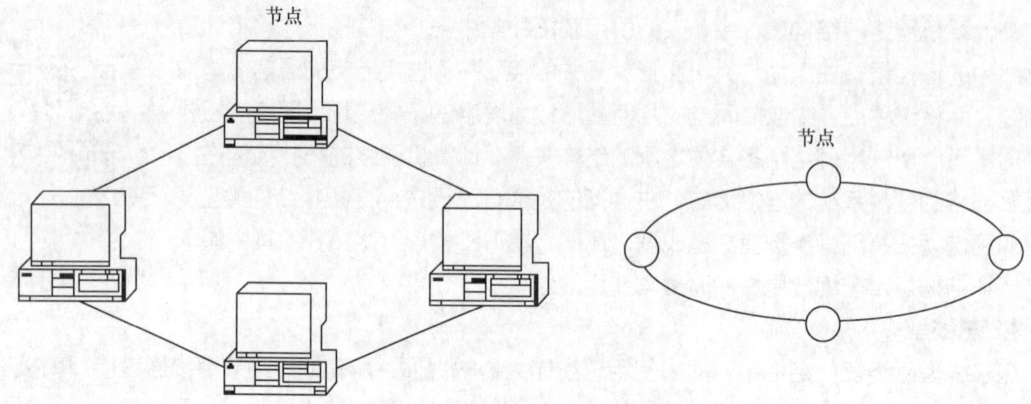


图 2-2　环形网络拓扑结构示意图

环形网络中信息流的控制比较简单，由于信息在环路中单向流动，故路径控制非常简单，所有节点都有相同的访问能力，故在重载时，网络性能不会急剧下降，稳定性好。环形网络的主要缺点是环中任一节点发生故障都会导致网络瘫痪，因而网络的扩展和维护都不方便。

采用环形网络拓扑结构的网络有令牌环网（Token Ring）、光纤分布式数据接口（Fiber Distributed Data Interface，FDDI）网络和铜线电缆分布式数据接口（Copper Distributed Data Interface，CDDI）网络。

**3. 星形**

星形网络拓扑结构是通过一个中央节点（如集线器）连接其他节点而构成的网络。集线器是网络的中央设备，各计算机都需通过集线器与其他计算机进行通信。在星形网络中，中央节点的负荷最重，是整个网络的瓶颈，一旦中央节点发生故障，整个网络就会瘫痪，星形网络属于集中控制式网络。星形网络拓扑结构示意图如图 2-3 所示。

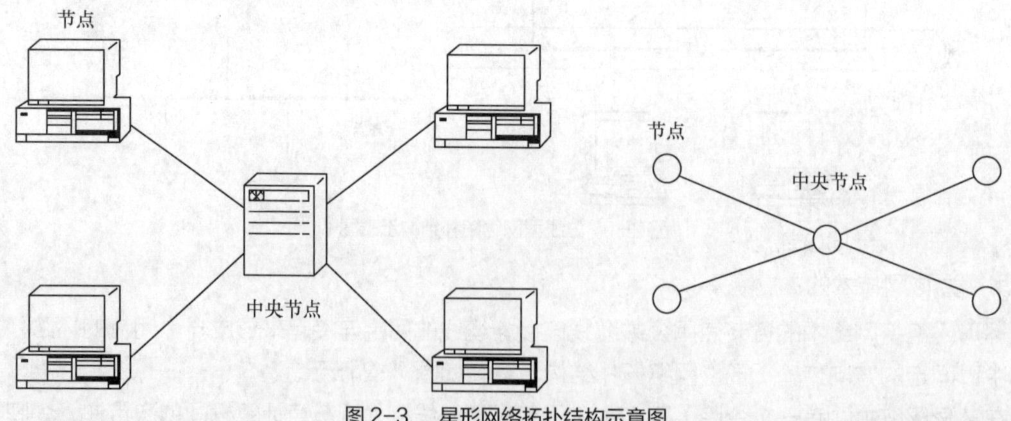


图 2-3　星形网络拓扑结构示意图

星形网络拓扑结构便于管理，结构简单，扩展网络容易，增删节点不影响网络的其余部分，更改容易，也易于检测和隔离故障。星形网络的网络布局应注意物理布局与内部控制逻辑的区别。有的网络是用集线器连接组成的拓扑结构，在物理布局上是星形的，但在逻辑上仍是原来的内部控制结构。例如，原来是总线型以太网，尽管使用了集线器形成星形布局，但在逻辑上，网络控制结构仍是总线型的。

**4. 树形**

树形网络拓扑结构是从总线型拓扑结构演变过来的，形状像一棵树，它有一个带分支的根，每个分支还可延伸出子分支。树形网络拓扑结构通常采用同轴电缆作为传输介质，且使用宽带传输技术。树形网络拓扑结构采用了层次化的结构，具有一个根节点和多层分支节点。树形网络拓扑结构中除了叶节点以外，根节点和所有分支节点都是转发节点，信息的交换主要在上下节点之间进行，相邻节点之间一般不进行数据交换或数据交换量很小。树形拓扑属于集中控制式网络，适用于分级管理及控制型网络。树形网络拓扑结构的示意图如图 2-4 所示。

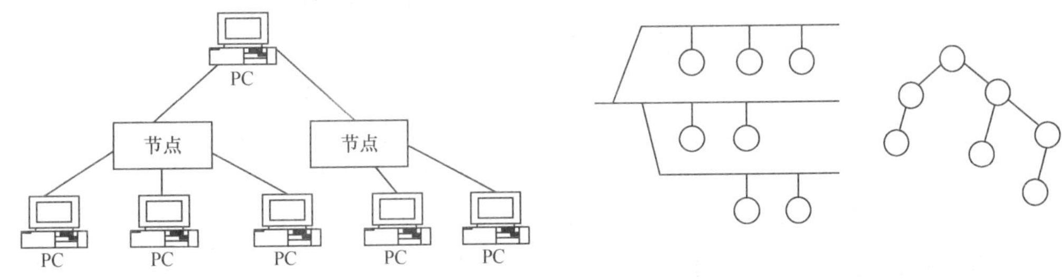


图 2-4　星形网络拓扑结构示意图

## 2.1.5　局域网的类型

目前常见的局域网类型包括：以太网（Ethernet）、FDDI、异步传输模式（Asynchronous Transfer Mode，ATM）、Token Ring、交换网（Switching）等，它们在拓扑结构、传输介质、传输速率、数据格式等方面都有许多不同。其中应用最广泛的是以太网，它是一种总线型结构的 LAN，是目前发展最迅速，也最经济的局域网。我们这里重点对以太网、FDDI、ATM 进行介绍。

**1. 以太网**

以太网是 Xerox、Digital Equipment 和 Intel 三家公司开发的局域网组网规范，并于 20 世纪 80 年代初首次发行，称为 DIX1.0。1982 年修改后的版本为 DIX2.0。这三家公司将此规范提交给 IEEE 802 委员会，经过 IEEE 成员的修改并通过，变成了 IEEE 的正式标准，并编号为 IEEE 802.3。以太网和 IEEE 802.3 虽然有很多规定不同，但术语以太网通常认为与 802.3 是兼容的。IEEE 将 802.3 标准提交 ISO 第一联合技术委员会（Joint Technical Committee1，JTC1），再次经过修订变成了国际标准 ISO 802.3。

早期局域网技术的关键是解决如何将连接在同一总线上的多个网络节点有秩序地共享一个信道的问题，而以太网络正是利用载波监听多路访问/冲突检测（Carrier Sense Multiple Access/Collision Detection，CSMA/CD）技术成功地提高了局域网络共享信道的传输利用率，从而得以发展和流行的。交换式快速以太网及千兆以太网是近几年发展起来的先进的网络技术，使以太网络成为当今局域网应用较为广泛的主流技术之一。随着电子邮件数量的不断增加，以及网络数据库管理系统和多媒体应用的不断普及，人们迫切需要高速高带宽的网络技术。交换式快速以太网技术应运而生。快速以太网及千兆以太网从根本上讲还是以太网，只是速度快。它基于现有的标准和技术（IEEE 802.3 标准，CSMA/CD 介质存取协议，总线型或星形拓扑结构，支持细缆、UTP、光纤介质，支持全双工传输），可以使用现有的电缆和软件，因此它是一种简单、经济、安全的选择。然而，以太网络在发展早期所提出的共享带宽、信道争用机制极大地限制了网络后来的发展，即使是近几年发展起来的链路层交换技术（即交换式以太网技术）和提高收发时钟频率（即快速以太网技术），也不能从根本上解决这一问题，具体表现在：以太网提供的是一种所谓"无连接"的网络服务，网络本身对所传输的信息包无法进行诸如交付时间、包间延迟、占用带宽等关于服务质量的控制。因此没有服务质量保证（Quality of Service，QoS）。对信道的共享及争用机制导致信道的实际利用带宽远低于物理提供的带宽，因此带宽利用率低。

除以上两点以外，以太网传输机制固有的对网络半径、冗余拓扑和负载平衡能力的限制以及网络的附加服务能力薄弱等，也都是以太网的不足之处。但以太网成熟的技术、广泛的用户基础和较高的性价比，使得其仍是传统数据传输网络应用中较为优秀的解决方案。

以太网根据不同的媒体可分为：10BASE-2、10BASE-5、10BASE-T 及 10BASE-FL。10BASE-2 以太网采用细同轴电缆组网，最大的网段长度是 200m，每网段节点数是 30，它是相对便宜的系统；10BASE-5 以太网采用粗同轴电缆，最大网段长度为 500m，每网段节点数是 100，它适用于主干网；10BASE-T 以太网采用双绞线，最大网段长度为 100m，每网段节点数是 1 024，它的特点是易于维护；10BASE-FL 以太网采用光纤连接，最大网段长度是 2 000m，每网段节点数为 1 024，此类网络最适合在楼间使用。

交换以太网支持的协议仍然是 IEEE 802.3 以太网，但提供多个单独的 10Mbit/s 端口。它与原来的 IEEE 802.3 以太网完全兼容，并且克服了共享 10Mbit/s 带来的网络效率下降问题。

100BASE-T 快速以太网与 10BASE-T 的区别在于将网络的速率提高了 10 倍，即 100Mbit/s。采用了 FDDI 的 PMD 协议，但价格比 FDDI 便宜。100BASE-T 的标准由 IEEE 802.3 制定。它与 10BASE-T 采用相同的媒体访问技术、类似的布线规则和相同的引出线，易于与 10BASE-T 集成。其每个网段只允许两个中继器，最大网络跨度为 210m。

**2. FDDI 网络**

FDDI 是目前成熟的 LAN 技术中传输速率最高的一种网络技术。这种传输速率高达 100Mbit/s 的网络技术所依据的标准是 ANSI X3T9.5。该网络具有定时令牌协议的特性，支持多种拓扑结构，传输媒体为光纤。使用光纤作为传输媒体具有以下 4 种优点。

（1）较长的传输距离，相邻站间的最大长度可达 2km，最大站间距离为 200km。

（2）具有较大的带宽，FDDI 的设计带宽为 100Mbit/s。

（3）具有对电磁和射频干扰抑制能力，在传输过程中不受电磁和射频噪声的影响，从而避免了对设备的影响。

（4）光纤可防止传输过程中被分接偷听，也杜绝了辐射波的窃听，因而是最安全的传输媒体。

光纤分布式数据接口 FDDI 是一种使用光纤作为传输介质的、高速的、通用的环形网络。它能以 100Mbit/s 的速率跨越长达 100km 的距离，连接多达 500 个设备，既可用于城域网络，也可用于小范围局域网。FDDI 采用令牌传递的方式解决共享信道冲突问题，与共享式以太网的 CSMA/CD 的效率相比，在理论上要稍高一点（但仍远比不上交换式以太网），采用双环结构的 FDDI 还具有链路连接的冗余能力，因而非常适于作为多个局域网络的主干。交换式 FDDI 会提高介质共享效率，但同交换式以太网一样，其本质仍是介质共享、无连接的网络，这就意味着它仍然不能提供服务质量保证和更高的带宽利用率。因此 FDDI 适合在少量站点通信的网络环境中，可达到比共享以太网稍高的通信效率；但随着站点的增多，它的效率会急剧下降，这时候无论从性能和价格上都无法与交换式以太网、ATM 网相比。另外，FDDI 有两个极大影响这一技术进一步推广的突出问题：一个是其居高不下的建设成本，特别是交换式 FDDI 的价格甚至会高出某些 ATM 交换机；另一个是其停滞不前的组网技术，由于受到网络半径和令牌长度的制约，现有条件下 FDDI 将不可能出现高出 100MB 的带宽。面对不断降低成本，同时在技术上不断发展创新的 ATM 和快速交换以太网技术的激烈竞争，FDDI 的市场占有率逐年缩减。据相关部门统计，现在各大型院校、教学院所、政府职能机关建立局域或城域网络的设计倾向较为集中在 ATM 和快速以太网这两种技术上，原先建立较早的 FDDI 网络，也在向星形、交换式的其他网络技术过渡。

**3. ATM**

随着人们对集语音、图像和数据为一体的多媒体通信需求的日益增加，特别是为了适应今后信息高速公路建设的需要，人们又提出了宽带综合业务数字网（Broadband-Integrated Services Digital Network，B-ISDN）这种全新的通信网络，而 B-ISDN 的实现需要一种全新的传输模式，即 ATM。1990 年，国际电报电话咨询委员会（Consultative Committee on International Telephone and Telegraph，CCITT）正式建议将 ATM 作为实现 B-ISDN 的一项基础技术，这样，以 ATM 为机制的信息传输和交换模式也就成为电信和计算机网络操作的基础和 2l 世纪通信的主体之一。尽管目前世界各国都在积极开展 ATM 技术研究和 B-ISDN 的建设，但以 ATM 为基础的 B-ISDN 的完善和普及却还要等到下一世纪，所以称 ATM 为一项跨世纪的新兴通信技术。ATM 技术也成为当前国际网络界关注的焦点。

ATM 采用基于信元的异步传输模式和虚电路结构，从根本上解决了多媒体的实时性及带宽问题。它实现了面向虚链路的点到点传输，通常提供 155Mbit/s 的带宽。它既汲取了话务通信中电路交换的“有连接”服务和服务质量保证，又保持了以太网、FDDI 等传统网络中带宽可变、适于突发性传输的灵活性，从而成为迄今为止适用范围最广、技术最先进、传输效果最理想的网络互连手段。ATM 具有以下特点。

（1）实现网络传输有连接服务，提供 QoS。

（2）交换吞吐量大、带宽利用率高。

（3）具有灵活的组网拓扑结构和负载平衡能力，伸缩性、可靠性极高。

（4）ATM 是现今唯一可同时应用于局域网、广域网两种网络应用领域的网络技术，它将局域网与广域网技术统一。

**4. 其他局域网**

令牌环网是 IBM 公司于 20 世纪 80 年代初开发成功的一种网络技术。之所以称为环，是因为这种网络的物理结构具有环的形状。环上有多个站逐个与环相连，相邻站之间是一种点对点的链路，因此令牌环与广播方式的以太网不同，它是一种顺序向下一站广播的 LAN。与以太网不同的另一个特点是，即使负载很重，令牌环网仍具有确定的响应时间。令牌环网遵循的标准是 IEEE 802.5，它规定了 3 种操作速率：1Mbit/s、4Mbit/s 和 16Mbit/s。早期，UTP 电缆只能在 1Mbit/s 的速率下操作，STP 电缆可在 4Mbit/s 和 16Mbit/s 速率下操作，现已有多家厂商产品突破了这种限制。

随着多媒体通信以及客户机 / 服务器（Client/Server）体系结构的发展，网络传输变得越来越拥挤，传统的共享 LAN 难以满足用户需要，曾经采用的网络区段化，由于区段越多，路由器等连接设备投资越大，同时众多区段的网络也难以管理，交换网应运而生。

## 2.2 局域网硬件设备

网络硬件主要由计算机系统和通信系统组成。计算机系统是局域网的连接对象，是网络的基本单元。它具有访问网络资源、管理和分配网络共享资源及处理数据的能力。根据计算机系统的功能和在网络中的作用，联网计算机可分为网络服务器和网络工作站两种类型。通信系统是连接网络基本单元的硬件系统，主要作用是通过传输介质、传输媒体和网络设备等硬件系统将计算机连接在一起，为它们提供通信服务。通信系统主要包括：网络通信设备（如 Hub、交换机、路由器等）、网络接口卡（如网卡、粗缆收发器、光纤收发器等）、传输介质（如同轴电缆、双绞线、光纤等）及其介质连接部件（如水晶头、T 型接头等）。

从总体上讲，局域网硬件应包括：网络服务器、网络工作站、网络接口卡、网络设备、传输介质及介质连接部件以及各种适配器等。

### 2.2.1 网络主机

#### 1. 网络服务器

技术发展到今天，适应各种不同功能、不同环境的服务器不断出现，分类标准也多种多样。

（1）按应用层次划分

服务器按应用层次可划分为入门级服务器、工作组级服务器、部门级服务器和企业级服务器 4 类。

① 入门级服务器

入门级服务器通常只使用一块 CPU，并根据需要配置相应的内存（如 256MB）和大容量电子集成驱动器（Integrated Drive Electronics，IDE）硬盘，必要时也会采用 IDE 独立冗余磁盘阵列（Redundant Array of Independence Disk，RAID）进行数据保护。入门级服务器主要是针对基于 Windows NT、NetWare 等网络操作系统的用户，可以满足办公室的中小型网络用户的文件共享、打印服务、数据处理、Internet 接入及简单数据库应用的需求，也可以在小范围内完成 E-mail、Proxy、DNS 等服务。

对于一个小部门的办公室，服务器的主要作用是完成文件存储和打印任务，文件存储和打印是服务器的最基本应用之一，对硬件的要求较低，一般采用单核或双核 CPU 的入门级服务器。较大的内存可以为打印机提供足够的打印缓冲区，快速的硬盘子系统能够应付频繁和大量的文件存取要求，而好的管理性能则可以提高服务器的使用效率。

② 工作组级服务器

工作组级服务器一般支持 1~2 个 PIII 处理器或单核 P4（奔腾 4）处理器，可支持大容量的指令纠错技术（Error Checking and Correcting，ECC）内存，功能全面。可管理性强且易于维护，具备了小型服务器必备的各种特性，如采用小型计算机系统接口（Small Computer System Interface，SCSI）总线的输入/输出（Input/Output，I/O）系统、对称多处理（Symmetrical Multi-Processing，SMP）结构、可选装 RAID、热插拔硬盘、热插拔电源等，具有高可用性特性，适合为中小企业提供 Web、E-mail 等服务，也能够用于学校等教育部门的数字校园网、多媒体教室的建设等。

通常情况下，如果应用不复杂，如没有大型的数据库需要管理，那么工作组级服务器就可以满足要求。目前，国产服务器的质量已与国外著名品牌相差无几，特别是在中低端产品上，国产品牌的性价比具有更大的优势，中小企业可以考虑选择一些国内品牌的产品。此外，HP 等大厂商甚至推出了专门为中小企业定制的服务器。但个别企业如果业务比较复杂，数据流量比较多，而且资金允许，也可以考虑选择部门级和企业级的服务器来作为其关键任务服务器。目前，HP、DELL、IBM、浪潮都是较不错的品牌。

③ 部门级服务器

部门级服务器通常可以支持 2~4 个 PIII 至强（Xeon）处理器，具有较高的可靠性、可用性、可扩展性和可管理性。首先，部门级服务器集成了大量的监测及管理电路，具有全面的服务器管理能力，可监测如温度、电压、风扇、机箱等状态参数。此外，结合服务器管理软件，可以使管理人员及时了解服务器的工作状况。同时，大多数部门级服务器具有优良的系统扩展性，用户在业务量迅速增大时，能够及时在线升级系统，可保护用户的投资。目前，部门级服务器是企业网络中分散的各基层数据采集单位与最高层数据中心保持顺利连通的必要环节，适合作为中型企业（如金融、邮政等行业）数据中心、Web 站点等应用。

④ 企业级服务器

企业级服务器属于高档服务器，普遍可支持 4~8 个 PIII Xeon 或 P4 Xeon 处理器，拥有独立的双外部设备互连（Peripheral Component Interconnect，PCI）通道和内存扩展板设计，具有高内存带宽、大容量热插拔硬盘和热插拔电源，具有超强的数据处理能力。这类产品具有高度的容错能力、优异的扩展性能和系统性能、极长的系统连续运行时间，能在很大程度上保护用户的投资，可作为大型企业级网络的数据库服务器。

目前，企业级服务器主要适用于需要处理大量数据、高处理速度和对可靠性要求极高的大型企业和重要行业（如金融、证券、交通、邮政、通信等行业），可用于提供企业资源计划（Enterprise Resource Planning，ERP）、电子商务、办公自动化（Office Automation，OA）等服务，如 Dell 的 PowerEdge 4600 服务器，标准配置为 2.4GHz Intel Xeon 处理器，最大支持 12GB 的内存。此外，采用了 Server Works GC-HE 芯片组，支持 2~4 路 Xeon 处理器，集成了 RAID 控制器并配备了 128MB 缓存，可以为用户提供 0、1、5、10 共 4 个级别的 RAID，最大可以支持 10 个热插拔硬盘，并提供 730GB 的磁盘存储空间。

（2）按机箱结构划分

按服务器的机箱结构来划分，可以把服务器划分为“台式服务器”“机架式服务器”“机柜式服务器”和“刀片式服务器”4 类。

① 台式服务器

台式服务器也称为“塔式服务器”。有的台式服务器采用大小与普通立式计算机大致相当的机箱，有的采用大容量的机箱，像个硕大的柜子。低档服务器由于功能较弱，整个服务器的内部结构比较简单，所以机箱不大，都采用台式机箱结构。这里介绍的台式不是普通计算机中的台式，立式机箱也属于台式机范围，目前这类服务器在整个服务器市场中占有相当大的份额。

② 机架式服务器

机架式服务器的外形看来不像计算机，而像交换机，有 1U（1U=1.75in）、2U、4U 等规格。

机架式服务器安装在标准的 19in 机柜里面。这种结构的多为功能型服务器。

对于信息服务企业（如 ISP/ICP/ISV/IDC）而言，选择服务器时首先要考虑服务器的体积、功耗、发热量等物理参数，因为信息服务企业通常使用大型专用机房统一部署和管理大量的服务器资源，机房通常设有严密的保安措施、良好的冷却系统、多重备份的供电系统，其机房的造价相当昂贵。如何在有限的空间内部署更多的服务器直接关系到企业的服务成本，通常选用机械尺寸符合 19in 工业标准的机架式服务器。机架式服务器也有多种规格，如 1U（4.45cm 高）、2U、4U、6U、8U 等。通常 1U 的机架式服务器最节省空间，但性能和可扩展性较差，适合一些业务相对固定的使用领域。4U 以上的产品性能较高；可扩展性好，一般支持 4 个以上的高性能处理器和大量的标准热插拔部件；管理也十分方便，厂商通常提供相应的管理和监控工具。适合大访问量的关键应用，但体积较大，空间利用率不高。

③ 机柜式服务器

一些高档企业服务器内部结构复杂，内部设备较多，有的还具有许多不同的设备单元或几个服务器都放在一个机柜中，这种服务器就是机柜式服务器。对于证券、银行、邮政等重要企业，服务器应采用具有完备的故障自修复能力的系统，关键部件应采用冗余措施。对于关键业务使用的服务器，也可以采用双机热备份高可用系统或者是高性能计算机，这样，系统可用性就可以得到很好地保证。

④ 刀片式服务器

刀片式服务器是一种高可用高密度（High Availability High Density，HAHD）的低成本服务器平台，是专门为特殊应用行业和高密度计算机环境设计的，其中每一块“刀片”实际上就是一块系统母板，类似于一个个独立的服务器。在这种模式下，每一个母板运行自己的系统，服务于指定的不同用户群，相互之间没有关联。不过可以使用系统软件将这些母板集合成一个服务器集群。在集群模式下，所有的母板可以连接起来提供高速的网络环境，共享资源，为相同的用户群服务。当前市场上的刀片式服务器有两大类：一类主要为电信行业设计，接口标准和尺寸规格符合工业计算机制造学会（PCI Industrial Computer Manufacturer's Group，PICMG）1.x 或 2.x，未来还将推出符合 PICMG 3.x 的产品，采用相同标准的不同厂商的刀片和机柜在理论上可以互相兼容；另一类为通用计算设计，接口上可能采用了上述标准或厂商标准，但尺寸规格是厂商自定的，注重性价比，目前属于这一类的产品居多。刀片式服务器目前最适合群集计算和为 IxP 提供互联网服务。

**2. 网络工作站**

网络工作站是指用户能够在网络环境中工作，访问网络共享资源的计算机系统，通常又称为客户机（Client）。网络工作站是连接在局域网上的一台计算机，用户通过它来访问网络，共享资源。它的主要作用是为网络用户提供一个访问网络服务器，共享网络资源，是与网上其他节点交流信息的操作台和前端窗口，使用户能够在网上工作，如网上传输文件、共享打印机打印文件、访问 Internet 各种信息服务和共享网上的各种软硬件资源等。网络工作站上必须安装一块网络接口卡，并通过传输介质及介质连接设备和网络设备把它连接到网络上，成为局域网上的一个站点。

在网络工作站上，除运行自己的操作系统（如 DOS、PS/2、Windows、UNIX 等）外，还必须运行相关的网络软件，包括网络协议软件（如 TCP/IP、IPX 协议软件）、网络应用软件（如 Internet 各种信息服务的客户软件）或网络操作系统的客户端软件（如 NetWare 外壳软件）。用户在网络工作站上，使用网络软件提供的实用程序或操作命令向服务器申请网络服务，获取各种公共的网络资源，访问 Internet 信息服务等。网络工作站不仅能够访问本机的本地资源，同时也能访问网络上所有的远程资源（只要权限允许）。当网络工作站不在网上操作时，仍可以作为一台独立的计算机使用。

## 2.2.2 传输介质

传输介质是通信双方交流信息的物理通道，用于两个网络站点之间原始比特流的实际传输。传输介质的品种繁多，每一种介质在带宽、延迟、信号衰减、抗干扰能力、传输距离、安装维护难度等方面都不相同。传输介质的选用是非常重要的，它对网络性能影响极大。在局域网中，常用的是有线传输介质，主要有双绞线、同轴电缆和光缆。

**1. 双绞线**

双绞线是两根绝缘导线互相绞结在一起的一种通用的传输介质，它可减少线间电磁干扰，适用于模拟、数据通信。双绞线分为非屏蔽双绞线（Unshielded Twisted Pair，UTP）和屏蔽双绞线（Shielded Twisted Pair，STP）两种。目前，局域网大多数使用的是 UTP。在局域网中，UTP 已被广泛采用，其传输速率取决于芯线质量、传输距离、驱动和接收信号的技术等。计算机网络中常使用的是第三类、第五类、超五类以及目前的第六类非屏蔽双绞线。第三类双绞线适用于大部分计算机局域网络，而第五类、六类双绞线利用增加缠绕密度、高质量绝缘材料，大大地改善了传输介质的性质。UTP 价格较低，传输速率满足使用要求，适用于办公大楼、学校、商厦等干扰较小的环境，但不适于噪声大、电磁干扰强的恶劣环境。

**2. 同轴电缆**

同轴电缆（Coaxial Cable）是指有两个同心导体，而导体和屏蔽层又共用同一轴心的电缆。在局域网中使用的同轴电缆有 75Ω、50Ω和 93Ω 3 种。RG59 型 75Ω电缆是社区公共电视天线系统（Community Antenna Television，CATV）采用的标准电缆，它常用于传输频分多路（Frequency Division Multiplexing，FDM）方式产生的模拟信号，频率可达 300 MHz~400MHz，称作宽带传输，也可用于传输数字信号。50Ω同轴电缆分为粗缆（RG-8 型或 RG-11 型）和细缆（RG-58 型）两种。粗缆抗干扰性能好，传输距离较远，细缆价格低，传输距离较近，传输速率一般为 10Mbit/s，适用于以太网。RG-62 型 93Ω电缆是 Arcnet 网采用的同轴电缆，通常只适用于基带传输，传输速率为 2Mbit/s~20Mbit/s。

**3. 光缆**

光缆是传送光信号的介质，是利用置于包覆护套中的一根或多根光纤作为传输媒质并可以单独或成组使用的通信线缆组件。纤芯采用二氧化硅掺以锗、磷等材料制成，呈圆柱形。外面包层由纯二氧化硅制成，它将光信号折射到纤芯中。光纤分单模和多模两种。单模只提供一条光通路，在无中继的条件下，传输距离可达几十千米。多模有多条光通路，在无中继的情况下，传输距离可达几千米。单模光纤容量大，传输距离比多模远，价格较贵。目前单模光纤芯直径约 8.3μm/125μm，多模光纤芯常用的为 62.5μm/125μm。光纤只能单向传输，如需双向通信，则应成对使用。光缆是目前计算机网络中最有发展前途的传输介质，它的传输速率可高达 1 000Mbit/s，误码率低，衰减小，传播延时很小，并有很强的抗干扰能力，适宜在泄露信号、电气干扰信号严重的环境中使用，备受人们青睐。因为光缆适用于点到点链路，所以常应用于环状结构网络。缺点是成本较高，还不能普遍使用。

#### 4. 无线介质

除了以上说的有线介质之外，在某些特殊的环境中还可以使用无线技术，将计算机连接起来。因为在一个网络工程当中，线路所占的成本是较高的，如果工程结构比较复杂或因制度而使网线铺设费用过高，使用无线通信未尝不是好的选择。当然无线网络对办公室的物理环境影响最小，节点的可移性也是非常有吸引力的。在无线网络中，每台计算机都要安装特殊的网卡和天线来传送和接收数据。但无线网路的传输能力还差强人意，大概有 242 kbit/s，应付一般的文字档案或许还可以，传送大量的图片或音像则很困难。不过现在新的 IEEE 802.11 PCMCIA 标准，传输速率已经可以达到 1Mbit/s 或 2Mbit/s 了。无线传输技术利用大气和外层空间作为传播的通路，由于信号波谱和传输技术的不同，无线传输技术主要包括微波、卫星微波和红外等。

在计算机网络领域，关系较密切的无线通信介质是微波和卫星微波。微波通信是指用频率在 2GHz～40GHz 的微波信号进行通信。由于微波通信只能进行可视范围内的通信，并且大气对微波信号的吸收与散射影响较大，所以，微波通信主要用于几千米范围内的传输，不适用于铺设有线传输介质的情况，而且只能用于点到点的通信，速率也不高，一般为几百 kbit/s。

卫星微波通信是指利用人造卫星进行中转的通信方式。商用的通信卫星一般被发射到赤道上方 $3.6\times10^4$km 的同步轨道上。另外，也有中低轨道的小卫星通信，如摩托罗拉的铱星系统。卫星通信的特点是适用于很长距离的传输，如国际、洲际之间；传输延时较大，费用较高。

一般来说，影响传输介质选择的因素包括以下几个。

（1）拓扑结构：拓扑结构与传输介质的物理特性、网络成本及应用环境的需要等诸多因素紧密相关。例如，星形结构不适合选用同轴电缆，可选择双绞线等方式通信。

（2）容量：介质提供的传输速率应能够满足要求。

（3）可靠性（差错率）：在可能的情况下，尽量选择可靠性高的介质。

（4）应用环境：包括传输距离、环境恶劣程度、信号强度等。

目前常用的介质使用方式为：局域网由双绞线连接到桌面；光纤（包括单模和多模，视距离远近而定）作为通信干线；卫星微波用于跨国界和偏远地区的传输。

### 2.2.3 网络互连设备

这里的网络设备是指单个计算机连入网络及网络与网络互连时必须使用的设备，是集线器 Hub、中继器、交换机等网络连接设备和网桥（Bridge）、路由器（Router）、网关等网络互连设备的统称。通过这些设备可以把计算机连接起来组成局域网，或将局域网与局域网互连起来组成更大规模的互联网。网络设备是组建计算机网络的关键设备。例如，将计算机通过以太网卡、非屏蔽双绞线、RJ-45 连接器和网络设备交换机，连接在一起就能组成一个 10Base-T 以太网。

#### 1. 网卡

网络接口卡（Network Interface Card，NIC），又称为网络适配器（Network Interface Adapter，NIA），简称网卡，网卡是安装在计算机中的一块电路板，它可以作为计算机的外部设备插在扩展槽中，用于实现计算机和传输介质之间的物理连接，为计算机之间相互通信提供一条物理通道，并通过这条通道进行高速数据传输。在局域网中，每一台联网计算机都需要安装一块或多块网卡，通过介质连接器将计算机接入网络电缆系统。

网卡工作在数据链路层，它主要实现物理层和数据链路层的大部分功能，具体包括：网卡与传输介质的连接、介质访问控制的实现、数据帧的拆装、帧的发送与接收、错误校验、数据信号的编/解码（如曼彻斯特代码的转换）、数据的串并转换，以及网卡与计算机之间的数据交换等。网卡是局域网通信接口的关键设备，它是决定计算机网络性能指标的重要因素之一。

网卡的种类很多，不同类型的网卡支持不同的网络协议（如 IEEE 802.3、IEEE 802.5 等）、不同的传输介质（如非屏蔽双绞线、光纤、同轴电缆）、不同的介质连接器和不同的总线接口。网卡按支持的网络协议分类有以太网卡、快速以太网卡、千兆以太网卡、FDDI 网卡、ATM 网卡等。这些网卡可以提供 RJ-45、AUI、BNC、SC、ST、MIC 等不同的介质连接器。如果按网卡提供的总线接口分类，又可分为 ISA 总线网卡、PCI 总线网卡、EISA 总线网卡等类型。

**2. 集线器**

微课 2-2 网络互连设备—集线器

当两台计算机通过非屏蔽双绞线进行“双机互连”传输距离大于 100m 时，信号可能会因逐渐衰减造成失真。为了实现双机互连，在这两台计算机之间安装一个“中继器”，即集线器，将衰减的信号放大处理，重新恢复完整的信号继续传送，可扩大信号的传输范围。

集线器作为一种集中管理网络的共享设备，是将网线集中起来的网络设备。利用集线器不仅可以将网络设备连接在一起，而且可起到扩大网络范围的作用。当然，网络范围并不是可以无限扩大的，即使信号衰减能够得到控制，信号传输延时时间过长，也会出现错误。因此，集线器级联一般不能超过 4 级。

采用集线器是解决从服务器直接到工作站的最经济的方案，使用集线器组网十分灵活。它处于网络的一个星形接点，集中管理与其相连的工作站。某台工作站的故障不影响整个网络的正常运行，并可方便地增加或减少工作站。通过集线器可以监视网络中每个工作站的工作情况，面板上的指示灯时刻清楚地显示出信息通过线路的状态，大大方便了网络的日常维护工作。

集线器有多种形式，组网时应根据入网的计算机和其他设备的数量选择合适的集线器，并留下一些余量为扩充网络做准备。

（1）按照端口的数目不同，集线器可分为 8 口、16 口和 24 口等，端口数多，价格会相对高一点。使用多少端口数的集线器，应该根据联网的计算机的数目而定。例如，18 台计算机联网，就要购买 24 口集线器。

（2）按提供的带宽，可以将集线器分为 10/100Mbit/s 自适应，这里的带宽指的是集线器提供的数据传输带宽，其单位是 bit/s。其中 10Mbit/s 集线器已经被淘汰；而 10/100Mbit/s 自适应集线器的端口可以在 10Mbit/s 和 100Mbit/s 之间自动切换，如果设备的传输速率是 100Mbit/s，则端口速率自动调整为 100Mbit/s。

（3）按照扩展方式分类，集线器分为可堆叠集线器和不可堆叠集线器。当集线器的端口不够用时，可以通过两种扩展方式增加端口数：堆叠和级联。

① 堆叠是指通过专门的堆叠模块和连接线把几个集线器连接在一起。对于其他设备来说，这些堆叠在一起的集线器就相当于一个集线器。可堆叠的层数越多，说明集线器的稳定性越好，当然价格也越贵。

② 级联就是通过级联端口或普通端口把多个集线器连在一起，从而达到扩展网络的目的。级联之后，集线器依旧是独立存在的，而不是一个整体。集线器往往都提供了级联端口，这个端口用

于和上层交换机或其他集线器的普通端口相连。

可堆叠集线器在堆叠之后与不可堆叠集线器在级联之后相比，理论上前者性能更优，但是实际使用效果并不十分明显。因为集线器是共享带宽的，无论是采用堆叠还是级联，在许多设备同时抢占带宽时，依旧只能有一对设备进行通信。

（4）依据管理方式的不同，集线器可以分为被动集线器、主动集线器、智能集线器和交换集线器。

**3. 交换机**

交换机意为“开关”，是一种用于电信号转发的网络设备。它可以为接入交换机的任意两个网络节点提供独享的电信号通路。最常见的交换机是以太网交换机，其他常见的还有电话语音交换机、光纤交换机等。

交换机工作在数据链路层，交换机拥有一条很高带宽的背部总线和内部交换矩阵。交换机的所有端口都挂接在这条背部总线上，控制电路收到数据包以后，处理端口会查找内存中的地址对照表，以确定目的介质访问地址（Media Access Control Address，MAC 地址）的 NIC 挂接在哪个端口上，通过内部交换矩阵迅速将数据包传送到目的端口，若目的 MAC 不存在，则数据包会被广播到所有的端口，接收端口回应后，交换机会“学习”新的 MAC 地址，并把它添加到内部 MAC 地址表中。

在计算机网络系统中，交换概念的提出改进了共享工作模式。而集线器就是一种物理层共享设备，集线器本身不能识别 MAC 地址和 IP 地址，当同一局域网内的 A 主机向 B 主机传输数据时，数据包在以集线器为架构的网络上是以广播方式传输的，由每一台终端通过验证数据报头的 MAC 地址来确定是否接收。也就是说，在这种工作方式下，同一时刻，网络上只能传输一组数据帧的通信，如果发生碰撞还得重试。这种方式就是共享网络带宽。

相对于集线器而言，交换机的种类更多。它可以按以下不同标准分类。

（1）按网络类型分类

根据使用的网络技术类型，局域网交换机可以分为令牌环交换机、以太网交换机、FDDI 交换机和 ATM 交换机。

① 令牌环交换机。与“令牌环网”相配的交换机。由于令牌环网逐渐失去了市场，相应的令牌环交换机也很少见。

② 以太网交换机。以太网交换机就是以太网中使用的交换设备。由于现在以太网几乎成为局域网的代称，因此以太网交换机也就成了“交换机”的代名词，通常所说的交换机即指这种交换机。

③ FDDI 交换机。FDDI 网络与令牌环网一样，逐渐淡出了市场。

④ ATM 交换机。应用于 ATM 网络的交换机，但价格十分昂贵。ATM 网络由于其独特的技术特性，目前广泛用于 Internet 的主干网络中。

（2）按应用规模分类

按应用规模的大小，交换机可以分为工作组级交换机、部门级交换机和企业级交换机。需要说明的是，不同企业的规模标准可能不尽相同。

① 工作组级交换机。支持 100 个信息点以内的交换机，其特征是端口数量少，带宽较低，为几台到几十台计算机联网提供交换环境，对带宽的要求不太高。

② 部门级交换机。支持 100～300 个信息点的交换机，是面向部门，供数十人至上百人使用的交换机。

③ 企业级交换机。支持 300～500 个信息点的交换机，通常用于大型企业的骨干网中。

（3）按交换方式分类

交换机通过以下 3 种方式进行交换。

① 直通式

直通式的以太网交换机可以理解为在各端口间是纵横交叉的线路矩阵电话交换机。它在输入端口检测到一个数据包时，检查该包的包头，获取包的目的地址，启动内部的动态查找表转换成相应的输出端口，在输入与输出交叉处接通，把数据包直通到相应的端口，实现交换功能。由于不需要存储，因此它的延时非常小、交换非常快。它的缺点是，由于数据包内容并没有被以太网交换机保存下来，所以无法检查所传送的数据包是否有误，不能提供错误检测能力。由于没有缓存，不能将具有不同速率的输入/输出端口直接接通，而且容易丢包。

② 存储转发

存储转发式是计算机网络领域应用最为广泛的方式。它把输入端口的数据包先存储起来，然后进行循环冗余码校验（Cyclic Redundancy Check，CRC）检查，在对错误包进行处理后才取出数据包的目的地址，通过 MAC 地址端口号对应表将目的地址转换成端口号，通过相应端口对包进行转发。因此，存储转发式在数据处理时延时大，这是它的不足，但是它可以对进入交换机的数据包进行错误检测，有效地改善网络性能。尤其重要的是，它可以支持不同速率端口间的转换，保持高速端口与低速端口间的协同工作。

③ 碎片隔离

这是介于前两者之间的一种交换方式。它检查数据包的长度是否够 64Byte。如果小于 64Byte，则说明是假包，丢弃该包；如果大于 64Byte，则发送该包。这种方式也不提供数据校验。它的数据处理速度比存储转发方式快，但比直通式慢。

（4）按传输模式分类

交换机的传输模式有全双工、半双工、全双工/半双工自适应。

交换机的全双工是指交换机在发送数据的同时也能够接收数据，两者同步进行，就像我们平时打电话一样，说话的同时也能够听到对方的声音。交换机都支持全双工。全双工的好处在于延时小，速度快。

半双工是指一个时间段内只有一个动作发生。就好像一条窄窄的马路，同时只能有一辆车通过，当有两辆车对开时，就只能一辆先过，另一辆再开，这个例子形象地说明了半双工的原理。早期的对讲机以及早期集线器等设备都是实行半双工的产品。随着技术的不断进步，半双工会逐渐退出历史舞台。

（5）按管理方式分类

按管理方式的不同，交换机可以分为网管型交换机和非网管型交换机。

① 网管型交换机。这种交换机支持简单网络管理协议（Simple Network Management Protocol，SNMP）网络管理。可以分配给它 IP 地址后作为网络上的一个节点存在，从而通过 SNMP 网络管理软件远程管理交换机。

② 非网管型交换机。这种交换机在小型网络中很常见，它不能被分配 IP 地址，因此也不具有网管型交换机的管理特性。但通过串口或打印口，非网管型交换机还可以实现一些简单的管理功能。

**4．路由器**

“路由”是指把数据从一个地方传送到另一个地方的行为和动作，而路由器正是执行这种行为动作的机器，是连接 Internet 中各局域网、广域网的设备，它会根据信道的情况自动选择和设定路由，以最佳路径，按前后顺序发送信号。路由器是互连网络的枢纽，是“交通警察”。目前路由器已经广泛应用于各行各业，各种不同档次的产品已成为实现各种骨干网内部连接、骨干网间互连和骨干网与互联网互连互通业务的主力军。路由和交换机之间的主要区别就是，交换机发生在OSI的第二层（数据链路层），而路由发生在第三层，即网络层。这一区别决定了路由和交换机在移动信息的过程中需使用不同的控制信息，所以说两者实现各自功能的方式是不同的。

为了完成“路由”的工作，在路由器中保存着各种传输路径的相关数据—路由表（Routing Table），供路由选择时使用。路由表中保存着子网的标志信息、网上路由器的个数和下一个路由器的名称等内容。路由表可以是由系统管理员固定设置好的，也可以由系统动态修改，可以由路由器自动调整，也可以由主机控制。在路由器中涉及两个有关地址的名称概念，那就是：静态（Static）路由表和动态（Dynamic）路由表。由系统管理员事先设置好的固定路由表称为静态路由表，一般是在系统安装时就根据网络的配置情况预先设定的，它不会随未来网络结构的改变而改变。动态路由表是路由器根据网络系统的运行情况而自动调整的路由表。路由器根据路由选择协议（Routing Protocol）提供的功能，自动学习和记忆网络运行情况，在需要时自动计算数据传输的最佳路径。

## 2.3 局域网软件系统

### 2.3.1 IEEE 802标准

电气电子工程师学会（Institute of Electrical and Electronics Engineers，IEEE）的总部设在美国，主要开发数据通信标准及其他标准。IEEE 委员会负责起草局域网草案，并送交美国国家标准协会（American National Stand and Institute，ANSI）批准和在美国国内标准化。IEEE 802大部分标准是在20世纪80年代由IEEE委员会制订的，当时个人计算机联网刚刚兴起。随着网络技术的不断进步，IEEE 802扩充和制订了不少新的标准，因此，IEEE 802家族也越来越庞大，成员也越来越多。

IEEE 802定义了局域网的参考模型，该模型只对应OSI的数据链路层与物理层，它将数据链路层划分为：逻辑链路控制（Logical Link Control，LLC）子层和MAC子层，如图2-5所示。

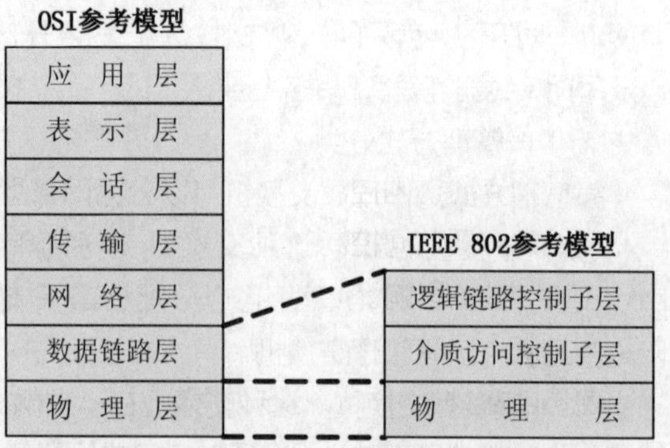

图2-5 OSI与IEEE 802参考模型的对应关系

IEEE 802为局域网制定了一系列标准，如图2-6所示。

（1）IEEE 802.1标准，包括局域网体系结构、网络互连以及网络管理与性能测试。

（2）IEEE 802.2标准，定义了LLC子层的功能与服务。

（3）IEEE 802.3标准，定义了载波监听多路访问/冲突检测（Carrier Sense Multiple Access with Collision Detection，CSMA/CD）总线介质访问控制子层与物理层规范。

（4）IEEE 802.4标准，定义了令牌总线（Token Bus）介质访问控制子层与物理层规范。

（5）IEEE 802.5 标准，定义了令牌环（Token Ring）介质访问控制子层与物理层规范。

（6）IEEE 802.6 标准，定义了 MAN 介质访问控制子层与物理层规范。

（7）IEEE 802.7 标准，定义了宽带技术。

（8）IEEE 802.8 标准，定义了光纤技术。

（9）IEEE 802.9 标准，定义了综合语音与数据局域网（Integrated Voice and Data LAN，IVD LAN）技术。

（10）IEEE 802.10 标准，定义了可互操作的局域网安全性规范（Standard for Interoperable LAN Security，SILS）。

（11）IEEE 802.11 标准，定义了无线局域网技术。

（12）IEEE 802.12 标准，定义了 100VG-AnyLAN 访问控制方法及物理层技术规范。

（13）IEEE 802.14 标准，定义了电缆调制解调器标准。

（14）IEEE 802.15 标准，定义了近距离个人无线网络标准。

（15）IEEE 802.16 标准，定义了宽带无线局域网标准。

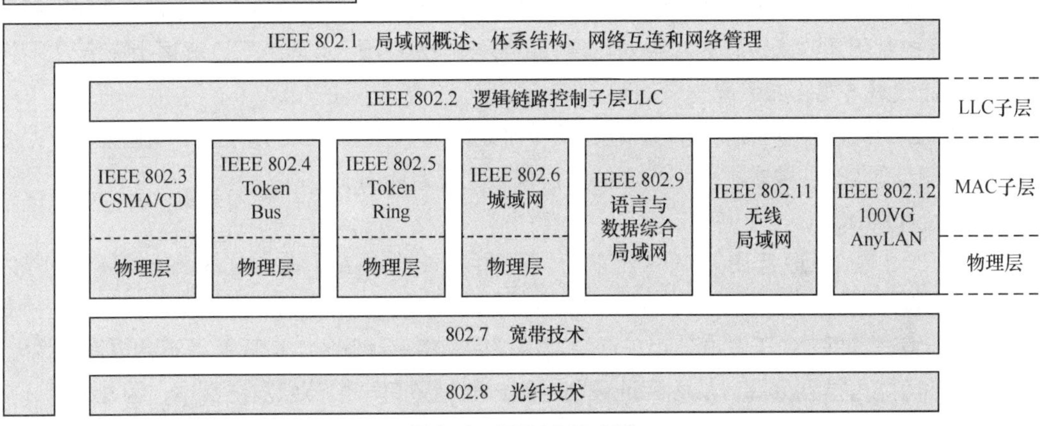


图 2-6 IEEE 802 标准

## 2.3.2 介质访问控制

局域网介质访问控制方式主要解决介质使用权或机构问题，从而实现对网络传输信道的合理分配。局域网介质访问控制是局域网很重要的一项基本任务，对局域网体系结构、工作过程和网络性能产生决定性的影响。

局域网介质访问控制包括：确定网络节点将数据发送到介质上的特定时刻和解决如何访问和利用并加以控制公用传输介质的问题。IEEE 802.2 标准定义的共享局域网有 3 类：CSMA/CD、Token Ring 和 Token Bus。

微课 2-3 介质访问控制——CSMA-CD

### 1. CSMA/CD

CSMA/CD 是一种适用于总线结构的分布式介质访问控制方法，是 IEEE 802.3 的核心协议，是一种典型的随机访问的争用型技术。CSMA/CD 的发送流程可以简单地概括为：先听先发；边听边发；冲突停止；随机延迟后重发。它的工作过程分为以下两部分。

(1)载波监听总线，即先听后发

使用 CSMA/CD 方式时，总线上各节点都在监听总线，即检测总线上是否有别的节点发送数据。如果发现总线是空闲的，即没有检测到有信号正在传送，则可立即发送数据。如果监听到总线忙，即检测到总线上有数据正在传送，这时节点要持续等待，直到监听到总线空闲时才能将数据发送出去，或等待一个随机时间，再重新监听总线，一直到总线空闲再发送数据。

(2)总线冲突检测，即边发边听

当两个或两个以上节点同时监听到总线空闲，开始发送数据时，会发生碰撞，产生冲突。发生冲突时，两个传输的数据都会被破坏，产生碎片，使数据无法到达正确的目标节点。为确保数据的正确传输，每一节点在发送数据时要边发送边检测冲突。当检测到总线上发生冲突时，立即取消传输数据，随后发送一个短的阻塞信号 JAM，以加强冲突信号，保证网络上的所有节点都知道总线上已经发生了阻塞。在阻塞信号发送后，等待一个随机时间，然后再将要发送的数据发送一次。如果还有冲突发生，则重复监听、等待和重传的操作。

CSMA/CD 是一种争用协议，每一节点处于平等地位去传输介质，算法较简单，技术上易实现。但它不能提供优先级控制，即不能提供急需数据的优先处理能力。此外，不确定的等待时间和延迟难以满足远程控制所需的确定延时和绝对可靠性的要求。为克服 CSMA/CD 的不足，产生了许多 CSMA/CD 的改进方式，如带优先权的 CSMA/CD。

由于 CSMA/CD 是一种用户访问总线时间不确定的随机竞争总线的方法，所以它适用于办公自动化等对数据传输实时性要求不严格和通信负荷较轻的应用环境。

**2. Token Ring**

Token Ring 是 1969 年由 IBM 提出来的。它适用于环形网络，并已成为流行的环访问技术。这种介质访问技术的基础是令牌。令牌是一种特殊的帧，用于控制网络节点的发送权，只有持有令牌的节点才能发送数据。由于发送节点在获得发送权后就将令牌删除，在环路上不会再有令牌出现，其他节点也不可能再得到令牌，从而保证环路上某一时刻只有一个节点发送数据，因此令牌环技术不存在争用现象，它是一种典型的无争用型介质访问控制方式。

Token Ring 的主要优点在于其访问方式具有可调整性和确定性，且每个节点具有同等的介质访问权。同时，还提供优先权服务，具有很强的适用性。它的主要缺点是环维护复杂，实现较困难。

**3. Token Bus**

CSMA/CD 采用用户访问总线时间不确定的随机竞争方式，具有结构简单、轻负载时时延小等特点，但当网络通信负荷增大时，由于冲突增多，网络吞吐率下降、传输延时增加、性能明显下降。Token Ring 在重负荷下利用率高，网络性能对传输距离不敏感。但 Token Ring 控制复杂，并存在不保证可靠性等问题。Token Bus 是在综合 CSMA/CD 与 Token Ring 两种介质访问方式优点的基础上形成的一种介质访问控制方式。

Token Bus 主要适用于总线型或树形网络。Token Bus 的特点在于它的确定性、可调整性及较好的吞吐能力，适用于对数据传输实时性要求较高或通信负荷较重的应用环境，如生产过程控制领域。它的缺点在于它的复杂性和时间开销较大，节点可能要等待多次无效的令牌传送后才能获得令牌。

**4. CSMA/CD 与 Token Bus、Token Ring 的比较**

在共享介质访问控制方法中，CSMA/CD 与 Token Bus、Token Ring 应用广泛。从网络拓扑结构看，CSMA/CD 与 Token Bus 都是针对总线型拓扑结构的局域网设计的，而 Token Ring 是针对环形拓扑结构的局域网设计的。如果从介质访问控制方法性质的角度看，CSMA/CD 属于随机介质访问控制方法，而 Token Bus、Token Ring 则属于确定型介质访问控制方法。

微课 2-4 三种介质访问控制方法的比较

与确定型介质访问控制方法比较，CSMA/CD 方法有以下几个特点。

（1）CSMA/CD 介质访问控制方法算法简单，易于实现。目前有多种超大规模集成电路（Very Large Scale Integration，VLSI）可以实现 CSMA/CD 方法，这对降低以太网成本，扩大应用范围是非常有利的。

（2）CSMA/CD 是一种用户访问总线时间不确定的随机竞争总线的方法，适用于办公自动化等对数据传输实时性要求不严格的应用环境。

（3）CSMA/CD 在网络通信负荷较低时表现出较好的吞吐率与延迟特性。但是，当网络通信负荷增大时，由于冲突增多，网络吞吐率下降、传输延时增加，因此 CSMA/CD 方法一般用于通信负荷较轻的应用环境。

与随机型介质访问控制方法比较，确定型介质访问控制方法 Token Bus、Token Ring 有以下几个特点。

（1）Token Bus、Token Ring 网中节点两次获得令牌的最大时间间隔是确定的，因而适用于对数据传输实时性要求较高的环境，如生产过程控制领域。

（2）Token Bus、Token Ring 在网络通信负荷较重时，表现出很好的吞吐率与较低的传输延时，因而适用于通信负荷较重的环境。

（3）Token Bus、Token Ring 的不足之处在于它们需要复杂的环维护功能，实现较困难。

IEEE 802.2 标准定义的共享局域网有以下 3 类。

（1）采用 CSMA/CD 介质访问控制方法的总线型局域网。

（2）采用 Token Bus 介质访问控制方法的总线型局域网。

（3）采用 Token Ring 介质访问控制方法的环形局域网。

以太网的核心技术是它的随机争用型介质访问方法即 CSMA/CD。最早使用随机争用技术的是夏威夷大学的校园网。

### 2.3.3 网络操作系统

网络操作系统（Network Operating System，NOS）是网络的心脏和灵魂，是向网络计算机提供网络通信和网络资源共享功能的操作系统。它是负责整个网络资源和方便网络用户的软件的集合。通常操作系统具有文件管理、设备管理和存储器管理等功能，此外，还能够提供高效、可靠的网络通信能力及多种网络服务。

**1. 网络操作系统的分类**

网络操作系统按照处理模式不同可以分为以下 3 类。

（1）集中模式

集中模式网络操作系统是由分时操作系统加上网络功能演变的。系统的基本单元由一台主机和若干台与主机相连的终端构成，信息的处理和控制是集中的。UNIX 就是这类系统的典型。

（2）客户机/服务器模式

这种模式是最流行的网络工作模式。服务器是网络的控制中心，并向客户提供服务。客户机是用于本地处理和访问服务器的站点。

（3）对等模式

采用这种模式的站点都是对等的，既可以作为客户访问其他站点，又可以作为服务器向其他站点提供服务。这种模式具有分布处理和分布控制的功能。

**2．局域网中几类具体的网络操作系统**

（1）Windows 类

Windows 类是全球最大的软件开发商——微软公司开发的。微软公司的 Windows 系统不仅在个人操作系统中占有绝对优势，它在网络操作系统中也具有非常强劲的力量。这类操作系统在整个局域网配置中是很常见的，但由于它对服务器的硬件要求较高，且稳定性不是很高，所以微软的网络操作系统一般只是用在中低档服务器中，高端服务器通常采用 UNIX、Linux 或 Solaris 等非 Windows 操作系统。

（2）NetWare 类

NetWare 操作系统虽然远不如早几年那么风光，但是它仍以对网络硬件的要求较低（工作站只要是 286 机就可以了）而受到一些设备比较落后的中、小型企业，特别是学校的青睐。它兼容 DOS 命令，其应用环境与 DOS 相似，经过长时间的发展，其具有相当丰富的应用软件支持，技术完善、可靠。目前常用的版本有 3.11、3.12 和 4.10 以及 V4.11，V5.0 等中英文版本，NetWare 服务器对无盘站和游戏的支持较好，常用于教学网和游戏厅。目前这种操作系统的市场占有率呈下降趋势，这部分的市场主要被 Windows NT/2000 和 Linux 系统瓜分了。

（3）UNIX 系统

目前常用的 UNIX 系统版本主要有：UNIX SUR4.0、HP-UX 11.0、SUN 的 Solaris 8.0 等，它支持网络文件系统服务，提供数据等应用，功能强大，由 AT&T 和 SCO 公司推出。UNIX 系统稳定性和安全性能非常好，但由于它多数是以命令方式来进行操作的，对于初级用户不容易掌握。因此，小型局域网基本不使用 UNIX 作为网络操作系统，UNIX 一般用于大型的网站或大型的企、事业局域网。UNIX 操作系统历史悠久，其良好的网络管理功能已为广大网络用户所接受，拥有丰富的应用软件的支持。目前，UNIX 网络操作系统的版本有 AT&T 和 SCO 的 UNIX SVR3.2、SVR4.0 和 SVR4.2 等，其特点如下。

① 系统在安全方面是任何一种操作系统都不能与之相比的，很少被计算机病毒侵入。这是因为 UNIX 的初衷就是为多任务、多用户环境设计的，在用户权限、文件和目录权限、内存等方面有严格的规定。近几年，UNIX 操作系统以其良好的安全性和保密性证实了这一点。

② 系统自身提供了多种应用功能，安装 UNIX 之后，用户即得到诸如路由、防火墙、域名服务和自动 IP 地址分配之类的操作所需的程序。尽管 Windows Server 和 Novell Netware 也能执行这些操作，但是它们都需要独立的软件包来实现特定的功能。

③ 虽然 Internet 开始风靡于 1995 年，但是 UNIX 是其真正起源。UNIX 和 Internet 的完美结合使 UNIX 成为运行传输控制协议/网际协议（Transmission Control Protocol/Internet Protocol，TCP/IP）的首选平台，例如，Internet 中担当服务器角色的计算机八成以上都使用 UNIX 操作系统。

由于 UNIX 只能运行在少数几家厂商制造的硬件平台上，所以其在硬件的兼容性方面不够好。

其源代码的公开，使市面上出现不相兼容的不同版本，令用户难以取舍。并且UNIX本是针对小型主机环境开发的操作系统，采用集中式分时多用户体系结构，其体系结构不够合理，导致UNIX的市场占有率呈下降趋势。

（4）Linux

Linux是一种新型的网络操作系统，它最大的特点就是源代码开放，可以免费得到许多应用程序。目前也有中文版本的Linux，如红帽（Red Hat）、红旗Linux等。在国内，Linux得到了用户的充分肯定，主要体现在它的安全性和稳定性方面，它与UNIX有许多类似之处。目前这类操作系统主要应用于中、高档服务器中。

与其他网络操作系统相比，Linux操作系统的特点如下。

① 源代码开放。Linux许多组成部分的源代码是完全开放的，任何人都可以通过Internet得到，开发并发布。目前著名的Linux版本有Red Hat Linux和红旗Linux等。

② 支持多种硬件平台。Linux可以运行在多种硬件平台上，还支持多处理器的计算机。

③ 功能强大。Linux可以与文字、图形图像、多媒体处理和计算机网络结合使用，并支持在PC上使用大量外部设备。

④ 支持多种通信协议。在Linux中，用户可以使用所有的网络服务，如网络文件系统、远程登录和接入Internet等，这都和Linux支持多种通信协议是分不开的。

⑤ 支持多种文件系统。目前，Linux支持ext2、ext3、FAT、FAT32、XLAFS、LSOFS和HPFS等文件系统。其中最常见的是ext3，文件名可长达255个字符。

尽管Linux有如此多的特点，但是其版本繁多，且相互之间不兼容。和Windows相比，其文件组成形式、操作方法相对复杂一些，因此至今未能普及。

在众多的Linux版本中，Red Hat Linux拥有较大的用户群。目前其较新的版本Red Hat Linux 8.0中文版采用向导式图形化安装程序，提供包括个人桌面、工作站、服务器、定制和升级等多种安装类型，为各级用户量身打造。在使用方法上不仅提供Shell命令操作，而且支持KDE、GNOME等多种X-Window图形界面，操作十分直观。

总的来说，对特定计算环境的支持使每一个操作系统都有适合自己的工作场合，这就是系统对特定计算环境的支持。例如，Windows 7/8/10适用于桌面计算机，Linux目前较适用于小型的网络，而Windows Server和UNIX则适用于大型服务器应用程序。因此，对于不同的网络应用，需要有目的地选择合适的网络操作系统。

### 2.3.4 网络通信协议

网络通信协议是计算机网络实现其功能的最基本机制，其本质是一种规则，即各种硬件和软件必须遵循的共同守则，简称网络协议。如同语言，标准的语言使我们能够相互交流，计算机之间的相互通信也需要共同遵守一定的规则，这些规则就是网络协议，网络协议使网络上的各种设备能够相互交换信息，不同计算机之间必须使用相同的网络协议才能进行通信。

网络协议融合于软件系统中，遍及OSI通信模型的各个层次，从我们非常熟悉的TCP/IP、HTTP、FTP，到OSPF、IGP等协议，有上千种之多。对于普通用户而言，不需要关心太多的底层网络协议，底层网络协议一般会自动工作，不需要人工干预。但是对于第三层以上的协议，就经常需要人工干预了，比如 TCP/IP 就需要人工配置才能正常工作。

在局域网中，最常用的网络协议是 TCP/IP，此外还有 NetBEUI、NWLink IPX/SPX 兼容传输协议和 AppleTalk 协议等。目前最为流行的是 TCP/IP，它已经成为 Internet 的标准协议。

**1. TCP/IP**

TCP/IP 的开发工作始于 20 世纪 70 年代，是用于 Internet 的第一套协议，现在已成为 Internet 最基本的协议，可以跨越由不同硬件体系和不同操作系统的计算机相互连接的网络进行通信。

TCP/IP 是一个协议系列，其包括 100 多个协议，TCP 和 IP 仅是其中的两个协议。由于它们是最基本和最重要的两个协议，而且使用广泛，因此通常用 TCP/IP 代表整个 Internet 协议系列。

Microsoft 的联网方案使用了 TCP/IP，在目前流行的 Windows 版本中都内置了该协议，而且在 Windows 中是自动安装的。在 Windows Server 中，TCP/IP 与 DNS 和动态主机配置协议（Dynamic Host Configuration，DHCP）配合使用。DHCP 用来分配 IP 地址，当用户计算机登录网络时，用户计算机自动寻找网络中的 DHCP 服务器，从中获得网络连接的动态配置和 IP 地址。

（1）IP

IP 是 TCP/IP 的心脏，也是网络层最重要的协议。IP 层接收由更底层网络接口层（如以太网设备驱动程序）发来的数据包，并把该数据包发送到更高层的 TCP 或 UDP 层；相反，IP 层也把从 TCP 或 UDP 层接收来的数据包传送到更高层。IP 数据包是不可靠的，因为 IP 并没有做任何事情来确认数据包是按顺序发送的或者没有被破坏。IP 数据包中含有发送它的主机地址（源地址）和接收它的主机地址（目的地址）。

高层的 TCP 和 UDP 服务在接收数据包时，通常假设包中的原地址是有效的。也可以这样说，IP 地址形成了许多服务的认证基础，这些服务相信数据包是从一个有效的主机发送来的。IP 确认包含一个选项，叫作 IP source routing，可以用来指定一条源地址和目的地址之间的直接路径。对于一些 TCP/UDP 的服务来说，使用了该选项的 IP 包好像是从路径上的最后一个系统传递过来的，而不是来自于它的真实地点。这个选项是为测试而存在的，说明它可以欺骗系统从而被禁止连接。

（2）TCP

如果数据 IP 包中有已经封好的 TCP 数据包，那么 IP 将把它们向“上”传送到 TCP 层。TCP 将包排序并进行错误检查，同时实现虚电路间的连接。因为 TCP 数据包包括序号和确认，所以未按照顺序收到的包可以被排序，而损坏的包可以被重传。

TCP 将它的信息送到更高层的应用程序，如 Telnet 的服务程序和客户程序。应用程序轮流将信息送回 TCP 层，TCP 层依次将它们向下传传输，分别经过 IP 层、设备驱动程序和物理介质，最后到接收方。

面向连接的服务（如 Telnet、FTP、rlogin、X Windows 和 SMTP）需要高度的可靠性，所以它们使用了 TCP。DNS 在某些情况下使用 TCP（发送和接收域名数据库），但使用 UDP 传送有关单个主机的信息。

**2. NetBEUI 协议**

NetBIOS 增强用户接口（Net Bios Enhanced User Interface，NetBEUI）是为 IBM 开发的非路由协议，是 NetBIOS 协议的增强版本。因为它体积小、效率高、速度快、不需要附加网络地址和网络层头尾，曾被许多操作系统采用，如 Windows for Workgroup、Windows 9X 系列、Windows NT 等。因此 NetBEUI 协议在许多情形下很有用，是 Windows 98 之前的操作系统的默认协议，适用于只有单个网络或整个环境都桥接起来的小工作组环境。

NetBEUI 缺乏路由和网络层寻址功能，这既是优点，也是缺点。因为不支持路由，所以 NetBEUI 永远不会成为企业网络的主要协议。NetBEUI 帧中唯一的地址是 MAC 地址，该地址标识了网卡但没有标识网络。路由器靠网络地址将帧转发到最终目的地，而 NetBEUI 帧完全缺乏该信息。

网桥负责按照数据链路层地址在网络之间转发通信，但是有很多缺点。因为所有的广播通信都必须转发到每个网络中，所以网桥的扩展性不好。NetBEUI 包括广播通信的计数并依赖它解决命名冲突。一般而言，桥接 NetBEUI 网络很少有超过 100 台主机。

近年来，依赖于第二层交换器的网络变得更为普遍。完全的转换环境降低了网络的利用率，尽管广播仍然转发到网络中的每台主机。事实上，联合使用 100-BASE-T 以太网，允许转换 NetBIOS 网络扩展到 350 台主机，才能避免广播通信成为严重的问题。

总之，NetBEUI 协议是一种短小精悍、通信效率高的广播型协议，安装后不需要设置，特别适合于在“网络邻居”传送数据。所以要想加入 Windows NT 域，必须安装 NetBEUI 协议。NetBEUI 协议占用内存最少，在网络中基本不需要任何配置，但不具备路由功能。如果一台服务器上安装了多块网卡，或者使用路由器等设备进行多局域网互联，则不能使用该协议。

**3. IPX/SPX 及其兼容性协议**

网间数据包交换（Internetwork Packet Exchange，IPX）是 Novell Net Ware 自带的最底层网络协议，主要用来控制局域网之间数据包的寻址和路由，只负责数据包在局域网中的传送，并不保证消息的完整性，也不提供纠错服务。

在局域网中传输数据包时，如果接收节点在同一网段内，网络通过 IPX 协议就直接按该节点的 ID 将数据传给它；如果接收节点不在同一网段内，那么网络通过 IPX 协议可以将数据包交给 NetWare 服务器，再继续传输。在使用过程中，网络管理员可以通过使用相应的 IPX 路由命令，如“routing ipx add/set staticroute”表示在 IPX 路由表中添加或配置静态 IPX 路由，“routing ipx set global”表示配置全局 IPX 路由设置。

顺序包交换（Sequences Packet Exchange，SPX）协议基于施乐 Xerox 顺序包协议（Sequences Packet Protocol，SPP），它同样是由 Novell 公司开发的一种用于局域网的网络协议。在局域网中，SPX 协议主要负责对整个传输的数据进行无差错处理，即纠错。SPX 协议一般与上面介绍的 IPX 协议组合成 IPX/SPX 协议来使用，多用于 Netware 网络环境以及联网游戏。

IPX/SPX 协议即 IPX 与 SPX 协议的组合，它是 Novell 公司为了适应网络的发展而开发的通信协议，具有很强的适应性，安装方便，同时还具有路由功能，可以实现多网段间的通信。其中，IPX 协议负责数据包的传送；SPX 负责数据包传输的完整性。在微软的 Windows NT 操作系统中，一般使用 NWLink IPX/SPX 和 NWLink NetBIOX 两种 IPX/SPX 的兼容协议，即 NWLink 兼容协议继承了 IPX/SPX 协议的优点，更适应 Windows 的网络环境。

IPX/SPX 协议一般应用于大型网络（如 Novell）和局域网游戏环境中（如反恐精英、星际争霸）。不过，如果不是在 Novell 网络环境中，一般不使用 IPX/SPX 协议，而是使用 IPX/SPX 兼容协议，尤其是在由 Windows 9x/2000 组成的对等网中。

**4. NWLink 协议**

Windows XP 提供了 IPX/SPX 的两个兼容协议，分别为 NWLink IPX/SPX 兼容协议和 NWLink NetBIOS，这两者统称为 NWLink 通信协议。NWLink 协议是 Novell 公司 IPX/SPX 协

议在微软网络中的实现，它在继承 IPX/SPX 协议优点的同时，更适应了微软的操作系统和网络环境，为网络从 Novell 网络环境转向 Microsoft 平台，或两种平台共存提供了方便。

Windows 客户可以使用 NWLink 访问在 Novell NetWare 服务器上运行的客户和服务器应用程序。Net Ware 客户可以使用 NWLink 访问在 Windows 服务器上运行的客户和服务器应用程序。有了 NWLink 后，运行 Windows 的计算机可以与其他使用 IPX/SPX 的网络设备（如打印机）进行通信，也可以在只使用 Windows 和其他 Microsoft 客户软件的小型网络中使用 NWLink。

**5. Apple Talk 协议**

Apple Talk 协议允许其他使用该协议的计算机（主要指 Apple 公司的苹果机）与运行 Windows 的计算机通信。它允许运行 Windows Server 的计算机充当 Apple Talk 的路由器。通过该协议，Windows Server 可以为苹果机提供文件和打印服务。

## 2.3.5 IP 地址和子网掩码

IP 地址和子网掩码是 TCP/IP 网络中的重要概念，它们的共同作用是标识网络中不同的计算机以及识别计算机正在使用的网络。

**1. IP 地址**

为了实现各主机间的通信，每台主机都必须有唯一的网络地址，才不至于在传输数据时出现混乱。就好像我们每人都有自己唯一的身份证号码一样。Internet 的网络地址是指连入 Internet 的计算机的地址编码。这个网络地址唯一地标识每一台计算机，我们把这个地址叫作 IP 地址，即用 Internet 协议语言表示的地址。

IP 地址由 32 位二进制数组成，并分成 4 个 8 位部分。由于二进制使用不方便，所以通常使用“点分十进制”方式表示 IP 地址。即把每部分用相应的十进制数表示，大小是 0~255，例如，192.168.0.1 和 200.200.200.66 等都是 IP 地址。如果网络在 IP 地址中使用全部 32 位二进制数，将有超过 40 亿（$2^{256}$）个可能地址。但一些特殊组合作为专用地址，而且 4 组 8 位二进制数以特殊方式分类，其依赖于网络规模的大小，因此潜在地址的实际数并没有这么多。

（1）3 类常用的网络地址

微课 2-5 3 类常用的 IP 地址

一个 IP 地址实际上由网络（Network）和主机（Host）两部分组成，通过使用两个部分，不同网络中的计算机可以拥有相同的主机号。没有这种组合类型，编号将很难控制。

为了给不同规模的网络提供必要的灵活性，IP 地址的设计者将 IP 地址空间划分为 5 个不同的地址类别，即 Class A~Class E，其中 D 类 IP 地址的第一个数是 224~239，用作多目的地信息的传输，保留作备用；E 类 IP 地址的第 1 个数是 240~247，保留仅用于 Internet 的实验开发。Class A~Class C 类 IP 地址的具体含义如下。

① Class A（A 类）。A 类 IP 地址只有 8 位作为网络地址，但有 24 位作为主机地址。这样理论上允许有 160 万个主机地址，但是最多只有 128 个 A 类 IP 地址。

② Class B（B 类）。B 类 IP 地址用 16 位作为主机地址，允许有更多的 B 类网络，而主机数缺少了许多，不过仍允许有 65 000 多台主机。

③ Class C（C 类）。C 类 IP 地址用 24 位作为网络地址，用 8 位作为主机地址，C 类 IP 地

址最多可以有 254（0 和 255 为 IP 地址的每一部分保留）台主机和 200 多万个网络地址。

目前，世界上大多数网络是 B 类和 C 类，通过 IP 地址的第 1 个十进制数可以识别网络所属的类别，由此可以得出主机所在网络的规模大小。下面是 IP 地址的第 1 个十进制数的规则。

① A 类 IP 地址的第 1 个数是 0～127（0 和 127 有特殊用途，不能进行分配）。

② B 类 IP 地址的第 1 个数是 128～191。

③ C 类 IP 地址的第 1 个数是 192～223。

例如，如果计算机的 IP 地址为 108.16.99.35，则可推断该主机属于一个 A 类网络，网络规模很大，网络地址为 108，主机地址为 16.99.35；如果是 149.28.98.23，则可推断该主机属于一个 B 类网络，网络地址为 149.28，主机地址为 98.23；如果是 192.168.0.1，则可推断该主机属于一个 C 类网络，计算机不超过 254 台，网络地址为 192.168.0，主机地址为 1。

（2）特殊的 IP 地址

除了一般地标识一台主机的 IP 地址外，还有几种具有特殊意义的 IP 地址。

①“0”地址：TCP/IP 规定，各位全为“0”的网络号被解释成“本”网络。

② 回送地址：A 类网络地址 127 是一个保留地址，用于网络软件测试以及本地机进程间通信，叫作回送地址。无论什么程序，一旦使用回送地址发送数据，协议软件立即返回，不进行任何网络传输。

（3）广播地址

广播地址又分为直接广播地址和有限广播地址两类。

① 直接广播地址。TCP/IP 规定，主机号全为“1”的网络地址用于广播，叫作广播地址。所谓广播，是指同时向网上所有主机发送报文。

② 有限广播地址。前面提到的广播地址包含一个有效的网络号和主机号，技术上称为直线广播地址。网络上的任意一个节点均可向其他任何网络发送直接广播，但直接广播有一个缺点，就是必须知道信宿网络的网络号。TCP/IP 规定，32 位全为“1”的地址用于本网广播，该地址叫作有限广播地址。

实际上 IP 地址的分配是由国际互联网络信息中心（Internet Network Information Center，InterNIC）统筹管理的。如果要建立一个 Internet 网站，则必须先向互联网服务提供商（Internet Service Provider，ISP）申请一个全世界唯一的 IP 地址，而 ISP 拥有的 IP 地址也是事先向 InterNIC 申请的。如果建立的只是公司内部或家庭局域网，则可自己设置 IP 地址，而不必向 ISP 申请。

（4）私有地址

在 TCP/IP 中，有一些 IP 地址是专门保留给私有局域网使用的，因为这些 IP 地址不能通过路由器传送，所以不会出现在 Internet 上。这些保留给私有局域网使用的 IP 地址为：A 类是 10.x.y.z，B 类是 172.16.y.z～172.31.y.z，C 类是 192.168.0.z～192.168.255.z。如果局域网不需要接入 Internet，则不必拘泥于此规则。

**2. 子网掩码**

IP 地址是以网络号和主机号来标示网络上的主机的，具有相同网络号的计算机之间可以“直接”相通，不同网络号的计算机要通过网关（Gateway）才能相通。但这样的划分在某些情况下显得并不十分灵活。为此，IP 地址还允许被划分成更小的网络，成为子网（Subnet），这样就产生了子网掩码。子网掩码的作用就是判断任意两个 IP 地址是否属于同一个子网络，只有同时在一个子网的计算机才能“直接”互通。下面介绍如何确定子网掩码。

前面讲到 IP 地址分为网络号和主机号两个部分，要将一个网络划分为多个子网，网络号就要占用原来的主机位。例如，对于一个 C 类地址，它使用 21 位来标识网络号，要将其划分为两个子网，则需要占用 1 位原来的主机标示位。此时网络号位变为 22 位，而主机标识变为 7 位。同理借用两个主机位，则可以将一个 C 类网络划分为 4 个子网，那么计算机怎么样才知道这一网络是否划分了子网呢？这就可以从子网掩码中看出。子网掩码和 IP 地址一样也有 32 位，确定子网掩码的方法是其与 IP 地址中网络号对应的所有位都是“1”，而与主机号对应的位都是“0”。例如，分为两个子网的 C 类 IP 地址用 22 位来标识网络号，则其子网掩码为 11111111 11111111 11111111 10000000，即 255.255.255.128。于是我们知道，A 类地址的默认子网掩码为 255.0.0.0，B 类为 255.255.0.0，C 类为 255.255.255.0. 表 2-1 所示为 C 类地址子网划分及相关子网掩码。

**表 2-1　C 类地址子网划分及相关子网掩码**

| 子网位数 | 子网掩码 | 主机数 | 可用主机数 |
|---|---|---|---|
| 1 | 255.255.255.128 | 128 | 126 |
| 2 | 255.255.255.192 | 64 | 62 |
| 3 | 255.255.255.224 | 32 | 30 |
| 4 | 255.255.255.240 | 16 | 14 |
| 5 | 255.255.255.248 | 8 | 6 |
| 6 | 255.255.255.252 | 4 | 2 |

表 2-1 列出了主机数和可用主机数两项，这是为什么呢？因为当地址所在主机位都为“0”时，这一地址为线路（或子网）地址，而当所有主机位都为“1”时为广播地址。同时还可以使用可变长子网掩码（Variable Length Subnet Mask，VLSM），就是指一个网络可以用不同的掩码进行配置，这样做的目的是便于把一个网络划分成多个子网。在没有 VLSM 的情况下，一个网络只能使用一个子网掩码，这就限制了在给定子网数目的条件下主机的数目。例如，被分配一个 C 类地址，网络号为 192.168.10.0，而现在需要将其划分为 3 个子网，其中一个子网有 100 台主机，其余两个子网均有 50 台主机。我们知道一个 C 类地址有 254 个可用地址，那么如何选择子网掩码呢？从表 2-1 中发现，当所有子网都是用一个子网掩码时，这一问题是无法解决的，此时 VLSM 就派上了用场。可以在 100 台主机的子网使用 255.255.255.128 这一掩码，它可以使用 192.168.10.0~192.168.10.127 这 128 个 IP 地址，其中可用 126 个主机号位。再把剩下的 192.168.10.128~192.168.10.255 这 128 个 IP 地址分成两个子网，子网掩码为 255.255.255.192。其中一个子网的地址为 192.168.10.128~255.255.255.192。每个子网的可用主地址都为 62 个，这样就达到了要求。因此合理使用子网掩码，可以使 IP 地址更加便于管理和控制。

简而言之，子网掩码的作用就是与 IP 地址结合，识别计算机正在使用的网络。

## 2.4 实训

### 2.4.1 实训 1：认识网络设备

**实训目的**

（1）了解机房的网络软件。

（2）了解网卡、集线器或交换机的型号、功能、特点。

（3）了解机房中主机的软件配置情况。

（4）了解实验室通信设备。

**实训内容及步骤**

1. 查看实验室主机中的网络软件

（1）查看主机安装的操作系统是什么。

（2）查看主机上使用的浏览器是什么。

（3）查看主机的名称和工作组的名称分别是什么。

（4）查看 TCP/IP 的配置（主机的 IP 地址、子网掩码、网关地址、DNS 服务器的 IP 地址）。

IP 地址：

子网掩码：

网关地址：

DNS 服务器的 IP 地址：

2. 观察实验室中的硬件设备及布线结构

（1）查看机房采用的传输介质类型、接口的类型。

（2）查看机房的网络设备的名称、型号和数量。

（3）查看网卡的接口类型，读出网卡的 MAC 地址。

MAC 地址：使用 ipconfig/all 命令读出 MAC 地址。

（4）画出实验室的网络拓扑结构图。

**实训总结**

初步掌握局域网的连接特点与连接方法；掌握查看以及设计 IP 地址的方法；了解实验室中的硬件设备及布线结构。

### 2.4.2 实训 2：双绞线制作

**实训目的**

（1）了解双绞线的特性与应用。

（2）熟悉双绞线制作的两种标准 T568A 和 T568B。

（3）掌握双绞线的制作方法及步骤。

**实训内容**

（1）用 5e 类双绞线制作一根标准直通式双绞线。

（2）用 5e 类双绞线制作一根标准交叉式双绞线。

**实训步骤**

（1）选择适当长度的 5e 类双绞线（通常应该小于 100m），两端用压线钳（也可以用剪刀）剪齐。

（2）用双绞线剥线器将双绞线外皮剥去 2cm～3cm。有一些双绞线电缆上含有一条柔软的尼龙绳，如果在剥除双绞线的外皮时，觉得裸露出的部分太短，不利于制作 RJ-45 接头，紧握双绞线外皮，再捏住尼龙线往外皮的下方剥开，就可以得到较长的裸露线。

（3）拔线。首先按 T568B 标准将裸露的双绞线对以橙、蓝、绿、棕的顺序排列，然后按橙、蓝、绿、棕的顺序将双绞线对拆开，并将白线放在左侧。

（4）将 3 号线蓝白与 5 号线绿白交换位置，注意此时一定要捏紧双绞线，以免双绞线顺序被打乱。

（5）将各线靠紧、拉直、捏平，注意此时手一定要捏紧双绞线，然后将裸露出的双绞线用剪刀或斜口钳剪下约 14mm 的长度，最后再将双绞线的每一根线依序放入 RJ-45 接头的引脚内，第一只引脚内应该放白橙色的线，其余以此类推。

（6）确定双绞线的每根线已经正确放置并已经无法再推入之后，就可以用 RJ-45 压线钳压制 RJ-45 接头，可以先轻轻压一下，让每根线对位（以免打错位），再用力压紧压线钳，以确保双绞线各线都压牢。

（7）同样按照 T568B 标准制作另一端的 RJ-45 接头。

（8）将做好的双绞线两端各插入电缆测线仪一个模块的 RJ-45 插座内，打开主模块的电源开关，若看到另一模块的 1&2、3&6、4&5、7&8 四个指示灯按顺序轮流发光，则该双绞线制作成功，否则，需要重新制作。注意，如果是交叉双绞线，则两端的发光顺序不同。

**实训总结**

在制作双绞线的过程中要注意用力压紧水晶头，否则在测试时容易发生不连通的错误。

## 2.5 习题

**1. 单项选择题**

（1）由于个人计算机的大量涌现和广泛分布，基于信息交换和资源共享的需求越来越迫切。人们要求把一个办公室、一栋楼或一个园区内的计算机连接起来，相互之间交换信息，交互工作，共享硬件资源（贵重仪器设备）和软件资源，于是出现了（　　）技术。

A. 局域网　　B. 城域网　　C. 广域网　　D. Internet

（2）1980 年 9 月，DEC、Intel 和 Xerox 三家公司（DIX）联合研制并公布了以太网的标准规范，此后一系列的（　　）标准应运而生。

A. 局域网　　B. 城域网　　C. 广域网　　D. 因特网

（3）利用（　　）局域网，可将园区网延伸到移动用户较多和布线困难的公共区域，使园区网实现全方位的 Internet 连接，达到网络无处不在的标准。

A. 有线　　B. 无线　　C. 双绞线　　D. 光纤

（4）（　　）用于实现局域网的物理连接，为连接在局域网上的计算机之间的通信提供一条物理信道和实现局域网间的资源共享。

A. 网络硬件　　B. 服务器　　C. 网络软件　　D. 工作站

（5）（　　）主要用于控制并具体实现信息的传送和网络资源的分配与共享。

A. 网络硬件　　B. 服务器　　C. 网络软件　　D. 工作站

（6）在研究计算机网络的结构设计中，人们引用了拓扑学中拓扑结构的概念，将计算机网络中的通信设备抽象为与大小和形状无关的点，并将连接节点的通信线路抽象为线；而这种点、线连接而成的几何图形称为（　　）。

A．网络体系结构　　B．网络拓扑结构　　C．网络结构　　D．计算机结构

（7）（　　）拓扑结构是目前组建局域网时最常使用的一种结构。

A．总线型　　B．环形　　C．星形　　D．网状形

（8）（　　）网络结构是通过一个中央节点（如集线器）连接其他节点而构成的网络。

A．总线型　　B．环形　　C．星形　　D．网状形

（9）（　　）网络就是在一个网络中不需要专用的服务器，每一台接入网络的计算机既是服务器，也是工作站台，拥有绝对的自主权。

A．对等式　　B．专用服务器　　C．主从式　　D．点一点

（10）目前常用的介质使用方式为：局域网由（　　）连接到桌面；光纤（包括单模和多模，视距离远近而定）作为通信干线；卫星微波用于跨国界和对偏远地区传输。

A．双绞线　　B．粗缆　　C．细缆　　D．红外线

**2．判断题**

（1）总线型网络结构简单、易于安装且价格低廉，是最常用的局域网拓扑结构之一。（　　）

（2）树形拓扑结构是从总线型拓扑结构演变过来的，形状像一棵树，它有一个带分支的根，每个分支还可延伸出子分支。（　　）

（3）主从式结构的特点是网络中必须有一台专用文件服务器，而且所有工作站都必须以服务器为中心，工作站与工作站之间无法直接进行通信。（　　）

（4）在主从式结构中同时会存在对等网的工作模式。（　　）

（5）目前，在局域网中，大多数使用的是STP。（　　）

（6）网络工作站是指用户能够在网络环境中工作、访问网络共享资源的计算机系统，通常又称为客户机（Client）。（　　）

**3．操作题**

动手制作交叉双绞线，实现双机互连。

# 第3 章 局域网的构建与配置

在学习了网络和局域网的基本知识后，我们已经了解了网络的基本功能和结构，本章将通过对构建办公局域网的需求分析、设计规划和具体环节的讲解，初步构建一个小型的办公局域网。构建办公局域网是一个涉及面广泛、技术复杂、专业性很强的系统工程，包括确定网络拓扑结构、硬件设备选择及成本核算、软件系统选择、结构化布线、网络管理与维护等环节，必须针对每个环节制定统一协调的详细规划与部署，确保网络建设及使用能高效、经济地进行。

## 学习目标

- 用户需求分析
- 网络结构选择
- 网络设备选择
- 网络布线规范
- 对等网结构
- 使用交换机组建局域网
- 网络协议与 IP 配置
- 配置计算机标识

## 学习情境引入

东方电子商务有限公司的老张和小王在考察完网络设备后，准备对本公司的网络构建做一份需求分析，包括以下几方面内容，请同学们学完本章知识后帮助老张和小王完成。

**1. 需求分析**

需求分析阶段主要完成用户网络系统调查，了解用户建网需求，或用户对原有网络升级改造的要求。这包括对综合布线系统、网络平台、网络应用的需求分析，为下一步制定网络方案打好基础。

需求分析是整个网络设计过程的基础，也是难点，需要由经验丰富的网络系统分析员来完成。

**2. 需求调查**

（1）网络用户调查

网络用户调查就是与未来有代表性的直接用户进行交流，获得用户的需求。这个环节对旧网络改造，尤为重要。

（2）应用调查

应用是组建网络的目的，不同的行业有不同的应用需求。应用调查就是对用户的实际应用需求进行细致的调查，并从中得出用户应用类型、数据量大小、数据的重要程度、网络应用的安全性。

（3）地理位置分布调查

地理位置分布调查就是对建网单位的地理环境进行实地勘察，进而确定网络规模、网络拓扑结构、综合布线系统设计与施工方案等，是十分重要的环节。

3. 研究并确定设计方案

通过以上调查，以分类的方式系统地对调查材料进行分析处理，归纳出对网络设计具有重大影响的因素，进而使网络方案设计人员得出这些应用需要的服务器等级、服务器数量、网络负载、流量如何平衡分配、网络使用高峰期等方案。

4. 详细需求分析

（1）网络费用分析

（2）网络总体需求分析

（3）综合布线需求分析

（4）网络可用性/可靠性需求分析

（5）网络安全需求分析

5. 网络系统方案设计

（1）确立网络总体实现的目标

（2）总体设计原则

6. 通信子网规划设计

（1）拓扑结构与网络总体规划

（2）主干网络（核心层）设计

（3）分布层/接入层设计

（4）远程接入访问的规划设计

7. 资源子网规划设计

资源子网负责全网的数据处理业务，向网络用户提供各种网络资源与网络服务。

（1）网络设备选型原则

（2）核心交换机的选型策略

（3）分布层/接入层交换机的选型策略

8. 网络操作系统与服务器资源设备

（1）网络应用与网络操作系统

（2）网络操作系统选择要点

9. 网络安全设计

（1）网络安全设计原则

（2）网络信息安全设计与实施步骤

## 3.1 局域网设计和规划

微课 3-1 局域网设计和规划

一个计算机网络应该能够保证网络系统具有完善的功能，以及较高的可靠性和安全性。网络系统能够解决实际问题，使网络发挥出更大的潜力，并能够扩大新的应用范围，还应具有先进的技术支持，足够的扩充能力和灵活的升级能力，使先进性能够保持最长的周期。网络系统规划应保质保量按时完成系统的建立，并为网络的后期管理与维护提供保证。本节主要介绍网络设计与规划应遵循的基本原则。

### 3.1.1 用户需求分析

没有需求就没有市场，只有弄清用户建网的真正需求，才能设计出符合要求的网络。在建立一个网络时，用户必须从自身实际情况出发，在选择网络结构和所用硬件设备时，首先要考虑建立一个适合自己，安全可靠，又有扩展潜力的网络。如果建网前不做详细规划，在以后的组建过程中会碰到很多问题。所以，用户需求分析是整个系统设计的基础，占有举足轻重的地位。

需求分析阶段主要完成用户方网络系统调查，了解用户方建设网络的需求，或用户方对原有网络升级改造的要求。需求分析包括网络组建中的“路”“车”“货”“驾驶员”（“路”表示综合布线系统，“车”表示网络环境平台，“货”表示网络资源平台，“驾驶员”表示网络管理者和网络应用者）等方面的综合分析，为下一步制定适合用户方需求的网络工程方案打好基础。因此，在方案设计前，一般需要从以下几方面进行用户调查和需求分析。

**1. 网络用户调查**

在用户单位制定项目建议任务书，确定网络信息系统建设任务之后，项目承担单位的首要任务就是网络用户调查和网络工程需求分析。

网络需求分析是从实际出发，通过现场实地调研，收集第一手资料，对已经存在的网络系统或准备新建的网络系统有系统的认知，取得对整个工程的总体认识，确定总体目标和阶段性目标，为系统总体设计打下基础。需求分析是设计、建设、运行网络系统的关键。

（1）网络用户调查

网络用户调查是与已经存在的用户或未来的网络用户直接交流，了解用户对未来系统的应用需求，如可靠性、可用性、安全性、可扩展性等要求，以及对基于网络的信息系统用户请求的响应时间、流量的要求等。典型的用户调查表如表 3-1 所示。

**表 3-1　用户调查表**

| 用户服务需求 | 目前需求/服务的描述 |
| --- | --- |
| 地点 | 财务部 |
| 用户数量 | 27 |
| 今后三年增长的需求 | 12 |
| 延时/响应时间 | 客户检索≤0.5s,票据打印≤1min |
| 可靠性/可用性 | 365 天不能停机 |
| 安全性 | 数据安全、数据备份、链路安全 |
| 可扩展性 | |
| 其他 | |

（2）网络应用需求调查

用户组建网络的目的是开发基于网络的信息系统。不同的信息系统有不同的需求，不同的行业有不同的应用需求，企业信息系统、机关办公信息系统与校园办公信息系统的应用需求是不同的。网络应用需求调查就是要明晰用户建网的目的、要求和应用。一般的应用，从一个单位的人事档案管理、财务管理到企业管理信息系统（Management Information System，MIS）、企业资源计划

（Enterprise Resource Planning，ERP），甚至基于 Internet 的 IP 电话、视频点播（Video On Demand，VOD）、多媒体应用等，不同应用类型的数据量、数据传输量、数据的实时性与安全性都是不同的。同时，在原有的网络系统上升级与新建网络系统也是不同的。不同部门的信息化工作基础不同、财力不同、对组建网络的认识程度不同，这些都应该成为调查的内容。

网络应用调查需要由网络工程师或有关人员填写网络应用调查表，表 3-2 给出了一个应用示例。

**表 3-2　网络应用调查表**

| 业务部门 | 人数 | 业务内容与应用软件 | 业务数据 | 需要网络提供的服务 |
|---|---|---|---|---|
| 财务部 | 27 | 报账<br>结算<br>税务管理<br>固定资产管理<br>财务软件 | 财务报表数据、<br>明细账数据、<br>总账数据，每天平均发生 600 笔，每一笔的数据量平均为 30 KB，保留时间为 30 年 | 80%的数据在财务部局域网内传输；<br>15%在企业内部网传输；<br>5%需要企业传送到上级主管部门与相关业务单位 |
| 人事部 | 5 | 人事档案<br>工资档案<br>统计报表<br>人事管理软件 | 人事档案数据、<br>工资档案数据、<br>统计报表数据，<br>每天平均发生 10 笔，每一笔的数据量平均为 10 MB，<br>保留时间为 30 年 | 85%的数据在人事部局域网内传输；<br>5%在企业内部网传输；<br>10%需要企业传送到上级主管部门与相关业务单位 |
| 设计部 | 60 | 设计资料<br>产品生产资料<br>实验报告<br>CAD 软件 | 总线设计数据、<br>设计档案数据、<br>生产统计报表数据，每天平均发生 1 000 笔，每一笔的数据量平均为 50MB，保留时间为 10 年 | 90%的数据在设计部局域网传输；<br>10%在企业内部网络传输；<br>不允许外部用户访问设计部局域网 |
| 市场营销部 | 25 | 市场推广<br>电子商务<br>广告宣传<br>客户管理<br>Web 服务器<br>市场营销软件 | 客户数据产品宣传资料数据、<br>Web 服务器数据、销售数据，<br>每天平均发生 1 000 笔，每一笔的数据量为 10KB，保留时间为 10 年 | 40%的数据在市场营销部局域网内传输；<br>15%在企业内部网络传输；<br>45%需要与客户通信 |

### 2. 网络节点地理位置分布情况

在确定网络规模、布局与拓扑结构之前，还需要对网络节点地理位置分布进行调查，主要内容包括以下几点。

（1）用户数量及分布的位置

对于楼内局域网的设计，首先要搞清节点的位置、数量等资料。表 3-3 给出了一个调查示例。

**表 3-3　楼内局域网用户数量及分布**

| 部门 | 楼层 | 节点数量 |
|---|---|---|
| 总经理办公室 | 8 | 5 |
| 人事部 | 7 | 6 |

续表

| 部门 | 楼层 | 节点数量 |
|---|---|---|
| 财务部 | 6 | 10 |
| 会议室 | 5 | 20 |
| 市场营销部 | 4 | 10 |
| 其他 | 3 | 20 |

（2）建筑物内部结构情况调查

建筑物内部结构情况调查包括楼层结构、每个楼层设备间可能的位置、楼层主干线路的选择、楼层之间的连接路由与施工可能性等。

（3）建筑物群情况调查

建筑物群情况调查包括建筑物的位置分布、建筑物之间的相对位置、建筑物网络的设备间的距离以及通信量的估计、通信线路的选择、连接的路由与施工可行性等。

以上数据是最终确定网络规模、布局、拓扑结构与结构化布线方案的重要依据。

**3. 应用概要分析**

（1）网络应用类型

对用户需求调查进行分析，找出影响网络系统设计的因素。结合以上描述的企业组建网络系统的要求，这类网络应用主要包括以下几种类型。

① Web 服务。

② E-mail 服务。

③ FTP 服务。

④ IP 电话服务。

⑤ 网络电视会议服务。

⑥ 电子商务服务。

⑦ 公共信息系统的在线查询服务。

（2）数据库服务

① 数据库服务包括：关系数据库管理系统（Relational Database Mangement System，RDBMS）,如 Oracle、DB2、MS SQL Server 等，主要为财务、人事、OA 系统应用提供后台数据库支持。

② 非结构化数据库管理新系统，如 Lotus Domino、MS Exchange Server 等，主要为办公流转、档案系统提供后台支持。

③ 企业专用管理信息系统，为企业专门开发的专用管理信息系统软件，如产品数据管理（Product Data Management，PDM）软件、ERP 软件、计算机辅助设计（Computer Aided Design，CAD）在线设计软件、计算机/现代集成制造系统等（Computer/Contemporary Integrated Manufacturing System，CIMS）。

（3）网络基础服务系统

网络基础服务系统主要包括以下两种。

① 网络管理与服务软件，如 DNS 服务与 SNMP 网管软件等。

② 网络安全管理软件，如直接访问（Direct Access，DA）认证服务与防火墙软件等。

#### 4. 网络需求详细分析

网络需求详细分析主要包括：网络总体需求分析、综合布线需求分析、网络可用性与可靠性分析、网络安全性分析以及网络工程造价估算。

（1）网络总体需求分析

网络总体需求分析是在综合网络用户调查的基础上，根据网络用户数、网络节点分布、网络应用类型、数据量与数据交换量，分析网络数据负载、数据流量与数据流向、数据传输特征等因素，以及主干网与分层结构、网络拓扑构型，从而确定网络总体需求。

根据应用软件的不同，网络数据可以分为以下 3 类。

① MIS/OA/Web 类应用，数据交换频繁，但是数据流量不是很多。

② FTP/CAD 类应用，数据交换相当不频繁，但是每一次交换量比较大，对数据交换的实时性要求不高。

③ 多媒体数据流文件，数据传输负荷重，但对数据交换的实时性要求高。

不同类型的网络应用多带宽的需求是不同的。在网络需求详细分析过程中，需要结算信息流特征，给出信息流相应时间、延时等要求。

（2）综合布线需求分析

通过对节点分布的实地考察，结合建筑物内部结构与建筑物之间的关系、连接的难易程度确定中心机房、楼内的设备间、楼间的连接技术，以及施工的造价，确定中心机房及各网段设备间的位置和用户节点的分布，确定结构化布线的需求、造价与方案。

（3）网络可用性与可靠性分析

对于网络应用系统可靠性的要求，确定数据重要性的分级；对关键数据采用磁盘双工、双机容错、异地备份与恢复措施及关键网络设备的冗余，以确保网络的可用性与可靠性。

（4）网络安全性需求分析

分析网络应用系统的安全性需求，主要表现在：预见网络安全威胁来源、划分网络安全边界与安全措施、配置网络安全设备评价安全等级。

（5）网络造价估算

在完成以上详细分析和初步设计方案的基础上，需要对满足设计要求的系统建设工程造价进行初步估算。工程造价估算依据以下项目。

① 网络设备，如路由器、交换机、集线器、网卡。

② 网络基础设施，如 UPS 电源、机房装修、结构化布线器材与电缆、双绞线与光纤。

③ 远程通信线路与接入城域网的租用线路。

④ 服务器与客户端设备，如服务器群、海量存储设备、网络打印机、客户端个人计算机与便携式计算机。

⑤ 系统集成费用、用户培训费用与系统维护费用。

### 3.1.2 研究并确定设计方案

在组建计算机网络之前，通常需要进行可行性研究与计划，以便设计出局域网组建方案。网络系统的方案设计主要包括以下几方面。

（1）确定网络的规模和应用范围：确定网络的覆盖范围，定义网络包括的应用。

（2）统一建网模式：确定网络的总体框架，如是对等网模式还是客户机/服务器模式。

（3）确定网络节点的设置和拓扑结构：根据信息的流量和流向，选择网络拓扑结构，确定网络的主要节点设备的大小和应该具备的功能。

（4）确定网络操作系统：主要为用户端系统的局域网确定最合适的网络操作系统。

（5）确定网络设备和通信介质：根据具体要求选择网络设备的型号，为用户端系统选定传输介质，为中继系统选定传输资源。

（6）确定网络安全措施：从硬件的可靠性、备份要求、访问权限、防病毒措施、容错方案以及防火墙的设置等多个方面来保证局域网的安全性。

（7）确定结构化布线设计：对网络传输介质进行规范的结构化布线。

### 3.1.3 选择网络结构

组建网络的第一步工作就是选择合适的网络结构，只有确定好网络框架结构后，才能更细地实施。

在选择网络结构时，要根据网络的用途来决定网络结构的类型与布线原则，要力求设计的网络具有成本低、性能好、易于管理和维护、容易升级及可扩展性强等优点。在选择网络结构时，重点考虑以下几方面。

（1）成本。在组建网络时，成本是首要因素。选择不同的网络结构，需要使用的软、硬件设备也不相同，成本会相差很多。要降低安装费用，就需要对拓扑结构、传输介质、传输距离等相关因素进行分析，选择合理的方案。

（2）可靠性和安全性。在组建网络时，一定要保证组建网络的可靠性和安全性。例如，对安全性要求比较高的网络，使用树形结构比使用总线型和星形结构可靠。一般的家庭网络和学生宿舍网最好选择对等式结构。

（3）灵活性和可扩充性。在设计网络时，要考虑到设备和用户需求的变迁，拓扑结构必须具有一定的灵活性和可扩充性，易于重新配置。星形和总线型结构具有较大的灵活性，使用得较多。

大型和中型的网络结构必须采用分层的设计思想，这是解决网络系统规模、结构和技术的复杂性的最有效方法。网络结构与网络规模、应用的程度等直接相关。一个利用新一代网络技术组建的大中型企业网、校园网、机关办公网基本上都采用了核心层、汇聚层、接入层的 3 层网络结构。其中，核心层网络用于连接服务器集群、各建筑物子网交换路由器以及与城域网连接的出口；汇聚层网络用于将不同位置的子网连接到核心层网络，实现路由汇聚的功能；接入层网络用于将终端用户计算机接入网络之中。典型系统的核心路由器与核心路由器、核心路由器与汇聚路由器直接使用具有冗余链路的光纤连接；汇聚路由器与接入路由器之间、接入路由器与用户计算机之间可以视情况选择价格较低的非屏蔽双绞线连接。

网络是否需要分成 3 层组建的经验数据是：如果节点为 250～5000 个，一般需要按 3 层结构来设计；如果节点为 100～500 个，可以不必设计接入层网络，节点直接通过汇聚层的路由器或交换机接入；如果节点为 5～250 个，也可以不设计接入层网络与汇聚层网络。

当然，不同的网络规模、不同的节点数、不同的应用、不同的层次结构，对核心路由器与接入路由器的性能要求差异很大，工程造价也就相差很大。

## 3.1.4 选择网络设备

组建不同类型和规模的计算机网络所需的设备不尽相同。除了联网的计算机外，组建总线型网络，还需要细缆和 50Ω 终端电阻器等；组建星形网络，还需要双绞线、集线器或交换机等。组建较大规模网络，还应该准备光纤、中继器、网桥、路由器及网关等网络设备。在施工过程中，压线钳等工具是必不可少的。另外需要附属设备，如插头插座、电源、机柜、通风设备以及消防设备等。

**1. 网络设备选择的原则**

在选择设备时，应选用主流及正规厂家的产品，这样既可为施工提供质量保证，又能保证技术及发展的可维持性。这是网络关键设备选型的基本原则。

（1）产品系列与厂商的选择

网络设备，尤其是核心路由器、汇聚路由器等关键网络设备一定要选择成熟的主流产品，并且最好是同一个厂家的产品。这样在设备安装、系统调试、商业谈判、技术支持与用户培训方面都会有优势。

（2）网络的可扩展性考虑

在网络设备的选取中，主干设备一定要留有一定的余量，注意系统的可扩展性。因为高端核心交换路由器产品价格昂贵，一旦购买很难更新，而且它对整个网络的性能影响很大。而低端的网络设备相对价格比较便宜，更新速度快，一旦端口不够用，可以用简单堆叠的方法加以扩展，因此低端产品以目前够用为原则。

（3）网络技术先进性考虑

网络技术与设备更新速度快，用“摩尔定律”描述网络设备的价值是恰当的，因此设备选型风险比较大，一定要广泛听取意见，实地考察产品与服务，慎重决策。

对于新组建的网络，一定要在总体规划的基础上选择新技术、新标准和新产品，避免选择价格可能相对低一些，但属于过渡性技术的产品，防止因小失大，避免产品很快被淘汰，失去长远发展的前景。如果是在已有网络的基础上扩展，则一定要注意保护已有的投资。

网络设备的选择主要包括：网卡、通信介质、集线器、交换机、路由器、服务器、工作站、存储驱动器、打印机、网络操作系统、通信协议和应用软件等。

**2. 服务器的选择**

本节内容重点介绍服务器的选择，由于服务器是网络运行、管理和服务的中枢，服务器的性能直接影响到整个网络的性能。下面从服务器的不同分类角度为读者提供选择适合服务器的方法。

（1）依据网络服务器的用途分类

① 运算服务器：主要取决于服务器的中央处理器的运算速度。

② 网络文件服务器：为网络用户提供文件共享和存储服务。

③ 数据库服务器：提供数据库的存储、计算等事务处理。

（2）依据服务器的性能分类

① CPU 的性能：主要性能指标有主频、外频和缓存等。

主频：主频也叫时钟频率，单位是 MHz，用来表示 CPU 的运算速度。

外频：外频是 CPU 的基准频率，单位也是 MHz。CPU 的外频决定整块主板的运行速度。

缓存：处理器缓存，通常指二级高速缓存，或外部高速缓存，是位于 CPU 和主存储器之间规模较小，但速度很快的存储器。

② 内存的大小：现在服务器的内存越来越大，服务器内存一般都在 4GB 以上。

③ 外存容量：主要指硬盘的容量和转速，目前服务器外存的容量高达几 TB，转速一般都是 7 200 转/min。

（3）依据网络应用规模分类

按照网络应用规模分类，网络服务器可以分为基础级服务器、工作组级服务器、部门级服务器和企业级服务器。

① 基础级服务器一般是只有 1 个 CPU、配置较低的 PC 服务器。一般应用于办公室文件与打印机共享的小型局域网服务器。

② 工作组级服务器一般支持 1～2 个 CPU，配置热拔插大容量硬盘、备用电源等，具有较好的数据处理能力、容错性和可扩展性，适用于数据处理量大、高处理速度和可靠性要求较高的应用领域，可用于 Internet 接入，也可用于传统企业级 PC 服务器的升级。

③ 部门级服务器一般支持 2～4 个 CPU，采用对称多处理技术，配置热拔插大容量硬盘、备用电等，具有较好的数据处理能力、容错性和可扩展性，适合作为中小型网络的应用服务器、小型数据库服务器、Web 服务器。

④ 企业级服务器一般支持 4～8 个 CPU，采用最新的 CPU 和对称多处理技术，支持双 PCI 通道与高内存带宽，配置大容量热拔插硬盘、备用电源，并且关键部件有冗余，具有较好的数据处理能力、容错性和可扩展性。目前，广泛应用于金融、证券、教育、邮政与通信行业。

**3. 路由器的选择**

路由器工作的 OSI 的第三层网络层，是连接不同网络的关键设备，其选择要考虑的关键技术指标如下。

（1）吞吐量

吞吐量是指路由器的包转变能力。路由器的吞吐量涉及两个方面的内容：端口吞吐量和整机吞吐量。端口吞吐量是指路由器的一个具体端口的包转发能力，而整机吞吐量是指路由器整机的包转发能力。路由器的包转发能力与路由器的端口数量、端口速率、包长度、包类型有关。

（2）背板能力

背板是路由器的输入端与输出端之间的物理通道。传统的路由器采用共享背板的结构，高性能的路由器一般采用交换式结构。背板能力决定了路由器的吞吐量。

（3）丢包率

丢包率是指在稳定的持续负荷下，由于包转发能力的限制而造成包丢失的概率。丢包率通常是衡量路由器超负荷工作时的性能指标之一。

（4）延时与延时抖动

延时是指数据包的第一比特进入路由器，到该帧的最后一比特离开路由器所经历的时间。该时间间隔标志着路由器转发包的处理时间。延时与包长度、链路传输速率有关。延时对路由器的物理性能影响很大。高速路由器一般要求传输 1518B 的 IP 包的延时要小于 1 ms。

延时抖动是指延时的变化量。由于数据包对延时抖动要求不高，因此通常不把延时抖动作为衡量高速路由器的主要指标，但是语音、视频业务对延时抖动要求较高。

（5）突发处理能力

突发处理能力是指以最小帧间隔发送数据包而不引起丢失的最大发送速率。

（6）路由表容量

路由器是通过路由表来决定包转发路径的。路由器的重要任务就是建立和维护一个与当前网络链路状态与节点状态相适应的路由表。路由表容量指标标志着该路由器可以存储的最多路由表项的数量。Internet 要求执行 BGP 协议的路由器一般要存储数万条路由表项。高速路由器应该能够支持 25 万条路由，平均每个目的地址至少提供两个路径，那么路由表容量必须满足存储 25 万个 BGP 对等实体地址和 50 万个 IGP 邻居的网络地址。

（7）服务质量

路由器的服务质量主要表现在队列管理机制、端口硬件队列管理和支持 QoS 协议上。

（8）网管能力

路由器的网管能力表现在网络管理员可以通过网络管理程序和通用的网络管理协议 SNMPv2 等，对网络资源进行集中管理和操作，包括配置管理、记账管理、性能管理、故障管理与安全管理。网络管理粒度标志着路由器管理的精细程度。路由器网管能力可以管理端口、网段、IP 地址或 MAC 地址。

（9）可靠性与可用性

路由器的可靠性与可用性表现在设备的冗余、热拔插组件、无故障工作时间、内部钟表精度等方面。

**4. 交换机的选择**

交换机在局域网的应用越来越广泛，其主要技术指标包括：背板带宽、全双工端口的总带宽、MAC 地址表大小等。

（1）背板带宽

背板是交换机输入端与输出端的物理通道。背板带宽越宽，交换机数据处理能力就越强，数据包转发延时越小，性能越优越。在选择交换机背板带宽时，还需要注意另一个参数，即全双工端口带宽。

（2）全双工端口带宽

全双工端口带宽的计算方法是：端口数 × 端口速率 × 2。例如，一种交换机具有 48 个 10/1000Base-TX 端口与 2 个可扩展的 1000 Base -X 端口，交换机在满配置的情况下，其全双工端口的总带宽为（48 × 100 × 2）+（2 × 1000 × 2）=13.6（Gbit/s）。那么，在这种情况下选择的交换机背板带宽应该大于这个值，如选取背板带宽为 24Gbit/s。所以交换机选型中的一个重要数据是背板带宽与全双工端口带宽的比值。比值越高，交换机就越趋近于高性能线速无阻塞交换，交换机性能就越好，当然造价也会高一些。设计者需要在要求的交换机全双工端口的总带宽与投资之间做出折中的选择。

（3）MAC 地址表大小

交换机的 MAC 地址表用来存储连接到不同端口上的主机或设备的 MAC 地址，并且要不断地更新 MAC 地址表。交换机根据 MAC 地址表确定帧转发的端口。MAC 地址表的大小对交换机的效率影响很大，因此在选择交换机时，需要注意不同厂商交换机产品的 MAC 地址表大小的指标。

### 3.1.5 网络综合布线

完成方案的策划及设备准备工作后，即进入网络组建阶段，首先要进行网络布线。

**1. 明确要求和方法**

目前网络布线都采用结构化布线和智能大楼。

(1)结构化布线。结构化布线是指在一座办公大楼或楼群中安装的传输线路，这种传输线路能连接所有的语音、数字设备，并将它们与电话交换系统连接起来。

(2)智能大楼。智能大楼是在大楼建设中建立一个独立的局域网，在楼外与楼内的交汇处安装配线架，利用楼内垂直电缆竖井作为布线系统的主轴管道；在每个楼层建立分线点，通过分线点在每个楼层的平面方向布置分支管道，并通过这些分支管道将传输介质连接到用户所在的位置；最终用户的位置上可以连接计算机、电话机、电传机、安全保密设备、报警器、供热及空调设备、CAD工作站，甚至可以是生产设备。这样的一种集成环境能为用户提供全面的信息服务功能，同时能随时对大楼所发生的任何事情自动采取相应的处理措施。一个完善的智能大楼系统除了结构化布线系统外，还应包括以下几种系统。

① 办公自动化(Office Automation，OA)系统。

② 通信自动化(Communication Automation，CA)系统。

③ 楼宇自动化(Building Automation，BA)系统。

④ 计算机网络(Computer Network，CN)。

**2. 掌握环境资料**

尽量掌握网络施工场所的环境资料，根据环境资料提出保证网络可靠性的措施。在布线时要注意以下几点。

(1)为防止意外损坏，室外的电缆一般应穿入埋在地下的管道内。如果需要架空，则架高至少4m，而且一定要固定在墙上或电线杆上，切勿搭架在电杆、电线、墙头，甚至门框或窗框上。室内电缆一般应铺设在电缆槽内。

(2)通信设备和各种电缆线都应加以固定，防止随意移动，影响系统可靠性。

(3)要注意保护室内清洁美观的环境，电缆进房间、穿楼层需要打电缆洞，全部走线都要横平竖直。

(4)一根网线中间不能有接头，不能被挤压，必须穿 PVC 套管，防止被老鼠破坏。

(5)当网线与强电交叉或平行时，网线与强电需保持 15cm 左右的距离，同时要尽量远离可能的干扰设备。

(6)每根网线的两头要用独立的标志标记出来，如用白色的标签将两头同时标记“A1”。

## 3.2 对等网

对等网(Peer to Peer)即对等计算机网络，是一种在对等者(Peer)之间分配任务和工作负载的分布式应用架构，是对等计算模型在应用层形成的一种组网或网络形式，对等网可以说是当下最简单的网络，非常适合家庭、校园和小型办公室。它不仅投资少，连接也很容易。网络用户较少，一般在 20 台计算机以内，适合人员少、应用网络较多的中小企业。对等网中的网络用户都处于同一区域中。它的主要优点有：网络成本低、网络配置和维护简单。它的缺点也相当明显，主要有：网络性能较低，数据保密性差，文件管理分散，计算机资源占用大。

### 3.2.1 对等网和 C/S 局域网

对等网也称“工作组网”，它不像企业专业网络那样是通过域来控制的，在对等网中没有“域”，只有“工作组”。因此，我们在后面的具体网络配置中，就没有域的配置，而需要工作组的配置。很显然，“工作组”的概念远没有“域”那么广，所以对等网所能加入的用户也非常有限。在对等网络中的各台计算机都具有相同的功能，无主从之分，网上任意节点计算机既可以作为网络服务器，为其他计算机提供资源，也可以作为工作站，分享其他服务器的资源；任何一台计算机均可同时兼作服务器和工作站，也可只作其中之一。对等网除了共享文件之外，还可以共享打印机，网络上的任一节点都可以使用对等网上的打印机，如同使用本地打印机一样方便。因为对等网不需要专门的服务器来做网络支持，也不需要其他组件来提高网络的性能，所以对等网络的价格相对要便宜很多。

微课 3-2 对等网和 C/S 局域网特点

服务器通常采用高性能的 PC、工作站或小型机，并采用大型数据库系统，如 Oracle、SYBASE 或 SQL Server。客户端需要安装专用的客户端软件。C/S 结构是 20 世纪 80 年代末提出的。这种结构的系统把较复杂的计算和管理任务交给网络上的高档机器——服务器，而把一些频繁与用户打交道的任务交给前端较简单的计算机——客户机。通过这种方式，将任务合理分配到客户端和服务器端，既充分利用了两端硬件环境的优势，又实现了网络上信息资源的共享。由于这种结构比较适合局域网运行环境，因此逐渐得到了广泛应用。但随着应用系统的大型化，以及用户对系统性能要求的不断提高，两层模式的 C/S 结构越来越满足不了用户需求。这主要体现在程序开发量大、系统维护困难、客户机负担过重、成本增加及系统的安全性难以保障等方面。

### 3.2.2 对等网的结构

对等网一般采用总线型和星形拓扑结构。总线型对等网使用 BNC 接头的细缆，安装终端电阻；星形对等网使用两端带 RJ-45 水晶头的双绞线；总线型对等网的细缆最长不超过 200m，星形对等网要求计算机终端到中心节点的最大距离为 100m。如果使用交换机组网，那么联网的计算机数不能超过交换机的接口数。

### 3.2.3 安装网卡

要组建对等网，首先要为计算机安装网卡。网卡是局域网最基本的设备，接入局域网的计算机必须安装网卡。安装网卡包括安装网卡硬件和安装网卡驱动程序。目前局域网中使用的网卡绝大多数是 PCI 接口，本节以这种网卡为例介绍安装的方法。

微课 3-3 安装网卡与驱动程序

**1. 安装网卡硬件**

主板上大都提供了 5~6 个 PCI 插槽，通常为白色。PCI 网卡的安装十分简单，其安装方法如下。

（1）关闭计算机电源，拔掉电源线，然后打开机箱的外壳。

（2）为网卡找一个空闲的 PCI 插槽，将该插槽对应的金属挡板取下。

（3）将网卡对准插槽后，垂直插入插槽中。

（4）用螺丝将网卡后的金属挡板固定在机箱上。

（5）装好机箱外壳后连接电源线。

**2．安装网卡驱动程序**

安装完网卡以后，需要为网卡安装驱动程序，在Windows 7系统下安装网卡驱动程序的方法如下。

（1）安装网卡后重新启动计算机，系统自动检测新添加的硬件，并通过鼠标右键单击“计算机”→“管理”→“设备管理器”命令，打开“设备管理器”窗口，如图3-1所示。

（2）选中“网络适配器”选项，双击需要安装驱动程序的网卡，在打开的对话框中单击“驱动程序”选项卡，如图3-2所示。

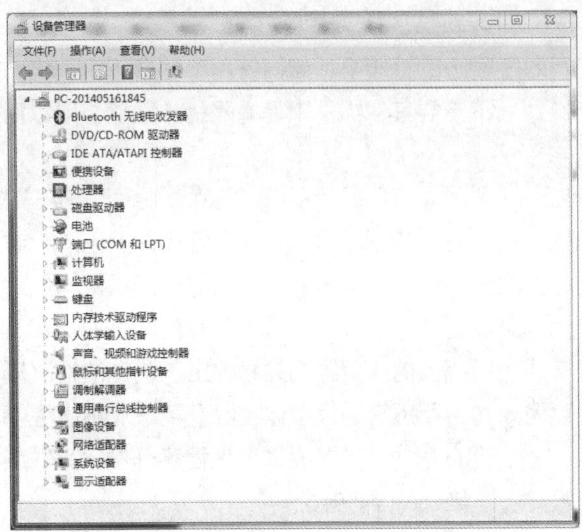


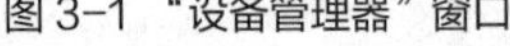

图3-1 “设备管理器”窗口

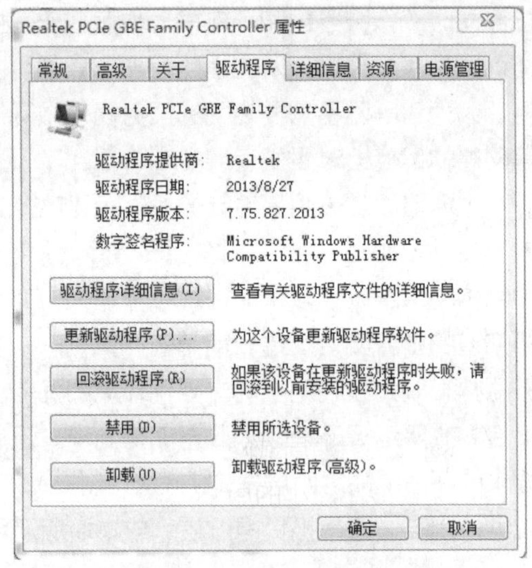


图3-2 “驱动程序”选项卡

（3）单击“更新驱动程序”按钮，打开“更新驱动程序软件”对话框，选择“浏览计算机以查找驱动程序软件”选项，如图3-3所示，在浏览位置直接找到网卡驱动程序所在的位置，如图3-4所示。

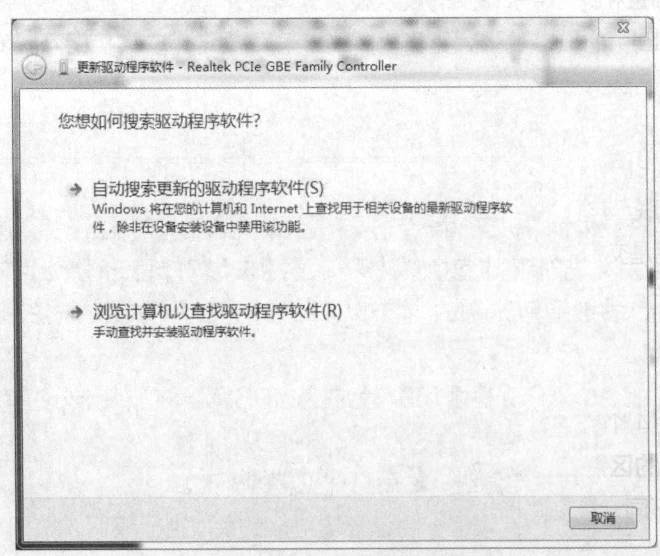


图3-3 “您想如何搜索驱动程序软件？”对话框

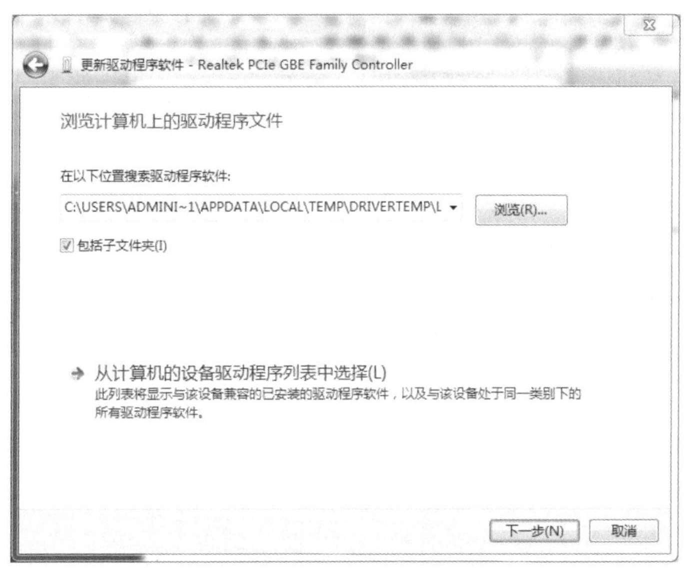

图 3-4 “浏览计算机上的驱动程序文件”对话框

（4）单击“下一步”按钮，完成网卡驱动程序的安装。

### 3.2.4 使用交换机组建局域网

交换机是组建局域网的基本硬件设备，使用交换机组建局域网是最常见的网络组建方法。

对于规模比较小的局域网，用户只需要将双绞线两端的 RJ-45 水晶头分别插入计算机网卡和交换机相应的 RJ-45 插槽中即可。

具有一定规模的局域网，如高校机房中的局域网、网吧、大中型企业的内部局域网等，连接的计算机相对较多，而且计算机可能位于不同的房间或楼层，往往一台交换机不能解决问题。因此，需要将多个交换机连接在一起，而交换机连接的方式有两种：堆叠和级联。

微课 3-4 交换机级联和堆叠的区别

**1. 交换机的堆叠**

交换机的堆叠是指把两台交换机连接起来当成一台交换机使用。堆叠是叠加交换机的背板，使多个工作组交换机形成一个工作组堆，从而提供高密度的交换机端口，堆叠中的交换机就像一个交换机一样，配置一个 IP 地址即可。

**2. 交换机的级联**

交换机的级联就是交换机和交换机之间通过交换端口进行扩展，这样一方面解决了单一交换机端口不足的问题，另一方面也实现了距离较远的客户端和网络设备的连接。在星形网络中，级联就是使用双绞线把两台交换机通过“级联端口”（Uplink 口）和“普通 RJ-45 端口”连接在一起达到扩展网络范围、增加网络节点数的目的。对于使用双绞线连接的局域网，每级联一个交换机可扩展 100m 的距离，一般最多级联 4 个交换机。

**3. 级联和堆叠的区别**

（1）连接端口不同。级联通过交换机上的 Uplink 级联端口和普通 RJ-45 端口相连，几乎所有的交换机都支持级联；而堆叠只能通过交换机上的专用堆叠端口连接，只有少数交换机才提供堆叠端口。

（2）连接线及连接距离不同。级联使用的是双绞线，单根理论最长为 100m，所以除了增加网络节点数量外，级联能够扩展网络范围；而堆叠则需要采用专门的堆叠电缆线，其长度一般在 1m 之内，所以不能用堆叠来扩展网络范围。

（3）连接层数与个数不同。级联考虑的是连接信号的稳定性和可靠性，一般不能超过 3 层。而堆叠之后的交换机在逻辑上成为一个设备，因此不存在连接层数的制约，但是受到堆叠个数的限制，不同公司产品的最大堆叠数不同。

## 3.2.5 安装网络协议和配置 TCP/IP

### 1. 安装网络协议

只要正确安装网卡，启动计算机后，Windows 就会自动添加必要的网络组件，如图 3-5 所示。

微课 3-5 安装网络协议

（1）Microsoft 网络客户端：允许用户的计算机访问 Microsoft 网络上的资源。

（2）Microsoft 网络的文件和打印机共享：允许其他计算机使用 Microsoft 网络访问用户计算机上的资源。

（3）Internet 协议版本 4（TCP/IPv4）：默认的广域网网络协议，它提供在相互连接的不同网络上的通信。

（4）Internet 协议版本 6（TCP/IPv6）：最新版本的 Internet 协议，可提供跨越多个相互连接网络的通信。

### 2. 配置 TCP/IP

配置 TCP/IP 主要是设置 IP 地址和子网掩码，其设置方法如下。

（1）在桌面上用鼠标右键单击“网上邻居”图标，从弹出的快捷菜单中选择“属性”命令，打开“查看基本网络信息并设置连接”窗口，如图 3-6 所示。

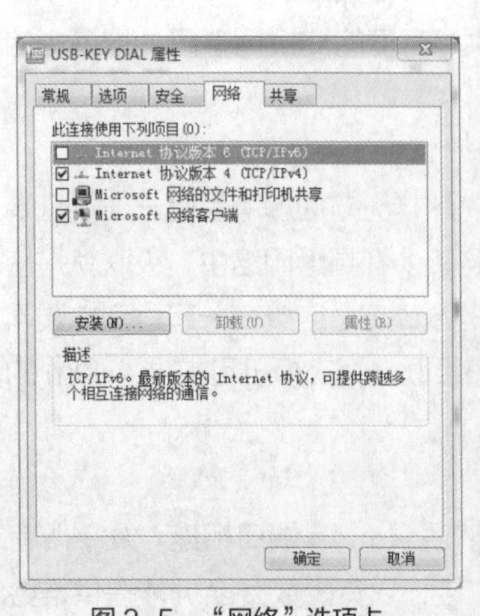


图 3-5 “网络”选项卡

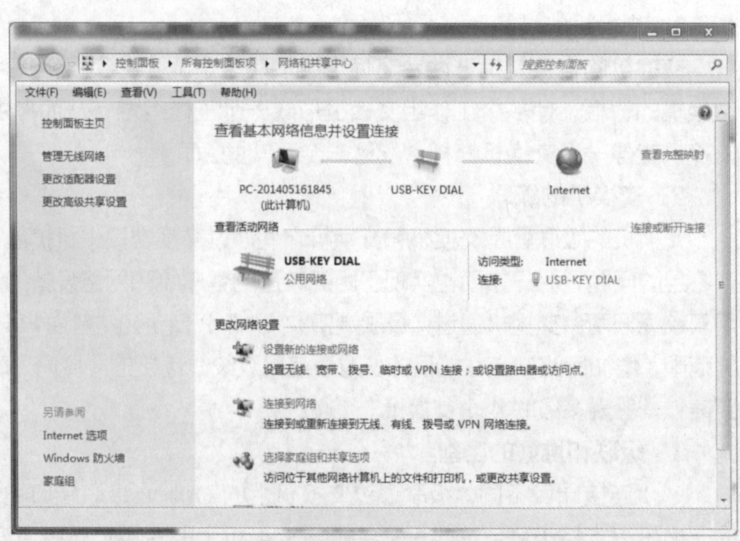


图 3-6 “查看基本网络信息并设置连接”窗口

（2）单击“连接”后面的蓝字链接，这里为 USB-KEY DIAL，打开“本地连接状态”对话框，如图 3-7 所示。

（3）单击“属性”按钮，打开“本地连接属性”对话框，如图 3-8 所示。

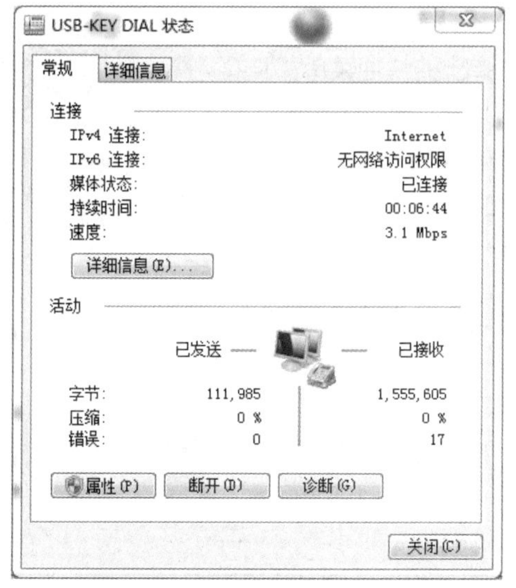


图 3-7 “本地连接状态”对话框

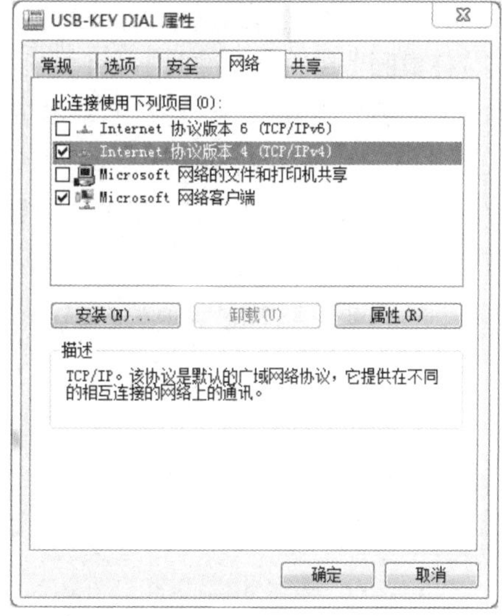


图 3-8 “本地连接属性”窗口

（4）双击 Internet 协议版本 4（TCP/IPv4），打开“Internet 协议版本 4（TCP/IPv4）属性”对话框。选中“使用下面的 IP 地址”单选项，在“IP 地址”文本框中输入使用的 IP 地址，在“子网掩码”文本框中输入子网掩码，如图 3-9 所示。

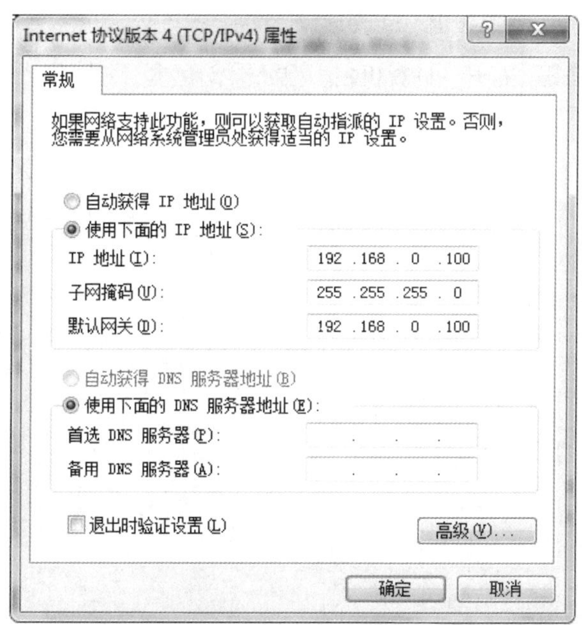


图 3-9 “Internet 协议版本 4（TCP/IPv4）属性”对话框

（5）依次单击“确定”按钮，关闭对话框即可。

### 3.2.6 设置计算机标识

计算机标识是 Windows 在网络上标识的计算机身份，包括计算机名、所属工作组和计算机说明。设置计算机标识的方法如下。

微课 3-6 设置计算机标识

（1）在桌面上用鼠标右键单击“计算机”图标，从弹出的快捷菜单中选择“属性”命令，打开“查看有关计算机的基本信息”窗口，如图 3-10 所示。

（2）此窗口包括“Windows 版本”“系统”“计算机名称、域和工作组设置”和“Windows 激活”4 个部分，单击“计算机名称、域和工作组设置”下的“更改设置”按钮，打开“系统属性”对话框，如图 3-11 所示。

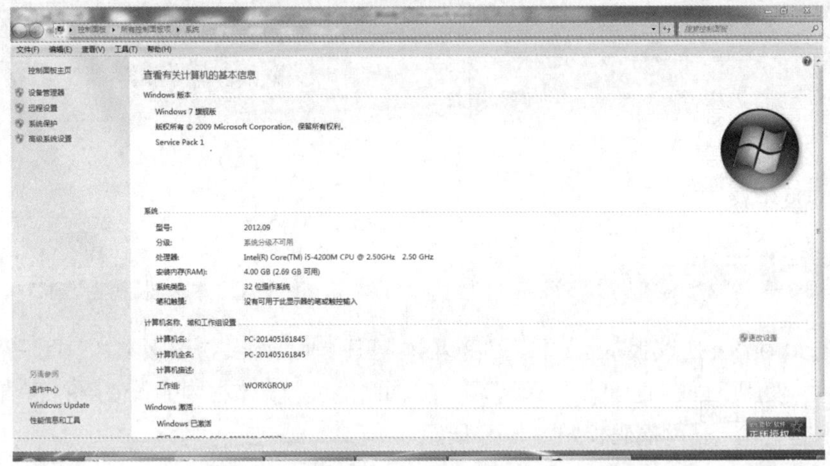


图 3-10 “查看有关计算机的基本信息”窗口

（3）单击“更改”按钮，打开“计算机名/域更改”对话框，分别在“计算机名”文本框和“工作组”文本框中输入文本即可，如图 3-12 所示。

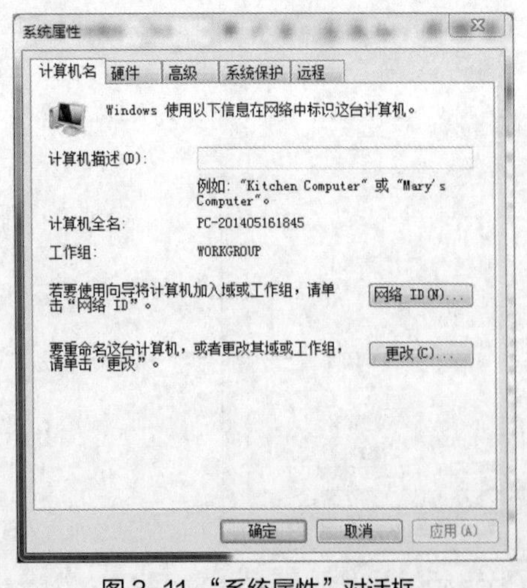


图 3-11 “系统属性”对话框

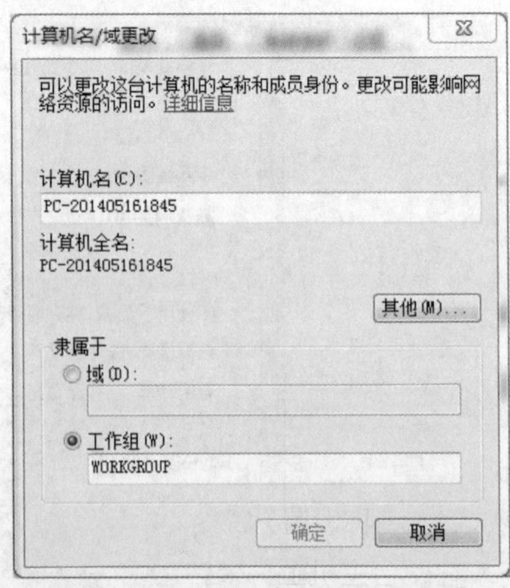


图 3-12 “计算机名/域更改”对话框

（4）单击“确定”按钮，弹出“计算机名/域更改”对话框，单击“确定”按钮，如图 3-13 所示。

（5）弹出“Microsoft Windows”对话框，单击“立即重新启动”按钮即可，如图 3-14 所示。

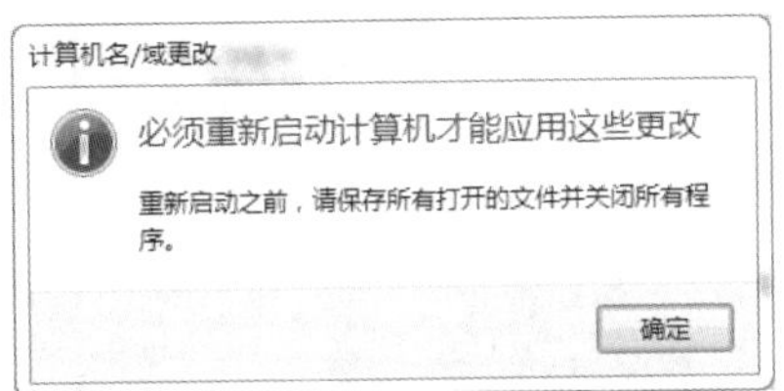


图 3-13 “计算机名/域更改”对话框

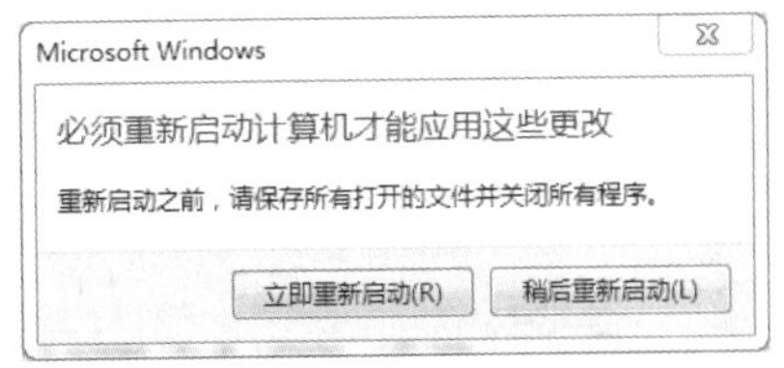


图 3-14 “Microsoft Windows” 对话框

## 3.3 实训：组建办公局域网

**实训目的**

（1）掌握什么是对等网及对等网的结构。

（2）熟练掌握对等网中 IP 地址和子网掩码的设置。

（3）熟练掌握对等网中计算机名称及工作组的设置方法。

**实训内容及步骤**

使用交换机组建企业办公局域网，实现企业各计算机之间网络资源共享，如图 3-15 所示。

计算机名：S1　IP 地址：10.123.0.1　子网掩码：255.255.0.0

计算机名：S2　IP 地址：10.123.0.2　子网掩码：255.255.0.0

计算机名：S3　IP 地址：10.123.0.3　子网掩码：255.255.0.0

（1）查看主机上网卡的安装情况。

（2）使用双绞线实验中制作的交叉式双绞线连接两台主机（保证两台主机在关机的状态下连接）。

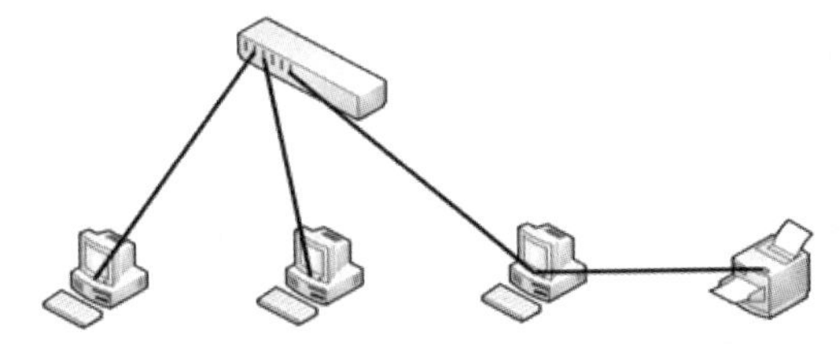


图 3-15 办公局域网示意图

（3）启动 3 台主机，查看网卡驱动程序的安装情况。

（4）设置 IP 地址和子网掩码。

（5）查看计算机名称和工作组名称设置,保证 3 台计算机在同一工作组中。

工作组的名称设置为 workgroup。

（6）在两台主机上分别建立共享的文件夹、共享硬盘等。

选择要建立共享的文件夹，单击鼠标右键，选择“共享”命令，按对话框中的提示设置。

（7）通过网上邻居实现在两台主机上访问共享资源。

打开“网上邻居”窗口，查看共享情况，可以看到共享的文件夹。

**实训总结**

在硬件连接上要注意查看网卡及网卡驱动程序是否安装正确；在软件设置上要注意 IP 地址的设置，还有工作组的命名是否一致。

## 3.4 习题

**1. 单项选择题**

（1）选择网络服务器时，首先应该考虑（　　）的性能。

A. 中央处理器　　B. 内存　　C. 硬盘　　D. 显示器

（2）局域网常用的拓扑结构是（　　）。

A. 总线型　　B. 星形　　C. 树形　　D. 环形

（3）设计网络结构时，首先要确定（　　）。

A. 周围环境　　B. 资金投入　　C. 网络结构　　D. 布线方式

（4）设计网络结构之前，首先进行（　　）。

A. 实地考察　　B. 需求分析　　C. 资金分析　　D. 结构设计

（5）按应用领域分，服务器可分为 4 类，下面哪项服务器属于该分类？（　　）

A. 个人服务器　　B. 工作级服务器　　C. Web 服务器　　D. 大型服务器

（6）电缆如要架空，至少应架高（　　）。

A. 2m　　B. 3m　　C. 4m　　D. 5m

（7）当网线与强电交叉或平行分布时，网线要与强电保持（　　）的距离。

A. 10cm　　B. 15cm　　C. 20cm　　D. 25cm

（8）（　　）网络结构两端需要安装终端电阻。

A. 树形　　B. 星形　　C. 总线型　　D. 环形

**2. 多项选择题**

（1）以下是依据网络服务器的用途划分的是（　　）。

A. 运算服务器　　B. 网络文件服务器　　C. 数据库服务器　　D. 部门级服务器

（2）以下属于级联特性的是（　　）。

A. 通过级联端口或普通端口连接　　B. 没有层数限制

C. 级联可以扩展端口数和延长传输距离　　D. 级联一般使用双绞线连接

（3）以下属于堆叠特性的是（　　）。

A. 通过专门的堆叠端口连接

B. 堆叠后的交换机相当于一个交换机

C. 堆叠连接线一般不超过 1m，不能扩展传输距离

D. 堆叠不受堆叠个数限制

（4）以下属于 Windows 网络必备组件的是（　　）。

A. Microsoft 网络客户端　　B. Microsoft 网络的文件和打印机共享

C. Internet 协议版本 4（TCP/IPv4）　　D. Internet 协议版本 6（TCP/IPv6）

（5）智能大楼包括（　　）。

A．办公自动化系统　　B．通信自动化系统

C．楼宇自动化系统　　D．计算机网络

**3．判断题**

（1）局域网最常用的拓扑结构是总线型。（　　）

（2）对等网中的计算机既可以作为服务器，又可以作为工作组。（　　）

（3）堆叠和级联都可以扩展网络的传输距离。（　　）

（4）要了解网络的物理布局需充分考虑用户的位置、距离和所处环境，并进行实地考察。（　　）

（5）结构化布线要求将所使用的线缆在楼房建好前布置好。（　　）

**4．操作题**

在学生宿舍组建学生宿舍对等网，要求使用交换机组建 4 台计算机的对等网，能实现网络资源共享。

# 第4章 无线局域网

随着无线宽带和移动通信技术的不断发展，无线网络的传输速度越来越快，覆盖范围越来越广，越来越多的人开始选择无线网络。在第 3 章学习了办公局域网的组建后，本章将从使用无线局域网开始，介绍无线局域网的标准、无线局域网的设备、组建无线局域网及移动设备接入无线局域网的方法。通过本章的学习，读者可以了解无线局域网并学会组建无线网络。

## 学习目标

- 无线局域网的特点
- 无线局域网的标准
- 无线局域网的设备
- 无线局域网的网络结构
- 无线局域网的组建
- 移动终端的概念
- 移动设备接入无线网络

## 学习情境引入

东方电子商务有限公司准备在原来构建的网络基础上建设无线网络。无线网络是实现企业信息现代化建设目标的基础，更是企业提高效率的方向。总体建设目标是以现有的办公区网络为依托，利用无线网络技术，改善办公区信息网络建设基础设施的环境，解决随时随地都能上网的问题，进一步扩大办公区网络的使用范围，使员工在任何时间、任何位置都能方便高效地使用信息网络。

很多企业都曾经出现过这种情况：由于种种原因，原有布线预留的端口常常不够用，如果要增加端口，就必须重新布置数条电缆，或外接交换机等设备。这时就会碰到施工烦琐、破坏原有线路或电缆等许多问题；而使用无线网络产品，为整个公司园区配置无线网络，用户只需添置一台无线路由器，配置一个无线网卡，即可将有线网络和无线网络有机结合，满足用户的上网需求。

利用无线局域网解决方案，用户可以在无线网络的访问节点之间做无缝漫游——无论这种网络是配置在会议室、多层建筑中，还是通过多重 IP 子网配置在整个公司园区。该方案支持 DHCP，使笔记本用户在子网之间移动时，能够自动获得新的 IP 地址，实现便捷地接入互连网络。对于完全无缝的跨子网漫游（如在建筑物之间或公司园区），解决方案可提供“扩展漫游”功能。该功能允许无线访问节点与另一个与用户位置相关的无线访问节点（Access Point）进行通信，以确保无论用户在什么位置，数据都能送达。请同学们在学习完本章的内容后，为东方电子商务有限公司搭建一个合理、高效的无线网络。

# 4.1 无线局域网基础知识

## 4.1.1 无线局域网概述

无线局域网（Wireless Local Area Network，WLAN）是无线通信技术与网络技术相结合的产物。从专业角度讲，无线局域网通过无线信道实现网络设备之间的通信，并实现通信的移动化、个性化和宽带化。通俗地讲，无线局域网就是在不采用网线的情况下，提供以太网互连功能。

无线网络的历史起源可以追溯到第二次世界大战期间，当时美军首先开始采用无线信号传输资料，并且采用加密技术。这项技术让许多学者获得了灵感，1971 年，夏威夷大学的研究员开创了第一个基于封包式技术的无线电通信网络，即 ALOHNET，它可以算是早期的无线局域网络。最早的 WLAN 包括 7 台计算机，跨越 4 座夏威夷岛屿。无线局域网络从此正式诞生。20 世纪 70 年代中期，无线局域网的前景逐渐引起人们注意，并被大力开发，而在 20 世纪 80 年代，以太局域网的迅速发展为人们的工作和生活带来了极大的便利。局域网管理的主要工作之一就是铺设电缆或是检查电缆是否断线这种耗时的工作，很容易令人烦躁，也不容易在短时间内找出断线所在。再者，由于配合企业及应用环境的不断更新与发展，原有的企业网络必须配合重新布局，重新安装网络线路。虽然电缆本身并不贵，可是请技术人员来配线的成本很高，尤其是老旧的大楼，配线工程费用就更高了。因此，架设无线局域网络就成为最佳解决方案。

微课 4-1 无线局域网的优缺点

### 1. 无线局域网的优点

（1）灵活性和移动性。在有线网络中，网络设备的安放位置受网络位置的限制，而无线局域网在无线信号覆盖区域内的任何位置都可以接入网络。无线局域网另一个最大的优点在于其移动性，连接到无线局域网的用户可以移动，且能同时与网络保持连接。

（2）安装便捷。无线局域网可以最大程度地减少甚至免去网络布线的工作量，一般只要安装一个或多个接入点设备，就可建立覆盖整个区域的局域网络。

（3）易于进行网络规划和调整。对于有线网络来说，办公地点或网络拓扑结构的改变通常意味着重新建网。重新布线是一个昂贵、费时、浪费和琐碎的过程，无线局域网可以避免或减少以上情况的发生。

（4）故障定位容易。有线网络一旦出现物理故障，尤其是由于线路连接不良而造成网络中断，往往很难查明，而且检修线路需要付出很大的代价。无线网络则很容易定位故障，只需更换故障设备，即可恢复网络连接。

（5）易于扩展。无线局域网有多种配置方式，可以很快从只有几个用户的小型局域网扩展到有上千用户的大型网络，并且能够提供节点间“漫游”等有线网络无法实现的特性。

### 2. 无线局域网的应用范围

最近几年，无线局域网的发展十分迅速，应用范围也不断扩大，主要表现在以下 4 个方面。

（1）传统局域网的扩充

传统局域网使用非屏蔽双绞线实现 10Mbit/s 甚至更高的传输速率，使结构化布线技术得到广泛应用。很多建筑物在建设过程中已预先布好双绞线。但是，在某些特殊的环境中，无线局域网却能发挥传统局域网起不到的作用。这类环境主要包括：建筑物群之间、工厂建筑物之间的连接，不能布线的历史古建筑，临时性的小型办公室、大型展览会等。

（2）建筑物之间的互连

无线局域网可以用于连接邻近建筑物中的局域网。在这种情况下，两座建筑物使用一条点到点无线链路，连接的典型设备是无线网桥或路由器。

（3）无线漫游访问

带有天线的移动数据设备与无线网络之间可以实现漫游访问（Roaming Access）。例如，展览会场的工作人员向听众做报告时，通过移动设备访问办公室服务器中的文件。学生在校园里可以随时通过无线网络访问校园网。

（4）特殊无线网络的结构

无线自组网（Ad hoc）采用一种不需要基站的"对等结构"移动通信模式。Ad hoc 网络中没有固定的路由器，这种网络中的所有用户都可能移动，并且支持动态配置和动态流量控制。每个系统都具备动态搜索、定位和恢复连接的能力。例如，一群工作人员每人都有一个无线移动设备，他们被召集在一个房间里开会，每人的无线设备都可以连到一个暂时的网络，会议结束后，网络将不再存在。Ad hoc 网络已在军事领域获得广泛应用。

### 4.1.2 无线局域网的标准

目前，无线局域网使用的无线通信标准主要是 IEEE 802.11 系列协议，这是一套成熟的无线局域网标准。作为全球公认的局域网权威，IEEE 802 工作组建立的标准在局域网领域内得到了广泛应用。IEEE 于 1997 年发布了无线局域网领域第一个在国际上被认可的协议——802.11 协议。1999 年 9 月，IEEE 提出 802.11b 协议，用于对 802.11 协议进行补充，之后又推出了 802.11a、802.11g、802.11n 等一系列协议，从而进一步完善了无线局域网规范。IEEE 802.11 工作组制定的具体协议如下。

**1. 802.11a**

802.11a 采用正交频分复用（Orthogonal Frequency Division Multiplexing，OFDM）技术调制数据，使用 5GHz 频带。OFDM 技术将无线信道分成以低数据速率并行传输的分频率，然后将这些频率一起放回接收端，可提供 25Mbit/s 的无线 ATM 接口、10Mbit/s 的以太网无线帧结构接口以及时分双工操作（Time Division Duplex，TDD）/时分多路复用（Time Division Multiplexing Access，TDMA）的空中接口。802.11a 标准在很大程度上可提高传输速率，改进信号质量，克服干扰。物理层速率可达 54Mbit/s，传输层可达 25Mbit/s，能满足室内及室外的网络应用需求。

**2. 802.11b**

802.11b 也称为 Wi-Fi 技术，采用补码键控（Complementary Code Keying，CCK）调制方式，使用 2.4GHz 频带，其对无线局域网通信的最大贡献是可以支持两种速率，即 5.5Mbit/s 和 11Mbit/s。多速率机制的介质访问控制可确保当工作站间距过大或干扰太大、信噪比低于某个限值时，传输速率能够从 11Mbit/s 自动降到 5.5Mbit/s，或根据直序扩频技术调整到 2Mbit/s 和 1Mbit/s。

**3. 802.11g**

2001 年 11 月，IEEE 在 802.11 IEEE 会议上形成了 802.11g 标准草案，目的是在 2.4GHz

频段实现 802.11a 的速率要求，该标准于 2003 年 7 月获得批准。802.11g 采用 PBCC 或 CCK/OFDM 调制方式，使用 2.4GHz 频段，对现有的 802.11b 系统向下兼容。它既能适应传统的 802.11b 标准（在 2.4GHz 频率下提供的数据传输速率为 11Mbit/s），也符合 802.11a 标准（在 5GHz 频率下提供的数据传输速率为 54Mbit/s），从而实现了对已有的 802.11b 设备的兼容。用户还可以配置与 802.11a、802.11b 以及 802.11g 均相互兼容的多方式无线局域网，从而促进了无线网络市场的发展。

**4. 802.11n**

随着移动通信业务的迅速发展，高性能 WLAN 的市场需求日趋增长。为了适应这一需求，IEEE 于 2003 年组建了 802.11TGn 工作组，其制定了 802.11n 标准。802.11n 可以将 WLAN 的传输速率由目前 802.11a 及 802.11g 提供的 54Mbit/s 提高到 108Mbit/s，甚至高达 500Mbit/s。这得益于结合多入多出（Multiple-Input Multiple-Output，MIMO）与 OFDM 技术的 MIMO-OFDM 技术。这个技术不但提高了无线传输质量，也使传输速率得到极大提升。

802.11n 将 WLAN 传输速率提高到目前传输速率的 10 倍，而且可以支持高质量的语音、视频传输，这意味着人们可以在写字楼中用 Wi-Fi 手机来拨打 IP 电话和可视电话。在覆盖范围方面，802.11n 采用智能天线技术，通过多组独立天线组成的天线阵列，动态调整波束，保证 WLAN 用户能接收到稳定的信号，并可以减少其他信号的干扰，因此其覆盖范围可以扩大到几平方千米，使 WLAN 的移动性极大提高。这使得使用笔记本电脑和 PDA 的用户可以在更大的范围内移动，可以让 WLAN 信号覆盖到写字楼、酒店和家庭的任何一个角落，让人们真正体验移动办公和移动生活带来的便捷和快乐。

在兼容性方面，802.11n 采用了一种软件无线电技术，它是一个完全可编程的硬件平台，不同系统的基站和终端都可以通过这一平台的不同软件实现互通和兼容，这使得 WLAN 的兼容性极大改善。这意味着 WLAN 将不但能实现 802.11n 向前后兼容，而且可以实现 WLAN 与无线广域网的结合，比如 3G 和 4G。

### 4.1.3 无线网络设备

用于组建无线局域网的设备主要有无线网卡、无线路由和 AP 等。本节通过介绍无线网络设备，让读者认识和学会使用无线网络硬件设备。

**1. 无线网卡**

无线网卡是终端无线网络的设备，是在无线局域网的无线覆盖下，通过无线连接网络进行上网使用的无线终端设备。具体来说，无线网卡就是可以让计算机无线上网的一个装置。但是有了无线网卡，还需要一个可以连接的无线网络，如果用户家里或者所在地有无线路由器或者无线接入点（无线 AP）覆盖，就可以通过无线网卡以无线的方式连接无线网络上网。

无线网卡按照接口的不同可以分为多种，如图 4-1 所示。

- 台式机专用的 PCI 接口无线网卡。
- 笔记本电脑专用的个人计算机内存卡国际联合会（Personal Computer Memory Card International Association，PCMCIA）接口网卡。
- USB 无线网卡不管是台式机用户还是笔记本用户，只要安装了驱动程序，就可以使用。

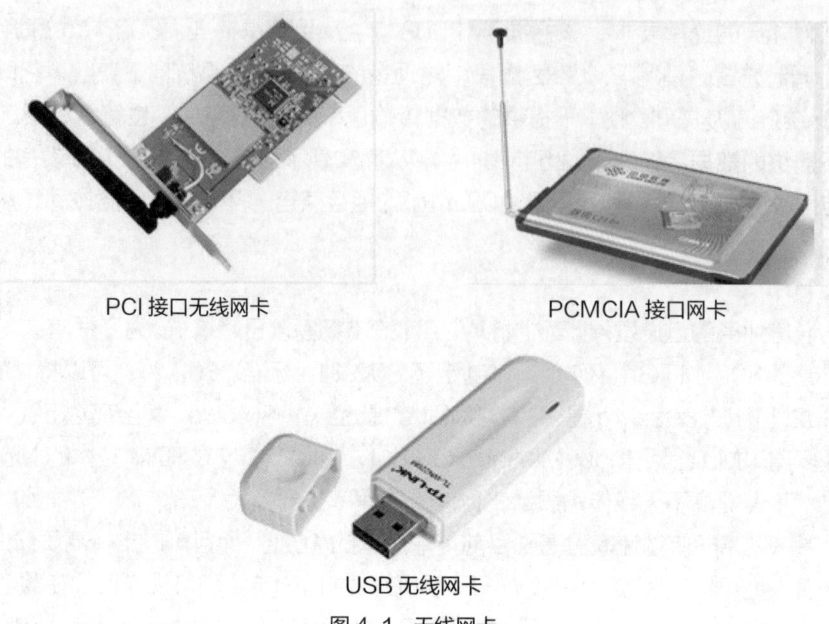


PCI 接口无线网卡　　PCMCIA 接口网卡

USB 无线网卡

图 4-1　无线网卡

**2. 无线路由器**

无线路由器（见图 4-2）简单来说就是带有无线覆盖功能的路由器，它借助路由器功能，可实现家庭无线网络中的 Internet 连接共享，并实现与小区宽带的无线共享接入。另外，无线路由器可以把通过它进行无线或有线连接的终端划分为不同的子网，从而实现不同功能网络在逻辑上的划分。

**3. 无线 AP**

无线 AP 是无线网络访问的节点、会话点或存取桥接器，如图 4-3 所示。

图 4-2　无线路由器　　图 4-3　无线 AP

无线 AP 有两大功能：中继和桥接。中继就是在中途把无线信号放大一次，使远一些的客户端可以接收到无线 AP 信号。桥接用于两端的连接，即两个无线 AP 间的数据传输，一般用于连接两个有线局域网，实际上就是点对点的连接。

### 4.1.4　无线局域网的网络结构

无线局域网的网络结构主要有基站接入型和无中心结构型两种，对应的模式分别是基站模式和点对点模式。

### 1. 基站模式

基站模式的无线局域网可以在普通局域网基础上通过无线 Hub、无线 AP、无线网桥、无线调制解调器（Modem）及无线网卡等来实现。其中以无线网卡最为普遍，使用得最多。通过无线 AP 可以实现无线网络内部与有线网络之间的互连。无线 AP 作为无线局域网的中心设备，以星形拓扑连接其覆盖范围内的具有无线网卡的计算机，然后通过无线 AP 上的双绞线连接到有线网络中的交换机或 Hub 上，结构非常简单，如图 4-4 所示。

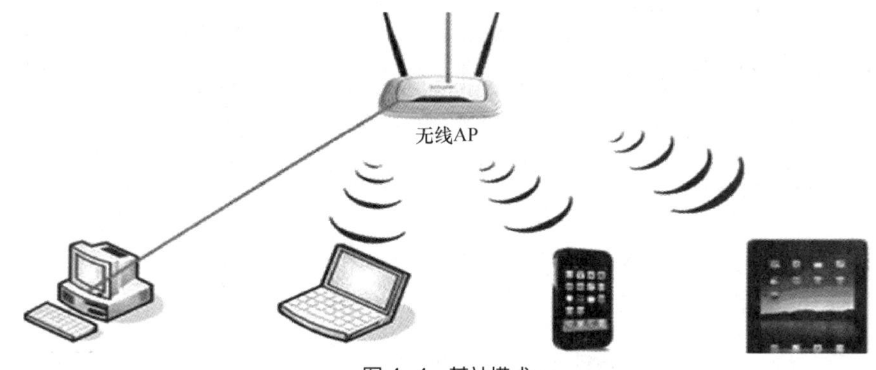


图 4-4　基站模式

### 2. 点对点模式

点对点模式使用无中心结构，这是一种点对点的对等式移动网络模式，没有有线基础设施的支持，网络中的节点均由移动主机构成，网中任意两个站点均可直接通信，如图 4-5 所示。

图 4-5　点对点模式

## 4.2 无线局域网的组建

### 4.2.1 安装无线网卡

现在人们购买的计算机一般都自带无线网卡，如果计算机没有无线网卡，要组建无线局域网就需要安装无线网卡，其安装步骤如下。

微课 4-2　无线网卡安装

### 1. 硬件安装

（1）将 USB 无线网卡插入计算机的 USB 接口，或者通过延长线插入 USB 接口。

（2）在计算机启动前，将 PCI 无线网卡插入机箱的 PCI 插槽。

### 2. 无线网卡驱动程序安装

Windows 7 系统自带了大部分无线网卡驱动程序，因此网卡硬件安装完毕大多不需要手动安装驱动程序即可使用。系统自动搜索安装驱动程序的过程如下。

（1）Windows 7 系统检测到无线网卡，自动安装驱动程序，如图 4-6 所示。

（2）成功安装网卡驱动程序，如图 4-7 所示。

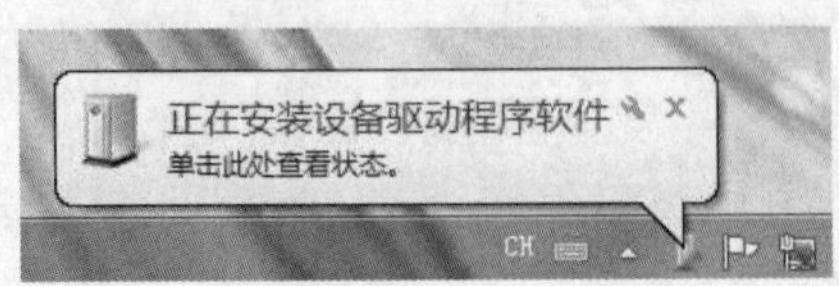


图 4-6　自动检测无线网卡

图 4-7　安装完成

（3）用鼠标右键单击桌面上的“计算机”图标，在弹出的快捷菜单中选择“管理”命令，如图 4-8 所示。

（4）在左侧列表中选择“设备管理器”选项，在黄色标识设备上单击鼠标右键，选择“更新驱动程序软件”命令，如图 4-9 所示。

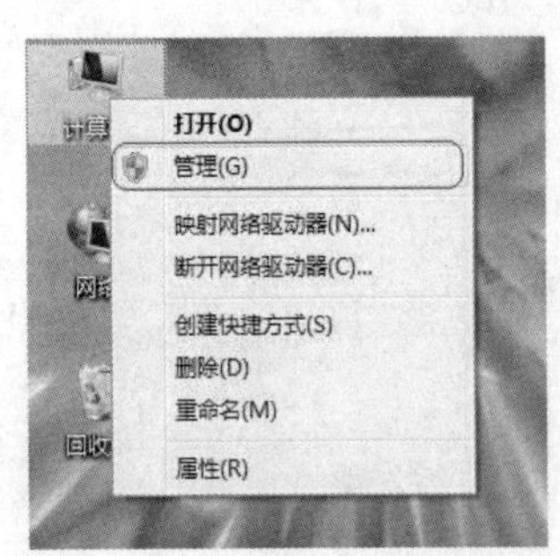


图 4-8　选择“管理”命令

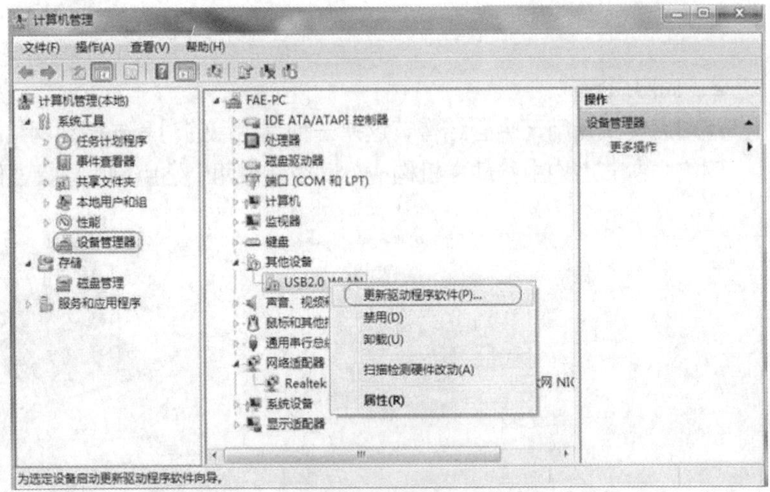


图 4-9　选择“更新驱动程序软件”命令

（5）在弹出的“更新驱动程序软件”对话框中，选择“浏览计算机以查找驱动程序软件”选项，如图 4-10 所示。

（6）在弹出的“浏览计算机上的驱动程序文件”对话框中，单击“浏览”按钮，如图 4-11 所示。

（7）在“浏览文件夹”对话框中，选择驱动程序的存放文件夹后，单击“确定”按钮。如果是 64 位系统请选择“windows7 64-bit”文件夹，单击“确定”按钮，如图 4-12 所示。

（8）单击“下一步”按钮，如图 4-13 所示。

（9）如果弹出图 4-14 所示的“Windows 安全”对话框，则选择“始终安装此驱动程序软件”选项。

（10）驱动程序安装成功，如图 4-15 所示。

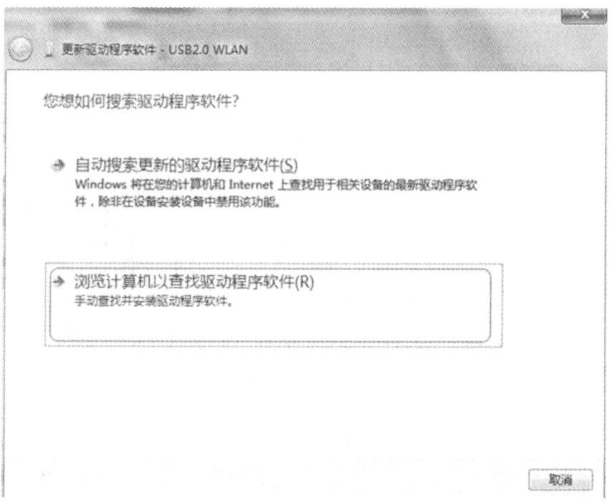


图 4-10 “更新驱动程序软件”对话框

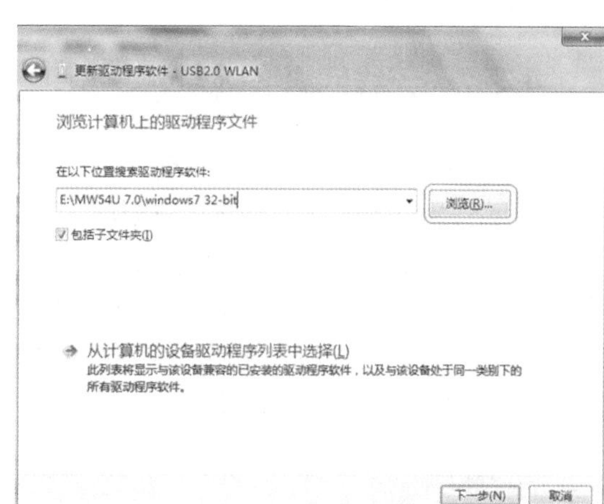


图 4-11 “浏览计算机上的驱动程序文件”对话框

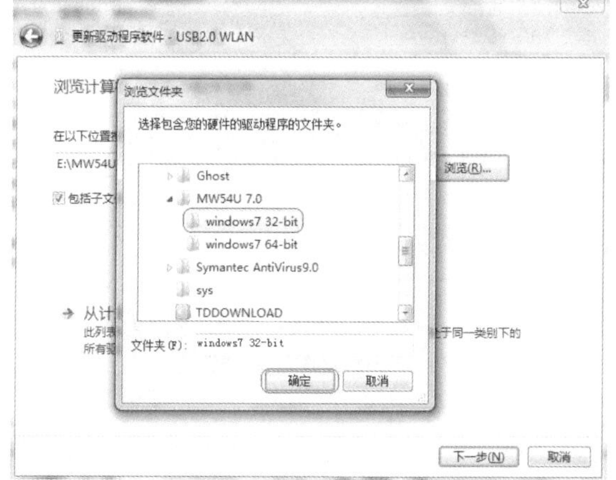


图 4-12 “浏览文件夹”对话框

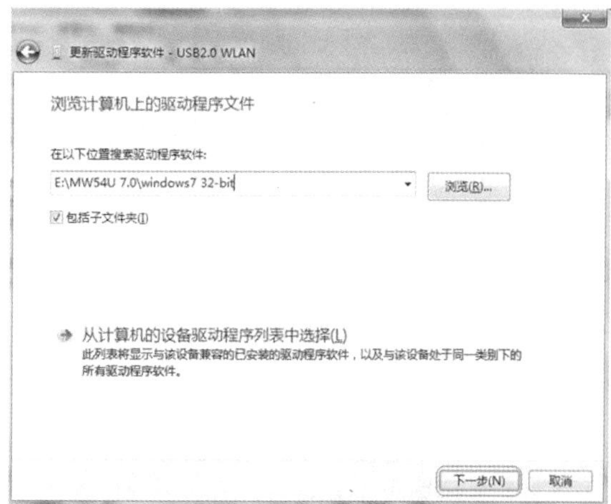


图 4-13 单击“下一步”按钮

至此，无线网卡安装完毕。

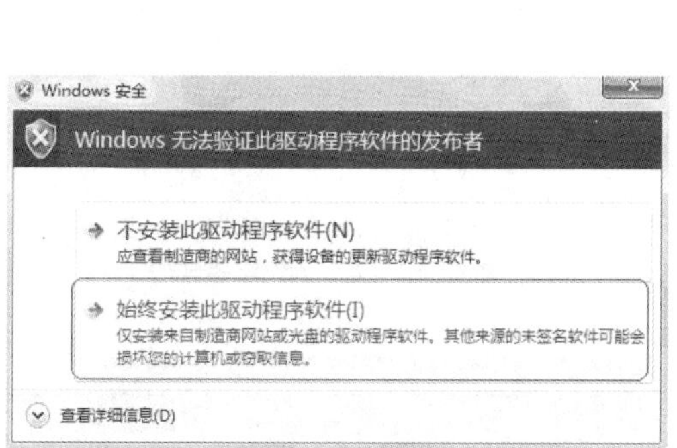


图 4-14 “Windows 安全”对话框

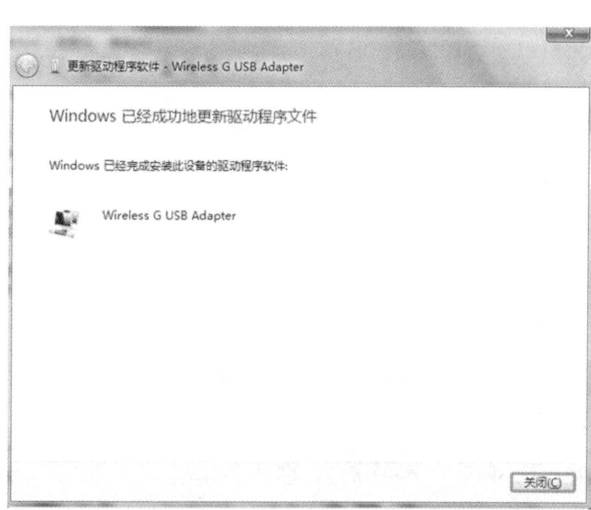


图 4-15 驱动程序安装成功

### 4.2.2 无线网络连接

微课 4-3 无线网络连接

Windows 7 提供了对无线网络的良好支持，可直接在“网络连接”窗口中设置无线网络，无需安装无线网络客户端，具体的设置如下。

（1）单击桌面右下角的网络连接图标，选择目标无线路由器信号名称，单击“连接”按钮。如果没有要连接的信号，则单击右上角的刷新按钮，如图 4-16 所示。

（2）在“连接到网络”对话框的“安全关键词”文本框中输入网络安全密钥，即在目标无线路由器上设置的密码，如图 4-17 所示。

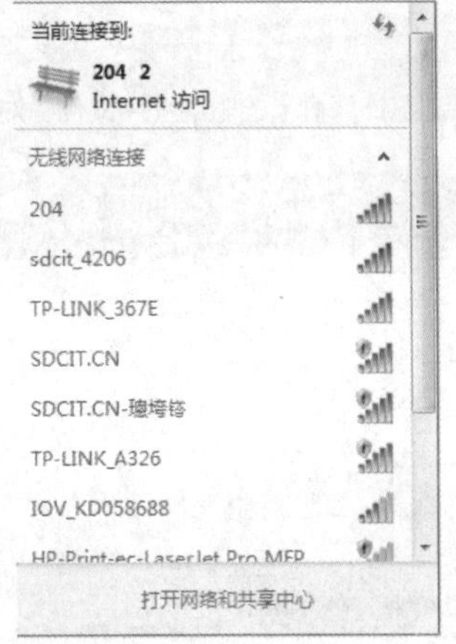


图 4-16 无线网络连接

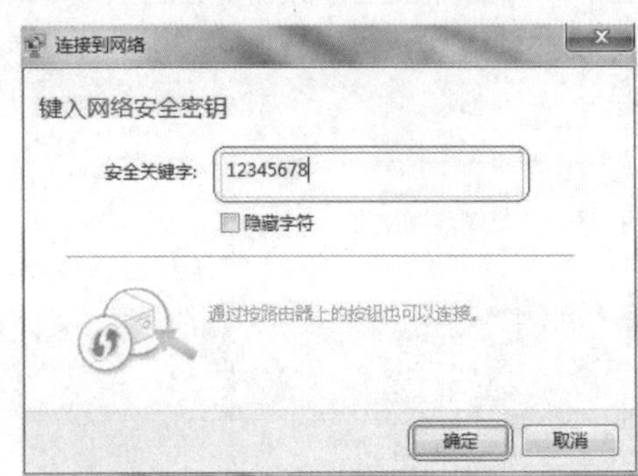


图 4-17 “连接到网络”对话框

（3）弹出“连接到网络”对话框，如图 4-18 所示。

（4）无线网络连接成功，如图 4-19 所示。

图 4-18 “连接到网络”对话框

图 4-19 无线网络连接成功

### 4.2.3 无线网络安全设置

无线网络面临的威胁无处不在，下面介绍无线网络安全设置的方法。

（1）打开 IE 浏览器，在地址栏中输入 192.168.0.1，按 Enter 键。在弹出的对话框中输入用户名和密码，默认的用户名和密码都是 admin。单击“确定”按钮，出现路由器的设置界面，在左侧列表中选择“设置向导”选项，在右侧窗口单击“下一步”按钮，出现图 4-20 所示的界面，勾选“PPPoE（ADSL 虚拟拨号）”选项，读者可以根据自己的网络情况，在三个选项中选择其一。单击“下一步”按钮。

微课 4-4　无线网络安全设置

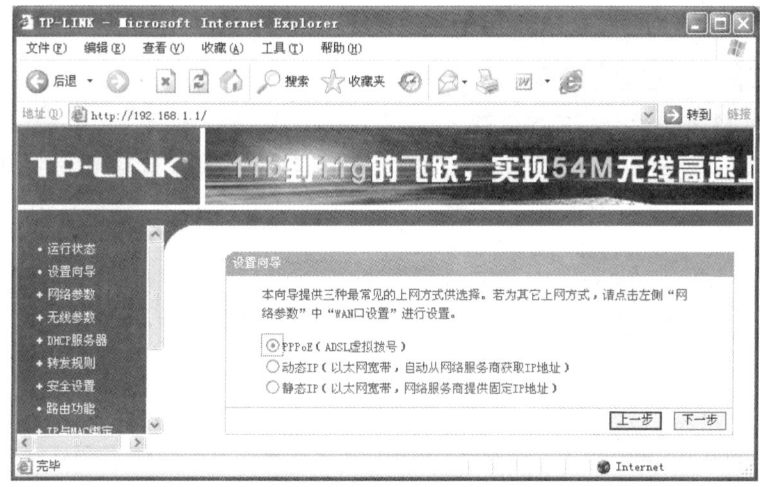


图 4-20　勾选 PPPoE

（2）在图 4-21 所示的界面中输入 ADSL 上网账号和上网口令（安装宽带时，工作人员给的账号和密码），单击“下一步”按钮。

图 4-21　输入 ADSL 上网账号和上网口令

（3）在图 4-22 中，更改 SSID 为 ZTG-WLAN。在“模式”下拉列表中选择自己的无线网卡模式（如 802.11b、802.11g 等，根据自己的情况而定，现在市面的路由器兼容 802.11g、802.11n），单击“下一步”按钮。

图 4-22　更改 SSID

(4)在图 4-23 中，设置 PSK 密码。单击“下一步”按钮，完成无线路由器的初始配置。

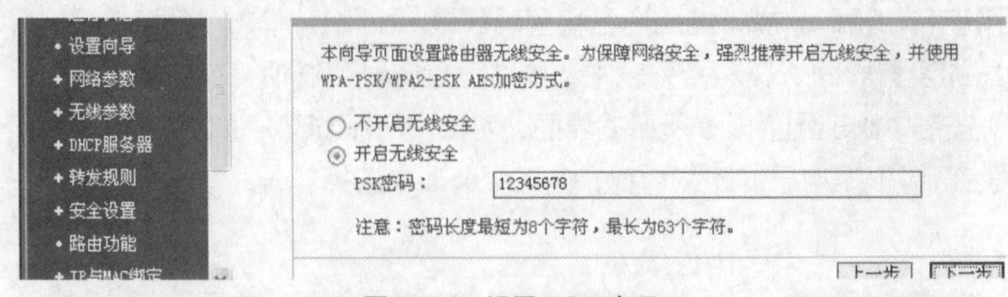


图 4-23 设置 PSK 密码

下面的步骤是无线路由器的安全设置。

(5)在图 4-24 中，选择“网络参数”→“MAC 地址克隆”命令，在右侧窗口依次单击“克隆 MAC 地址”和“保存”按钮。这样便只能通过自己的计算机对无线路由器进行管理，确保了无线路由器的安全。

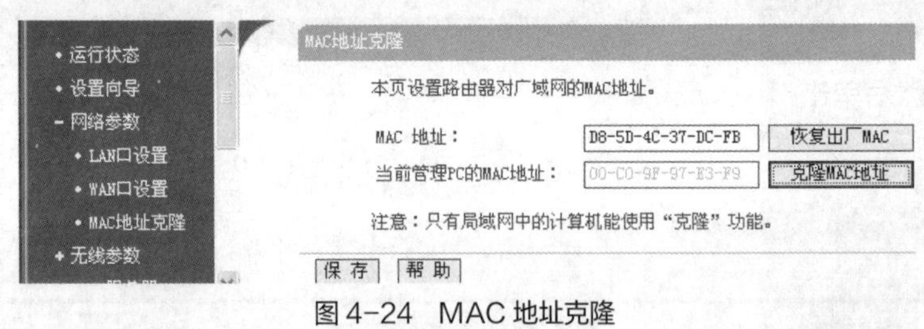


图 4-24 MAC 地址克隆

(6)在图 4-25 中，选择“无线参数”→“基本设置”命令，在右侧窗口取消选择“允许 SSID 广播”复选框，其他设置如图 4-25 所示，然后单击“保存”按钮。

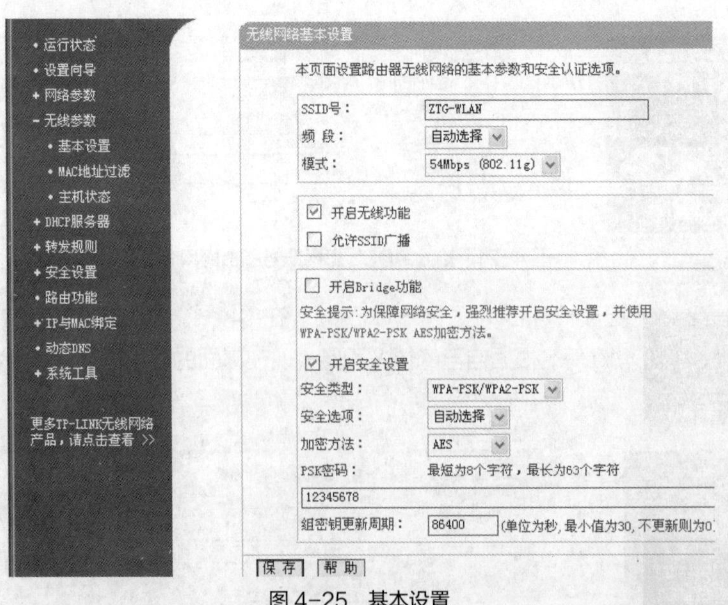


图 4-25 基本设置

(7)在图 4-26 中，选择“DHCP 服务器”→“DHCP 服务”命令，如果局域网规模较小，建议关闭 DHCP 服务，给每台计算机设置静态 IP 地址。如果局域网规模较大，可以启动 DHCP

服务，不过一定要安全设置无线路由器。

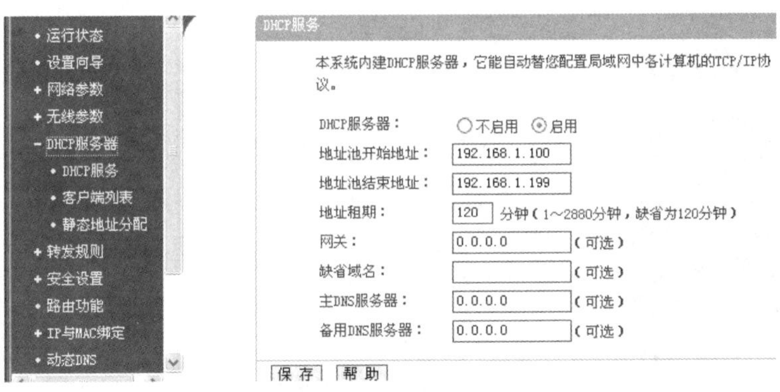

图 4-26　DHCP 服务

（8）在图 4-27 中，选择“安全设置”→“防火墙设置”命令，在右侧窗口选择“开启防火墙”“开启 IP 地址过滤”“开启域名过滤”和“开启 MAC 地址过滤”复选框，用户可以根据自己网络的具体情况选择，然后单击“保存”按钮。

图 4-27　防火墙设置

（9）在图 4-28 中，选择“安全设置”→“IP 地址过滤”命令，在右侧窗口单击“添加新条目”按钮，添加过滤规则。

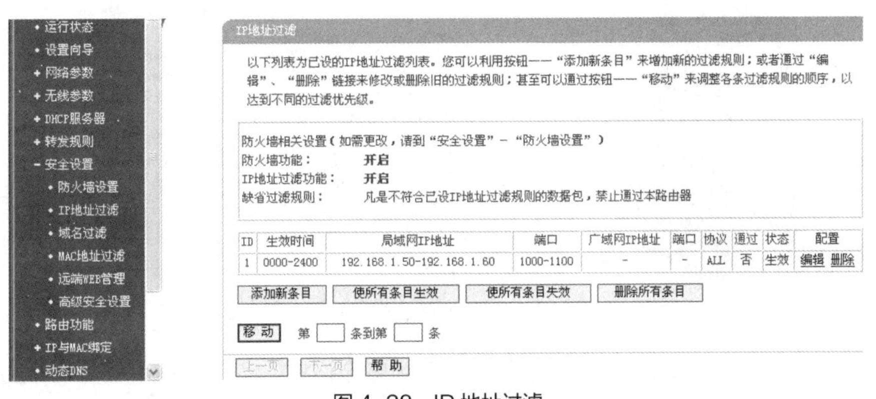

图 4-28　IP 地址过滤

（10）在图 4-29 中，选择“安全设置”→“域名过滤”命令，单击“添加新条目”按钮，添加过滤规则。

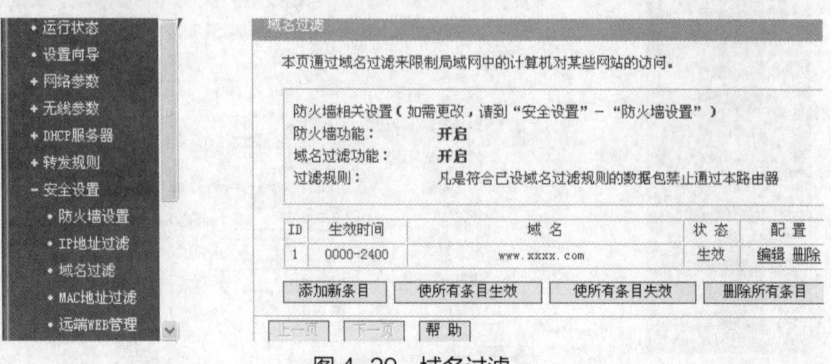


图 4-29　域名过滤

（11）在图 4-30 中，选择“安全设置”→“MAC 地址过滤”命令，单击“添加新条目”按钮，添加过滤规则。

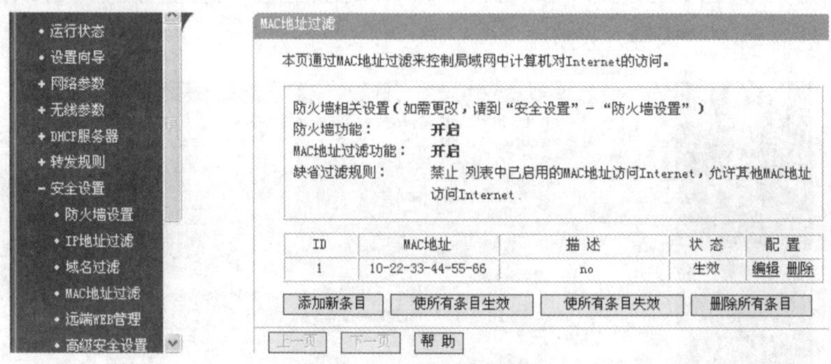


图 4-30　MAC 地址过滤

（12）在图 4-31 中，选择“安全设置”→“远端 WEB 管理”命令，设置“WEB 管理端口”，如图 4-31 所示，提升路由器的安全性，然后单击“保存”按钮。

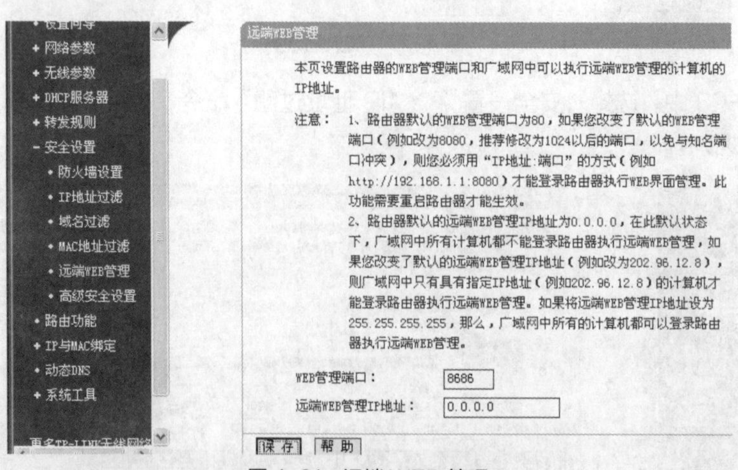


图 4-31　远端 WEB 管理

（13）在图 4-32 中，选择“安全设置”→“高级安全设置”命令，设置如图 4-32 所示，然后单击“保存”按钮。

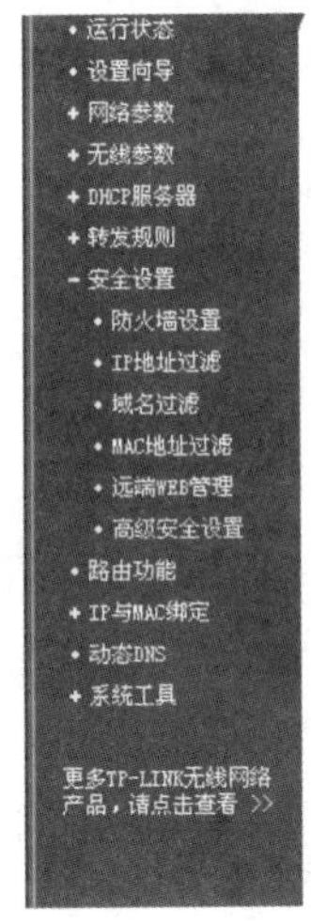


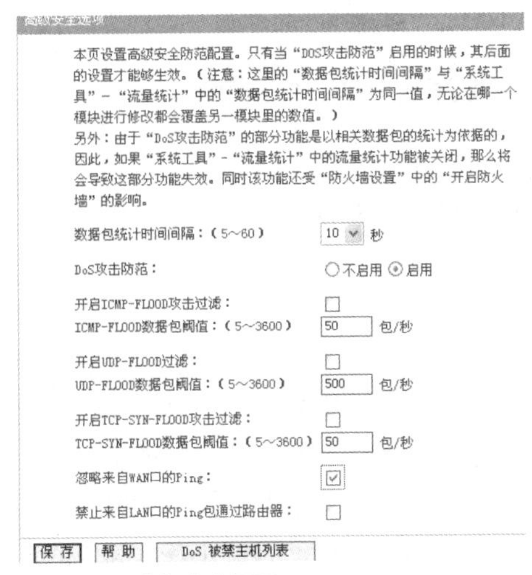


图4-32　高级安全设置

（14）在图4-33中，选择“IP与MAC绑定”→“静态ARP绑定设置”命令，在右侧窗口中选择“启用”单选项，单击“保存”按钮。然后单击“增加单个条目”按钮，添加IP与MAC绑定。

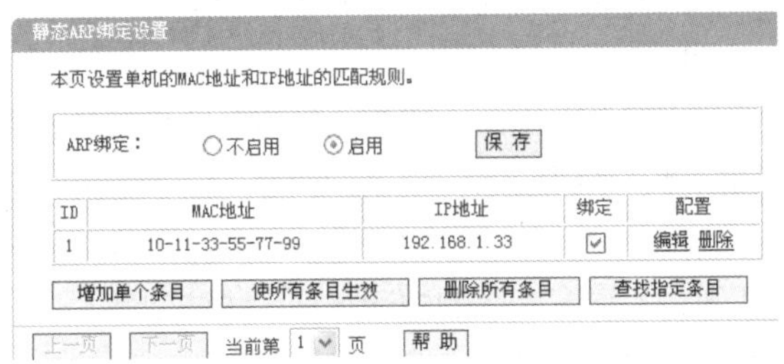


图4-33　静态ARP绑定设置

（15）在图4-34中，选择“IP与MAC绑定”→“ARP映射表”命令，设置如图4-34所示。

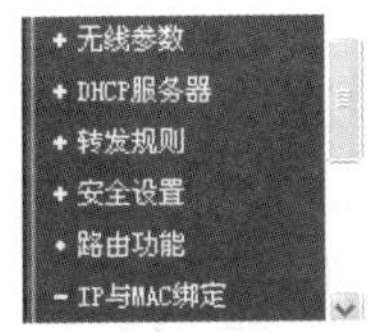


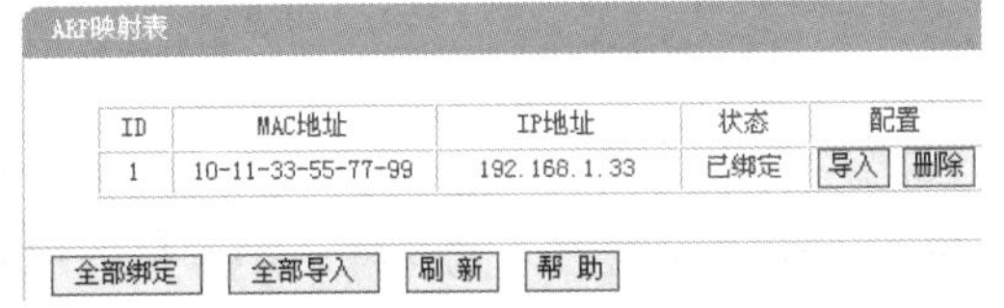


图4-34　ARP映射表

（16）在图4-35中，选择“系统工具”→“修改登录口令”命令，修改登录口令，如图4-35所示，单击“保存”按钮。

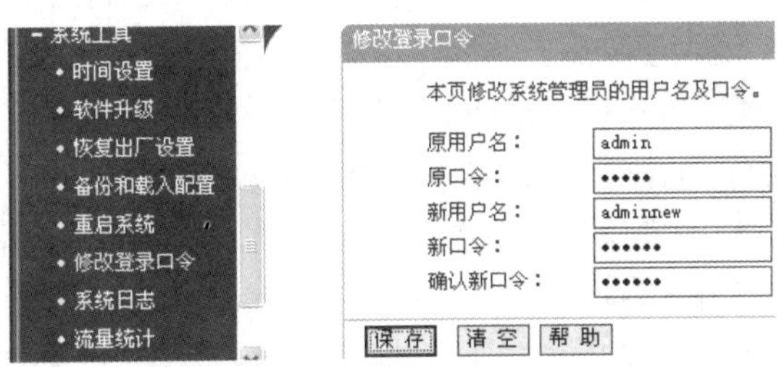


图4-35　修改登录口令

## 4.3 移动终端接入无线网络

### 4.3.1 移动终端的概念

**1．移动终端的定义**

移动终端或移动通信终端（Mobile Terminal，MT），是指可以在无线网络中使用的终端设备，广义地讲包括手机、笔记本、平板电脑、销售终端（Point of Sale，POS）机甚至包括车载电脑，但是在大部分情况下是指具有多种应用功能的智能手机以及平板电脑。一方面，随着网络技术的宽带化，移动通信产业将走向真正的移动信息时代。另一方面，随着集成电路技术的飞速发展，移动终端已经拥有了强大的处理能力，移动终端正在从简单的通话工具变为一个综合信息处理平台，这也给移动终端增加了更加宽广的发展空间。

现代移动终端已经拥有极为强大的处理能力，拥有与计算机类似的操作系统，已经是一个完整的超小型计算机系统，可以完成复杂的处理任务。移动终端也具有丰富的通信方式，既可以通过GSM、CDMA、WCDMA、EDGE、3G 等无线运营网通信，也可以通过无线局域网，蓝牙和红外线通信。

今天的移动终端不仅可以通话、拍照、听音乐、玩游戏，而且可以实现包括定位、信息处理、指纹扫描、身份证扫描、条码扫描、RFID 扫描、IC 卡扫描以及酒精含量检测等丰富的功能，成为移动执法、移动办公和移动商务的重要工具。有的移动终端还集成对讲机。移动终端已经深深地融入经济和社会生活中，为提高人民的生活水平、执法效率、生产管理效率，减少资源消耗和环境污染以及为突发事件应急处理提供了支持。

**2．移动终端的分类**

现在的移动终端主要包括智能手机、平板电脑、掌上电脑（Personal Digital Assistant，PDA）和笔记本电脑等。

智能手机（Smart Phone），是指“像个人计算机一样，具有独立的操作系统，可以由用户自行安装软件、游戏等第三方服务商提供的程序，通过此类程序来不断地扩充手机的功能，并可以通过移动通信网络来实现无线网络接入的这样一类手机的总称”。手机已从功能性手机发展到以Android、IOS 系统为代表的智能手机，是可以在较广范围内使用的便携式移动智能终端。

PDA 可以实现在移动中工作、学习、娱乐等。工业级 PDA 主要应用在工业领域，常见的有条码扫描器、射频识别（Radio Frequency Identification，RFID）读写器、POS 机等。工业级 PDA 内置高性能进口激光扫描引擎、高速 CPU 处理器、WindowsCE5.0/Android 操作系统，具备超级防水、防摔及抗压能力，广泛用于鞋服、快消、速递、零售连锁、仓储、移动医疗等多个行业的数据采集，支持 BT/GPRS/3G/Wi-Fi 等无线网络通信。

平板电脑（Tablet Personal Computer，Tablet PC、Flat Pc、Tablet、Slates）是一种小型、方便携带的个人电脑，以触摸屏作为基本的输入设备。它拥有触摸屏，用户可以通过内建的手写识别、屏幕上的软键盘、语音识别或者一个真正的键盘（如果该机型配备的话）来操作。平板电脑的概念由比尔·盖茨提出。平板电脑应支持 Intel、AMD 和 ARM 的芯片架构，从微软提出的平板电脑概念产品上看，平板电脑就是一款无须翻盖、没有键盘、小到可以放入女士手袋，却功能齐全的 PC。

### 4.3.2 移动设备接入无线网络

目前，使用移动设备接入无线网络的现象越来越普遍，智能手机都具有 Wi-Fi 功能并能够通过手机自带的浏览器浏览网络，如图 4-36 所示。

将手机接入无线网络的方法如下。

（1）在手机的“设置”界面，单击“无线和网络”选项。

（2）在“无线和网络设置”界面，单击“WLAN”按钮。

（3）在 WLAN 设置中选中需要连接的无线网络进行连接设置，如图 4-37 所示，选择“SDCIT.CN”进行连接。

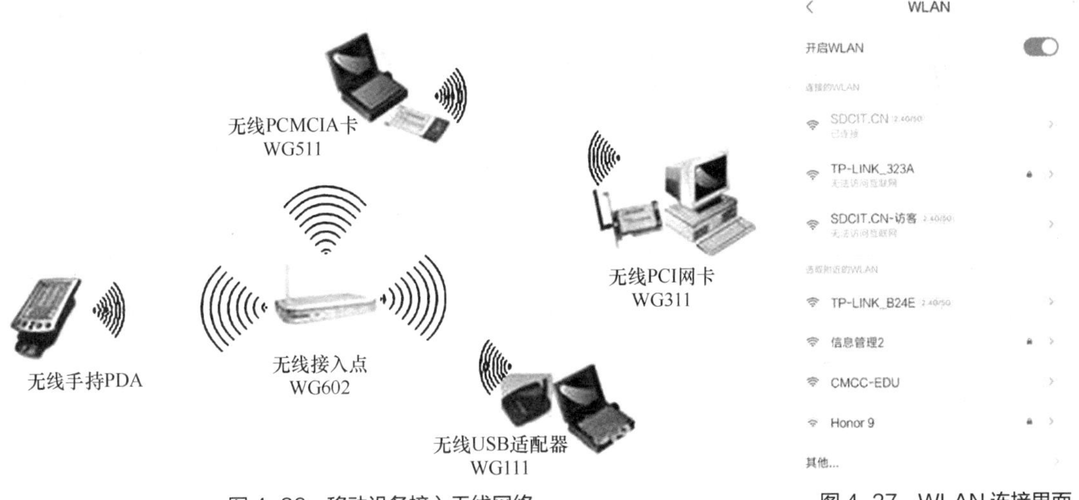


图 4-36 移动设备接入无线网络

图 4-37 WLAN 连接界面

（4）连接的网络若有接入密码的，则会弹出密码输入框输入密码，单击“连接”按钮，即可成功连接到无线网。

## 4.4 实训

### 4.4.1 实训 1：组建无线对等局域网

**实训目的**

（1）掌握无线局域网的基本组网知识，组建无线局域网。

（2）掌握组建无线局域网的方法，能组建 Ad-Hoc（点对点或自组网）模式无线局域网。

（3）掌握无线局域网安全设置的方法。

（4）掌握通过无线局域网访问 Internet 的方法。

**实训内容及步骤**

（1）建立无线局域网，掌握无线局域网的基本组网技术，至少以一个无线 AP 和两块无线网卡组建一个局域网络，实现与有线局域网、Internet 的连接。

（2）建立 Ad-Hoc（点对点或自组网）模式无线局域网，实现学生计算机之间访问共享文件。

（3）根据设备或系统提供的条件或环境，完成无线局域网的安全设置：无线 AP 安全配置、用户端无线网卡安全配置、系统的安全配置。分析无线网络安全配置的特点以及解决的问题。

（4）通过无线 AP 访问有线局域网、校园网及 Internet，随意下载一个文件。

**实训总结**

（1）无线局域网具有灵活性、可移动性及较低的投资成本等优势，其解决方案可作为传统有线局域网的补充和扩展，获得了家庭网络用户、中小型办公室用户、广大企业用户及电信运营商的青睐，得到了快速的应用。因此，我们应该认真学习有关技术。

（2）连接访问失败的原因及解决方法。主要原因：工作模式配置错误；同时有几十个学生设置协议参数，容易出现设置错误或设置冲突。解决方法：按照一定的规律设置计算机名和 IP 地址；在有线网络中选一台计算机，打开命令行模式，使用 Ping 命令连通无线接入点的 IP 地址，如果无线接入点响应了这个 Ping 命令，那么证明有线网络中的计算机可以正常连接到无线接入点。如果无线接入点没有响应，则有可能是计算机与无线接入点间的无线连接出现问题或者是无线接入点本身出现了故障；AP 或计算机的网络连接部分可能出问题，比如网线松动或损坏。

（3）数据若在无线网络上进行明文传输，那么任何用户只要凭借一些简单的工具，就可以窃听这些数据，因此在组建无线局域网时，应该尽量采用安全加密协议。现在的无线网络设备，一般都支持数据传输过程中的加密协议。通过加密技术，可以最大限度地保障数据在传输过程中的安全性。

### 4.4.2 实训 2：手机接入无线局域网

**实训目的**

（1）掌握使用手机上网的基本步骤。

（2）学会使用手机组建无线局域网。

**实训内容及步骤**

（1）使用手机通过无线 AP 接入无线局域网。

（2）在笔记本电脑上通过建立无线热点接入无线局域网。

**实训总结**

由读者总结。

## 4.5 习题

**1. 单项选择题**

（1）组建无线局域网最基本的设备是（　　）。

A. 服务器　　B. 无线网卡　　C. 无线 Hub　　D. 无线 AP

（2）设置无线路由器时，（　　）参数是对无线网络加密。

A. SSID B. PSK C. ADSL D. Admin

（3）下列最适合使用无线网络的环境是（ ）。

A. 固定办公网络 B. 网吧 C. 会展中心 D. 学校实验室

（4）IEEE 802.11b 最高可以达到的速度是（ ）。

A. 1Mbit/s B. 5Mbit/s C. 10Mbit/s D. 11Mbit/s

（5）以下设备不属于移动终端的是（ ）。

A. 智能手机 B. 笔记本 C. 平板电脑 D. 台式机

**2. 多项选择题**

（1）以下哪些选项属于无线网卡？（ ）

A. USB 无线网卡 B. PCI 无线网卡

C. PCMCIA 无线网卡 D. ADSL 无线网卡

（2）以下（ ）是无线网络的组网模式。

A. 基站模式 B. 点对点模式 C. 总线型模式 D. 环形模式

（3）无线 AP 的两大功能是（ ）。

A. 桥接 B. 中继 C. 互联 D. 寻址

（4）无线局域网的优点有（ ）。

A. 灵活性和移动性 B. 易于扩展 C. 安装便捷 D. 易于规划和调整

（5）无线局域网的应用范围包括（ ）。

A. 传统局域网的扩充 B. 建筑物之间的互连

C. 无线漫游访问 D. 特殊结构网络

**3. 判断题**

（1）无线局域网可以采用基站接入型和无中心结构型。（ ）

（2）无线局域网是无线通信技术与网络技术相结合的产物。（ ）

（3）可以采用无线路由器将无线网络划分成不同的子网。（ ）

（4）移动智能终端很难满足消费者的上网需求。（ ）

（5）无线网络的速度最大是 11Mbit/s。（ ）

**4. 操作题**

在学生宿舍组建学生无线局域网，要求使用无线路由器和交换机组建 4 台计算机的无线局域网，并对无线网络进行安全加密，实现与有线网络的连接。

# 第 5 章 网络测试和网络资源共享

局域网组建完成以后，还需要检测网络协议是否安装完全、网络是否通畅和网络连接速度快慢等，这就需要使用 Windows 操作系统自带的网络测试命令进行测试。本章将学习常见的网络测试命令：Ping、IPConfig、net share 和 net view 等命令。网络测试连通后，将进一步学习网络资源共享的方法和使用网上资源的方法，让上网用户体验网络带来的便利和乐趣。

## 学习目标

- Ping 命令
- IPConfig 命令
- net share 和 net view 命令
- 设置共享文件夹方法
- 查看网络资源方法
- 网络驱动器使用
- 共享打印机的设置和使用
- 远程桌面连接方法

## 学习情境引入

作为一家现代信息化高新企业，东方电子商务有限公司提出了建设“智能网络”办公环境的战略目标，并提出了建设“世界一流智能办公室”的具体目标，力求提高办公效率，成为“互联网+”的标杆企业。

由于层级多，各环节、各分支机构的业务复杂，公司四大业务：采购、仓储、营销、配送对应的 4 个部门，存在经营项目单一、数据量大、共享困难的问题。于是公司开始建设业务数据共享中心，希望帮助企业提高效率、节约成本。请同学们学完本章内容后，为老张和小王设计一套综合网络资源共享、网络安全测试、网络打印机远程接入、网络驱动器设立和远程协助等功能于一体的网络综合安全解决方案，真正实现网络共享数据中心的业务要求，帮助东方电子商务有限公司建设智能办公网络。

## 5.1 网络测试

网络测试是保证计算机网络稳定性的必要工作，Windows 操作系统自带的网络测试命令功能强大。下面介绍常用的网络测试命令。

## 5.1.1 Ping 命令

微课 5-1 Ping 命令使用方法

Ping 命令用来检查 TCP/IP 网络是否通畅或者网络连接速度。其原理是当用户给目标 IP 地址发送一个数据包时，对方就会返回一个同样大小的数据包，根据返回的数据包，用户可以确定目标主机的存在，并初步判断目标主机的操作系统。其功能就是校验与远程计算机或本地计算机的连接，只有在安装 TCP/IP 之后才能使用该命令。

Ping 命令格式：ping 目的地址参数 1 参数 2 ……

目的地址是指被测计算机的 IP 地址或计算机名。

参数如下。

- -t。表示不间断地向目标 IP 地址发送数据包，校验与指定计算机的连接，直到用户选择中断。按 Ctrl+Break 组合键可以查看统计信息或继续运行，按 Ctrl+C 组合键强迫其终止。
- -a。将 IP 地址解析为计算机名。
- -n count。定义向目标 IP 地址发送数据包的次数，默认值为 4。
- -l size。定义向目标 IP 地址发送数据包的大小，默认值为 32 字节，最大值为 65 500 字节。

Ping 命令通过向计算机发送 ICMP 回应报文并且监听回应报文的返回值，来校验与远程计算机或本地计算机的连接。对于每个发送报文，Ping 命令最多等待 1s，并打印发送和接收报文的数量。比较每个接收报文和发送报文，以校验其有效性。

可以使用 Ping 命令检验计算机名和 IP 地址。如果能够成功校验 IP 地址却不能成功校验计算机名，则说明名称解析存在问题。在这种情况下，要保证在本地 Hosts 文件中或 DNS 数据库中存在要查询的计算机名。

**【案例 5-1】** 向 IP 地址 10.12.0.1 发送 8 个数据包，大小为 64 字节。

命令格式：Ping 10.12.0.1 –n 8 –l 64

步骤如下。

（1）单击“开始”菜单，选择“运行”按钮，在弹出的“运行”对话框中输入 cmd 命令，单击“确定”按钮，打开命令提示符窗口，如图 5-1 所示。

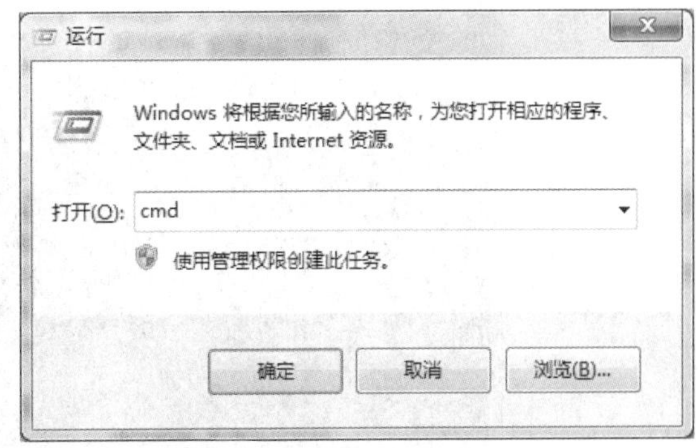

图 5-1 “运行”对话框

（2）在命令提示符窗口中输入“ping 10.12.0.1–n 8–l 64”后按“Enter”键，返回图 5-2 所示的结果。

（3）以上程序返回的结果表明，用户的计算机和主机 10.12.0.1 是连通的。

关于 Ping 命令结果的几点说明如下。

- Ping 命令不仅可以 ping 计算机名，还可以 ping IP 地址。
- 其中“时间”表示从发出数据包到接收返回数据包所需的时间，通过该值可判断网络连接速度的大小，时间值越大，网络速度越慢。
- TTL 表示生存时间，指定数据包被路由器丢弃之前允许通过的网段数量。

- 数据包："已发送=8，已接收=8，丢失=0"表示传送 8 个数据包，对方同样收到 8 个数据包，丢失数据包数为 0。

```
管理员: C:\Windows\system32\cmd.exe
Microsoft Windows [版本 6.1.7601]
版权所有 (c) 2009 Microsoft Corporation。保留所有权利。

C:\Users\Administrator>ping 10.12.0.1 -n 8 -l 64

正在 Ping 10.12.0.1 具有 64 字节的数据:
来自 10.12.0.1 的回复: 字节=64 时间=13ms TTL=255
来自 10.12.0.1 的回复: 字节=64 时间=2ms TTL=255
来自 10.12.0.1 的回复: 字节=64 时间=2ms TTL=255
来自 10.12.0.1 的回复: 字节=64 时间=1ms TTL=255
来自 10.12.0.1 的回复: 字节=64 时间=1ms TTL=255
来自 10.12.0.1 的回复: 字节=64 时间=1ms TTL=255
来自 10.12.0.1 的回复: 字节=64 时间=1ms TTL=255
来自 10.12.0.1 的回复: 字节=64 时间=1ms TTL=255

10.12.0.1 的 Ping 统计信息:
    数据包: 已发送 = 8，已接收 = 8，丢失 = 0 (0% 丢失)，
往返行程的估计时间(以毫秒为单位):
    最短 = 1ms，最长 = 13ms，平均 = 2ms

C:\Users\Administrator>
```

图 5-2　Ping 命令结果

如果连接不通，会出现的结果及原因总结如下。

（1）请求超时（Request Timed Out）

这是经常碰到的提示信息，如图 5-3 所示。

① 对方已关机，或者网络上根本没有这个地址。

② 对方与自己不在同一网段内，通过路由器也无法找到对方，但有时对方确实是存在的，当然不存在也是返回超时的信息。

③ 对方确实存在，但设置了 ICMP 数据包过滤（如防火墙设置）。

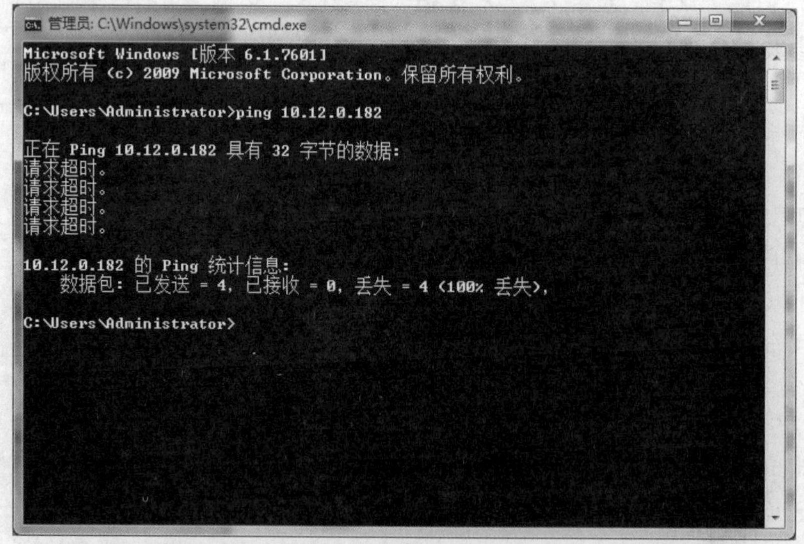

```
管理员: C:\Windows\system32\cmd.exe
Microsoft Windows [版本 6.1.7601]
版权所有 (c) 2009 Microsoft Corporation。保留所有权利。

C:\Users\Administrator>ping 10.12.0.182

正在 Ping 10.12.0.182 具有 32 字节的数据:
请求超时。
请求超时。
请求超时。
请求超时。

10.12.0.182 的 Ping 统计信息:
    数据包: 已发送 = 4，已接收 = 0，丢失 = 4 (100% 丢失)，

C:\Users\Administrator>
```

图 5-3　Ping 命令结果

怎样知道对方是存在，还是不存在呢？可以用带参数-a 的 Ping 命令探测对方，如果能得到对方的 NETBIOS 名称，则说明对方是存在的，只是有防火墙设置；如果得不到，多半是对方不存在或关机，或不在同一网段内。

（2）无法访问目标主机（Destination Host Unreachable）

① 对方与自己不在同一网段内，而自己又未设置默认的路由。

② 网线出了故障。

这里要说明“Destination Host Unreachable”和“timed out”的区别，如果经过的路由器的路由表中具有到达目标的路由，而目标因为其他原因不可到达，就会出现“timed out”；如果路由表中没有到达目标的路由，就会出现“Destination Host Unreachable”。

（3）IP 地址错误（Bad IP Address）

这个信息表示用户可能没有连接到 DNS 服务器，所以无法解析这个 IP 地址，也可能是 IP 地址不存在。

（4）无法回应（Source Quench Received）

这个信息比较特殊，它出现的概率很低，表示对方或中途的服务器繁忙无法回应。

（5）不知名主机（Unknown Host）

这种出错信息的意思是，该远程主机的名称不能被域名服务器（Domain Name System，DNS）转换成 IP 地址。故障原因可能是域名服务器有故障，或者其名称不正确，或者网络管理员的系统与远程主机之间的通信线路有故障。

## 5.1.2 IPConfig 命令

微课 5-2 IPconfig 命令使用方法

通过 IPConfig 命令可以显示当前 TCP/IP 配置的值，包括本地连接以及其他网络连接的 IP 地址、子网掩码、默认网关等；还可以重设 DHCP（动态主机配置协议）和 DNS（域名解析系统）的设置，如图 5-4 所示。

命令格式如下。

ipconfig/参数 1/参数 2……

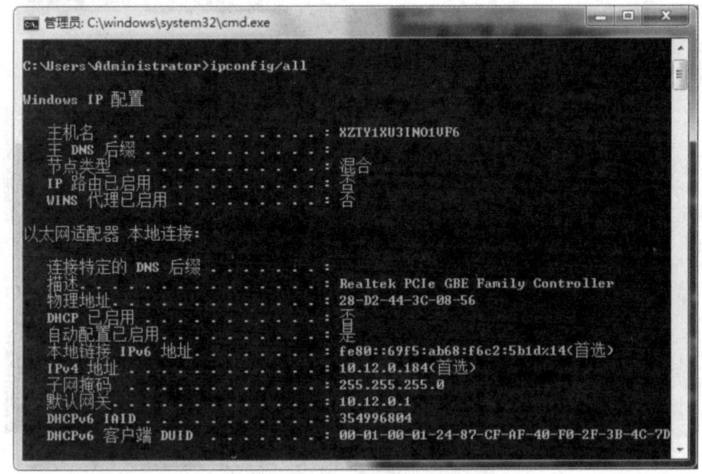

图 5-4 IPConfig 命令结果

/all 表示显示网络适配器详细的 TCP/IP 配置信息，除了 IP 地址、子网掩码、默认网关信息外，还显示主机名称、IP 路由功能、WINS 代理、MAC 地址、DHCP 功能等。

### 5.1.3 net view 和 net share 命令

微课 5-3 net view 和 net share 命令

net view 命令用于显示域、计算机或指定计算机的共享资源列表，如图 5-5 所示。

格式：net view\\computername（ ）

\\computername 指定希望查看其共享资源的目标计算机。

net share 命令用于显示本地计算机上的所有共享资源，包括隐藏的共享资源，如图 5-6 所示。

格式：net share

图 5-5 net view 命令窗口

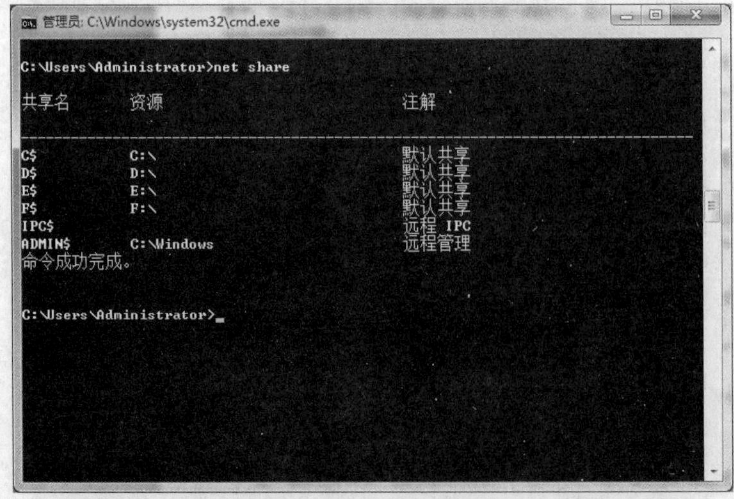


图 5-6 net share 命令窗口

**思考** 如果用户使用的计算机无法连接网络，请结合本节和前面章节的知识进行分析，找出网络故障出现的原因。

## 5.2 设置共享文件夹

### 1. 共享文件夹

微课 5-4 共享文件夹方法

共享文件夹是指存在于网络不同计算机上的，可以让网络中的所有计算机共同使用的文件夹。共享文件夹是最常用的网络共享资源，使用“共享文件夹”命令可以查看本地和远程计算机的连接和资源使用情况。计算机中的任何一个文件夹、驱动器和打印机等都可以设置为共享，以方便网络上的其他用户访问和使用。

【案例 5-2】 将 D 盘里的 text 文件夹设为共享文件夹。

（1）找到要共享的文件夹，单击鼠标右键，在弹出的快捷菜单中选择“属性”选项，如图 5-7 所示。

（2）在弹出的“属性”对话框中，选择“共享”选项卡，如图 5-8 所示。

（3）单击“共享”按钮，如图 5-9 所示，打开“文件共享”窗口。

（4）添加需要访问共享文件的用户，可以选择 Everyone，如图 5-10 所示。

（5）在“添加”按钮左边的下拉列表框中选择 Everyone，并单击“添加”按钮，如图 5-11 所示。

图 5-7 选择“属性”选项

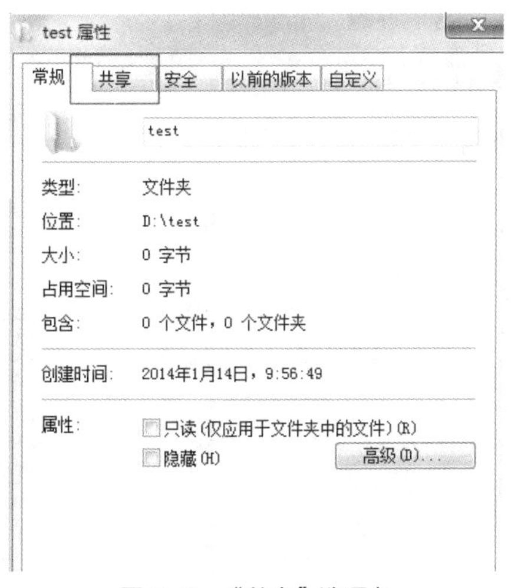


图 5-8 “共享”选项卡

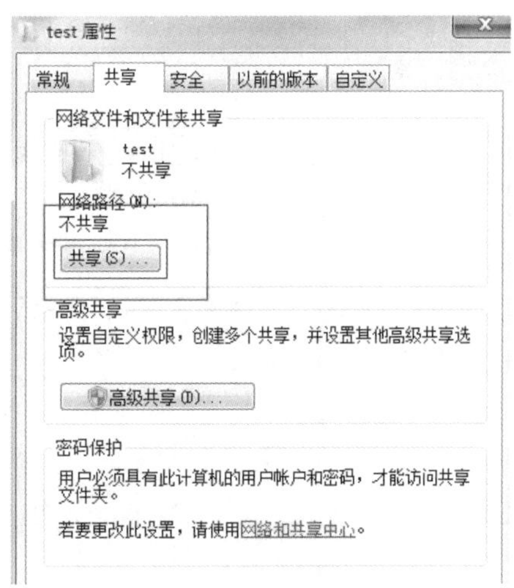


图 5-9 单击“共享”按钮

（6）在选定用户的下拉列表框中设置权限。这里的权限包括“读取”和“读/写”两个选项，如

图 5-12 所示。选择“读取”选项，表示网络用户只能浏览或复制共享文件夹中的内容，不能修改，通常称为只读共享；选择“读/写”选项，表示网络用户不仅可以访问共享文件夹，而且可以更改共享的文件，即通常所说的“完全共享”。

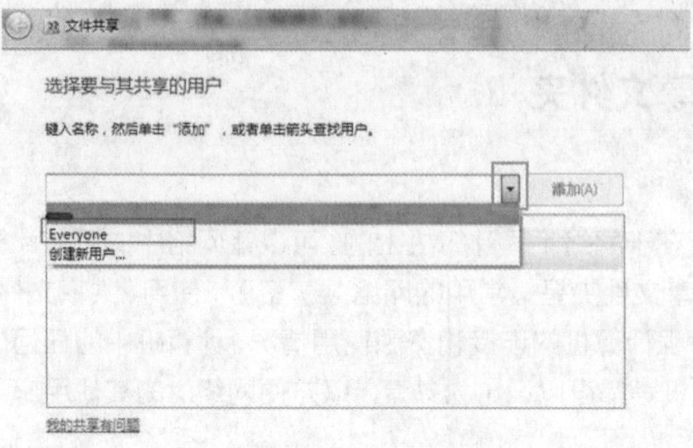


图 5-10　选择要与其共享的用户

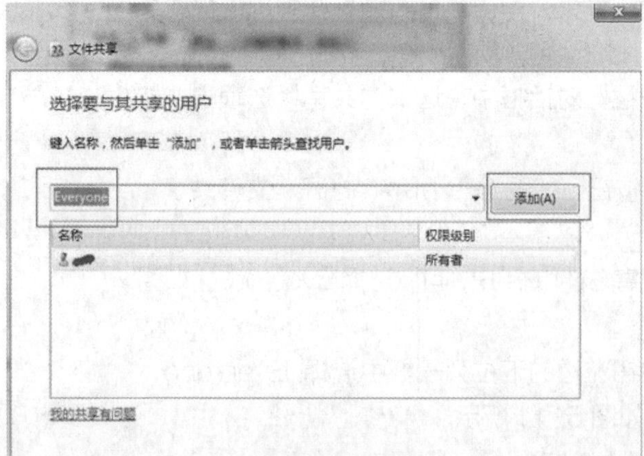


图 5-11　选择共享用户

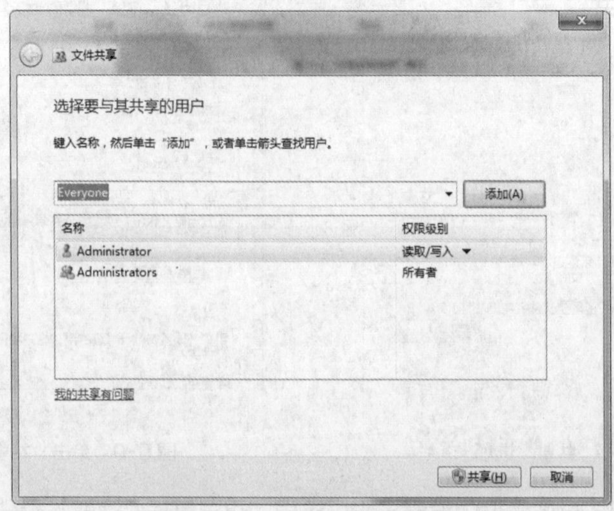


图 5-12　“共享权限选择”窗口

（7）单击“共享”按钮，完成共享。

**【案例 5-3】** 通过“高级共享”设置共享文件夹。

如果在共享文件夹时需要设置更多的选项，可以在案例 5-2 的步骤（3）中单击“高级共享”按钮，打开“高级共享”对话框，如图 5-13 所示。在这里可以更改共享文件的名称和同时共享的用户数（最多 20 个用户）。

要设置更多的权限，可以单击“权限”按钮，打开“权限”对话框，如图 5-14 所示，可以设置共享权限。

图 5-13 “高级共享”对话框

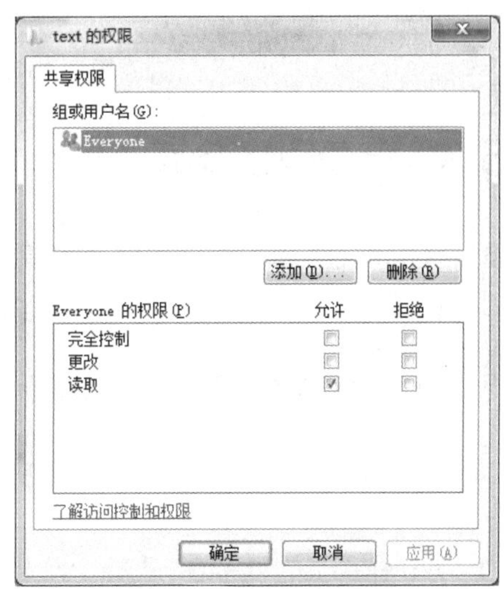


图 5-14 “权限”对话框

**注意** **为了防止他人没有经过授权就访问自己的计算机，建议在 Windows 7 操作系统中不要共享驱动器根（即包含根目录的整个驱动器）。**

### 2. 取消文件夹的共享

若要取消共享文件夹的共享属性，则先用鼠标右键单击要取消共享的文件夹，从弹出的快捷菜单中选择“共享”→“不共享”选项，如图 5-15 所示。

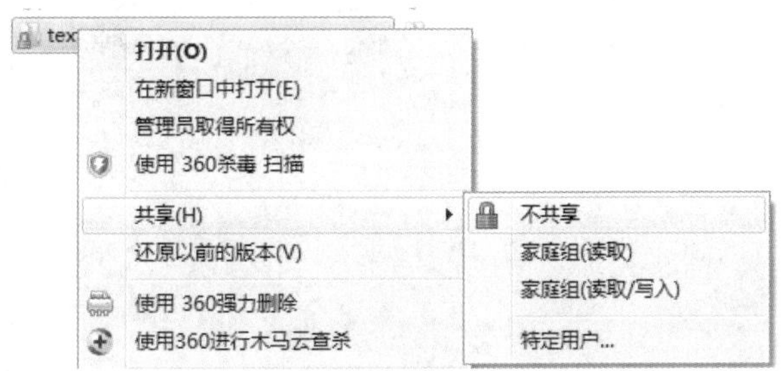


图 5-15 “取消共享”对话框

在弹出的“文件共享”对话框中选择“停止共享”命令，这样就可以将已经共享的文件夹停止共享，如图 5-16 所示。

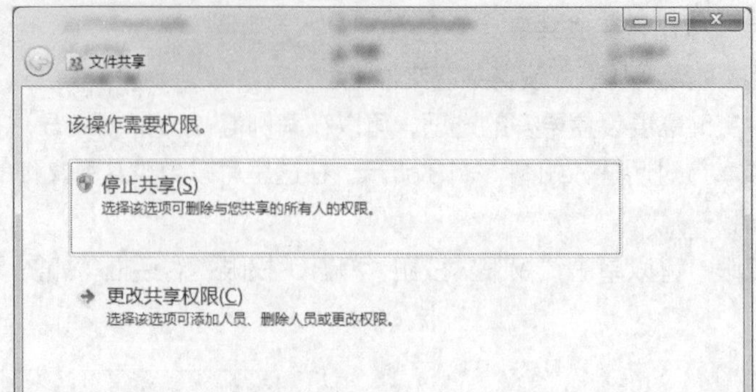


图 5-16 选择“停止共享”命令

## 5.3 查看网络资源

设置完共享文件夹以后，可以访问共享的文件夹，在 Windows 7 中，查看网络资源的主要方法包括：通过网络、通用命名规则（Universal Naming Convention，UNC）名称等。

### 5.3.1 通过网络查看网络资源

Windows 7 采用网络来查看工作组计算机中的共享资源（Windows XP 使用网上邻居），其操作步骤如下。

微课 5-5 通过“网络”访问共享文件夹

（1）双击桌面上的“网络”图标，弹出“网络”窗口，单击“网络”按钮，将显示局域网工作组内所有已经共享的计算机，如图 5-17 所示。

（2）双击要查看的共享文件夹所在的计算机，打开其窗口，如图 5-18 所示。

（3）双击要查看的计算机上的共享文件夹，就可以使用其共享的网络资源。

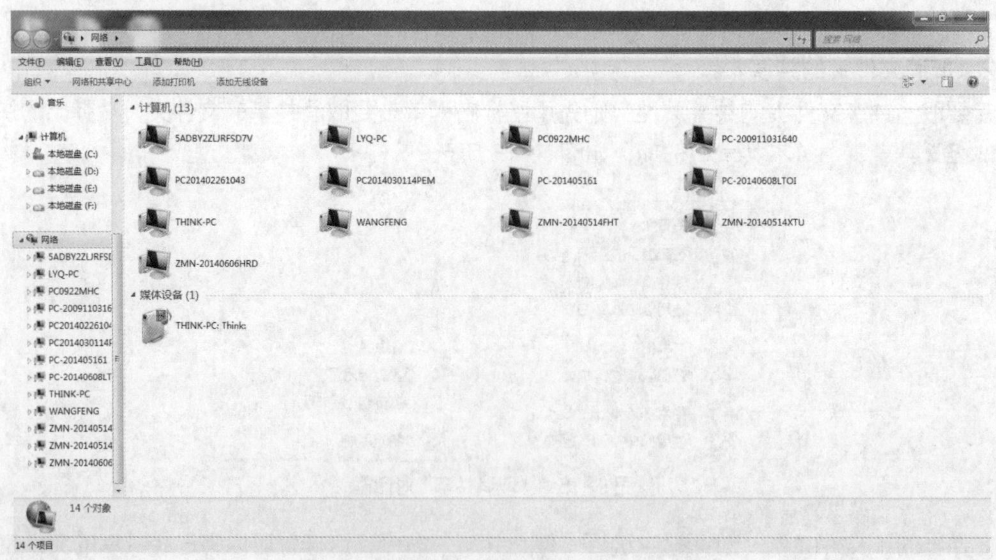


图 5-17 “网络”窗口

图 5-18　查看共享文件夹所在的计算机

## 5.3.2　通用命名规范

通用命名规范（Universal Naming Convention，UNC）用于确定保存在网络服务器上的文件位置。如果知道网络上某个共享资源的具体名称和路径，就可以用 UNC 名称直接打开，如图 5-19 所示。

命令格式为\\计算机名称\共享名称\子目录名称\文件名称。

计算机名称：网络中提供资源的计算机的名称。

共享名称：共享资源名称。

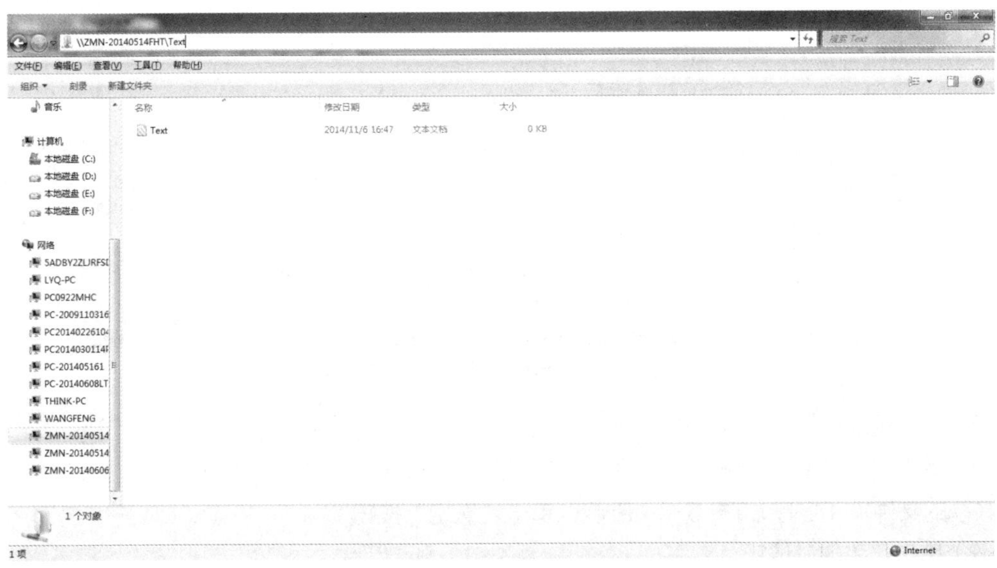

图 5-19　使用 UNC 名称访问共享资源

## 5.4 网络驱动器

为了方便用户使用，从 Windows 98 开始提供一种映射网络驱动器的方法。映射网络驱动器就是将局域网内的一个共享文件夹作为一个虚拟的网络硬盘，然后将该网络硬盘映射到本地计算机，就可以在本地计算机上访问该共享文件夹，但访问的时候是以硬盘的形式，就好像使用本地硬盘一样方便，其具体的方法如下。

微课 5-6 映射网络驱动器方法

在“网络”上找到要使用的网络资源，例如，选择 ZMN 主机上的 Text 文件夹，在该文件加上单击鼠标右键，选择“映射网络驱动器”命令，在打开的“映射网络驱动器”对话框中输入要作为“网络驱动器”的盘符，最后单击“确定”按钮。以后就可以像访问本地硬盘上的资源一样来访问该文件夹。

【案例 5-4】 在网络计算机 ZMN 上有一名为 Text 的文件夹，将其映射到当前计算机，盘符指定为 M，然后将网络驱动器 M 重命名为“网络”。

（1）用鼠标右键单击桌面上的“网络”图标，从弹出的快捷菜单中选择“映射网络驱动器”命令，打开“映射网络驱动器”对话框，如图 5-20 所示。

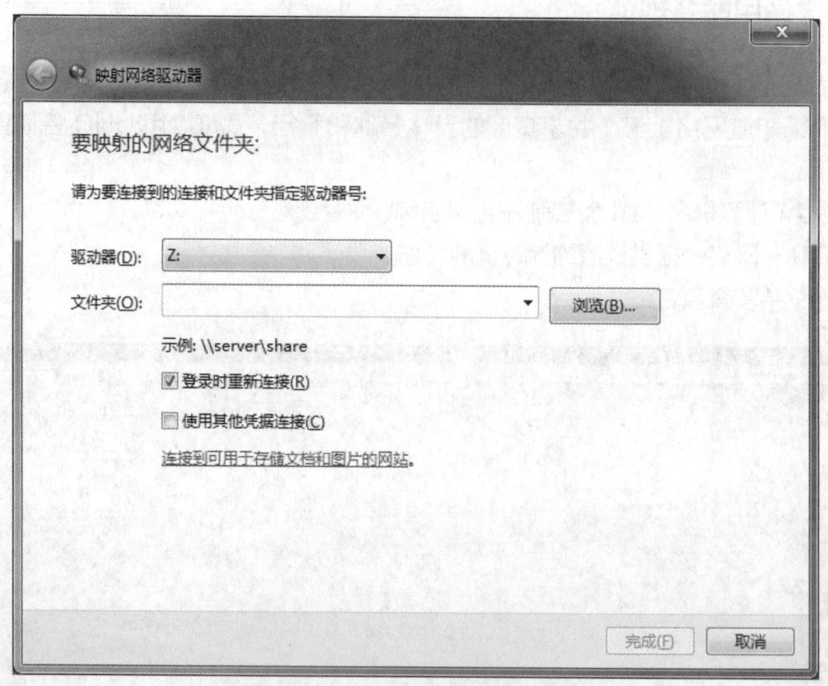


图 5-20 “映射网络驱动器”对话框

（2）从“驱动器”下拉列表中选择“M:”。

（3）单击“文件夹”右侧的“浏览”按钮，打开“浏览文件夹”对话框，选择 ZMN 计算机，选择共享的文件夹 Text，如图 5-21 所示，单击“确定”按钮。

（4）单击“完成”按钮。

（5）在本地计算机上找到盘符 M，单击鼠标右键，在弹出的快捷菜单中选择“重命名”命令，将盘符 M 重命名为“网络”，如图 5-22 所示。

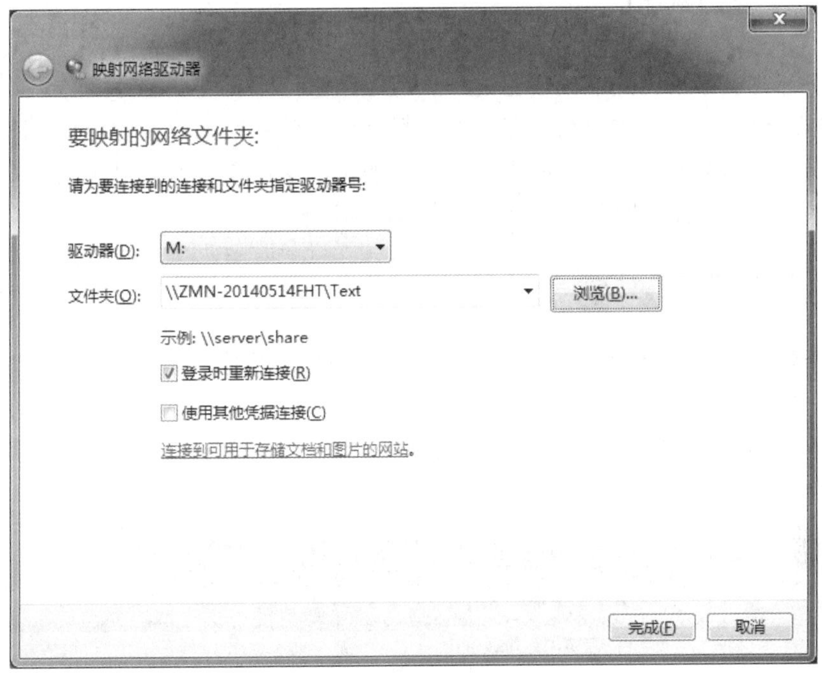


图 5-21　选择驱动器和文件夹

图 5-22　重命名盘符

## 5.5 共享打印机

微课 5-7 共享网络打印机

打印机是计算机最常见的输出设备之一，可以用来打印文件、图片等，是现代办公自动化必不可少的办公设备。如果某单位办公室只配备了一台打印机，多个员工都需要使用，那么共享打印机不但可以满足需求，而且可以节省资金投入。本节将介绍如何通过网络共享使用打印机。

### 5.5.1 设置打印机共享

如果本地计算机已经连接好了打印机，并已经安装了驱动程序，那么设置网络打印机共享的具体步骤如下。

（1）选择“开始”→“所有程序”→“设备和打印机”命令，打开“设备和打印机”窗口，如图 5-23 所示。

图 5-23 打开“设备和打印机”窗口

（2）在要设置共享的打印机上单击鼠标右键，在弹出的快捷菜单中选择“打印机属性”命令，打开“打印机属性”对话框，如图 5-24 所示。

（3）单击“共享”选项卡，选中“共享这台打印机”复选框，设置共享打印机的名称，可以使用默认名，如图 5-25 所示。

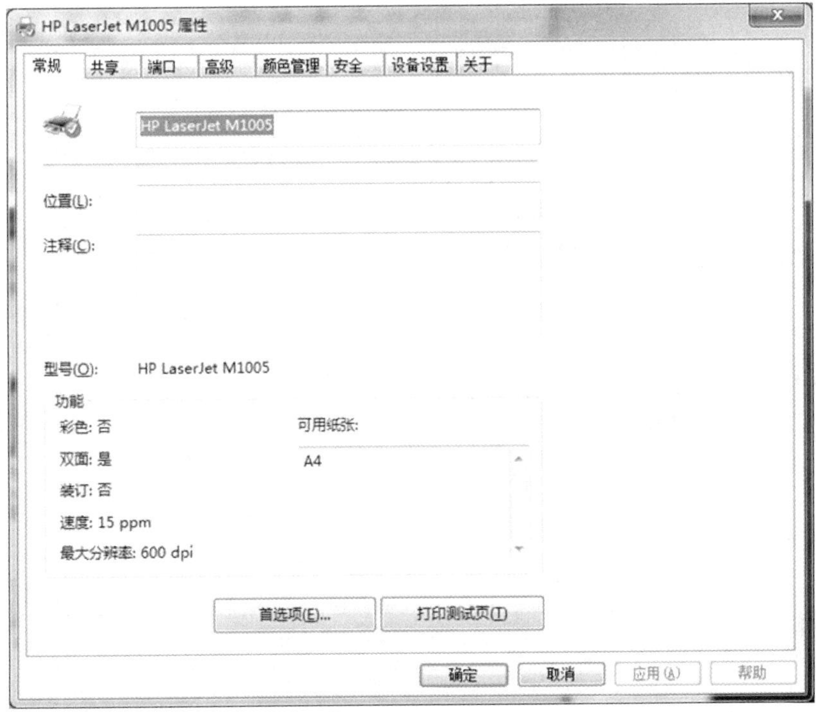


图 5-24 “打印机属性”对话框

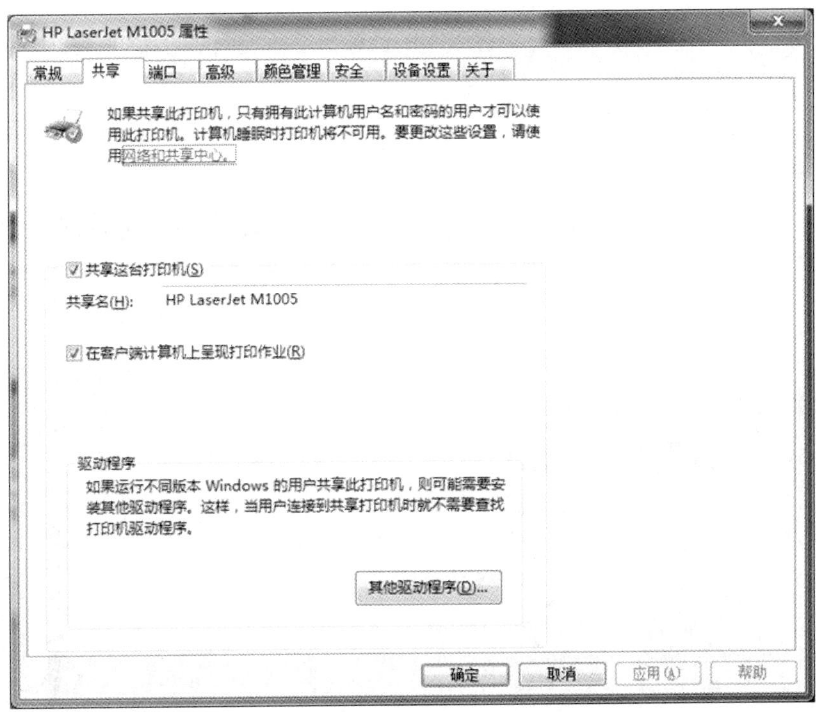


图 5-25 选中“共享这台打印机”复选框

（4）单击“确定”按钮，完成打印机共享的设置，如图 5-26 所示。可以看到打印机界面的状态栏显示为共享设备。

图 5-26　完成打印机共享的设置

### 5.5.2　添加网络打印机

网络用户要获得网络打印服务，需要在联网的计算机上添加网络打印机。在确定安装打印机的计算机正常工作的情况下，按照以下步骤进行。

（1）选择“开始”→“所有程序”→“设备和打印机”命令，打开“设备和打印机”窗口，如图 5-27 所示。

图 5-27　“设备和打印机”窗口

（2）单击“添加打印机”命令，打开“添加打印机”对话框，如图 5-28 所示。

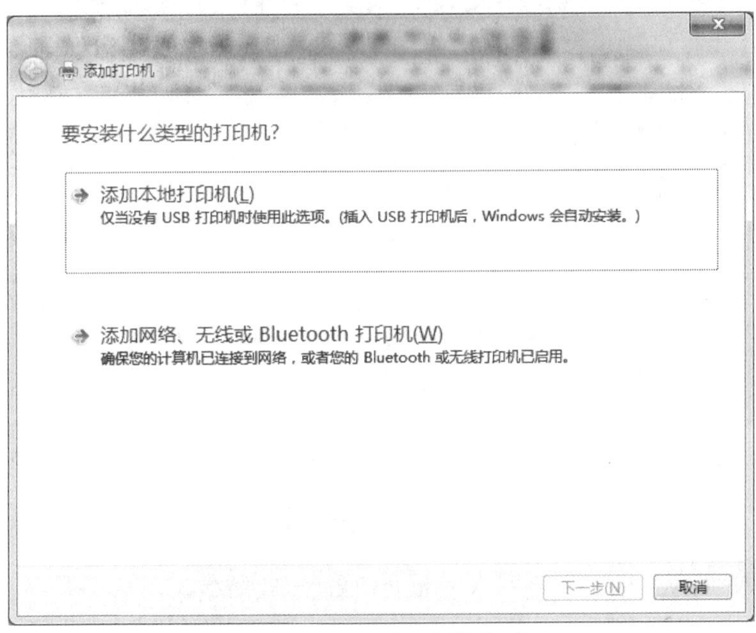


图 5-28　“添加打印机”对话框

（3）选择“添加网络、无线或 Bluetooth 打印机”命令，自动搜索可用的打印机，如图 5-29 所示。

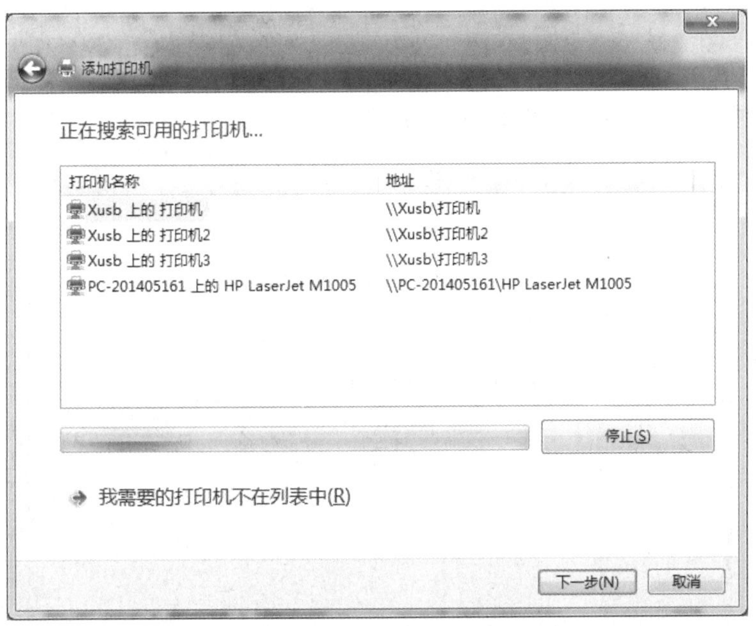


图 5-29　自动搜索打印机

（4）在搜索出的网络打印机中选中要使用的共享打印机，单击“下一步”按钮，如图 5-30 所示。

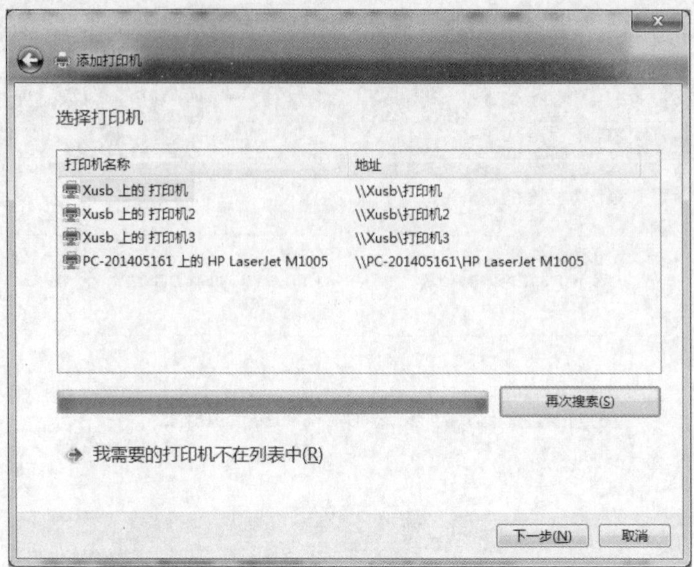


图 5-30　选择打印机

（5）弹出“Windows 打印机安装”对话框，如图 5-31 所示。

图 5-31　“Windows 打印机安装”对话框

（6）自动完成打印机的安装，如图 5-32 所示。

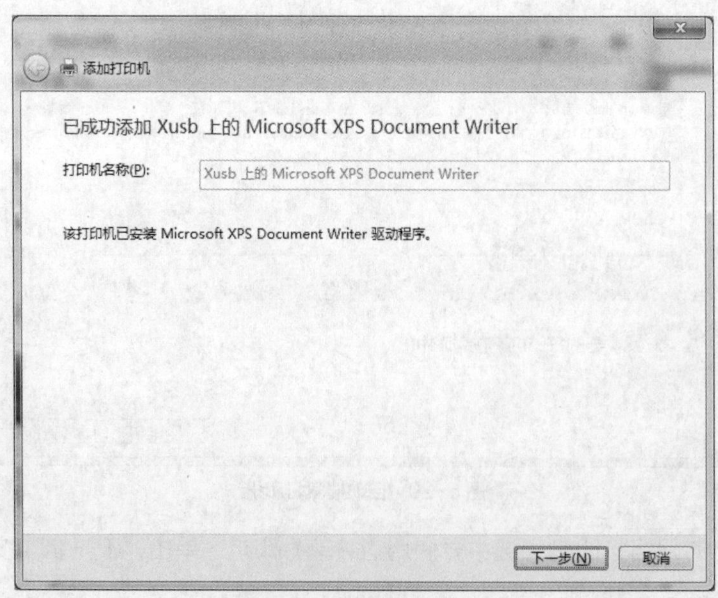


图 5-32　成功添加打印机

（7）单击“下一步”按钮，可以单击“打印测试页”按钮，如图 5-33 所示。

（8）打印测试页，如图 5-34 所示。

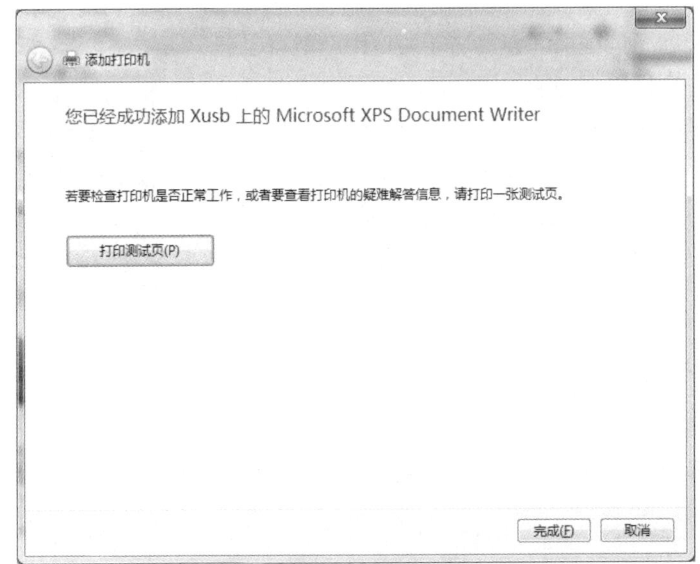


图 5-33　单击“打印测试页”按钮

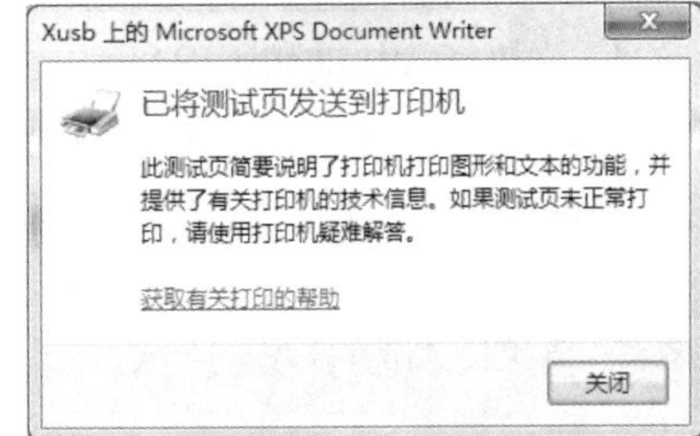


图 5-34　“已将测试页发送到打印机”对话框

（9）完成网络打印机的安装，如图 5-35 所示。

图 5-35　完成安装

## 5.6 远程桌面连接

微课 5-8 远程桌面连接

远程桌面连接是指当一台计算机开启了远程桌面连接功能后，用户就可以在网络的另一端控制这台计算机了，通过远程桌面功能，用户可以实时操作这台计算机，在上面安装软件、运行程序，都好像是直接在该计算机上操作一样。这就是远程桌面的最大功能。通过该功能，网络管理员可以在家中安全地控制单位的服务器，而且由于该功能是系统内置的，所以比第三方远程控制工具使用更方便、更灵活。远程桌面连接是由 Telnet 发展而来的，通俗地讲，它就是图形化的 Telnet。本节将介绍远程桌面连接的方法。

**1. 允许远程协助和远程桌面**

Windows 系列操作系统默认都是禁用远程协助和远程桌面的，所以，要想使用远程桌面，就必须先将本地计算机的远程协助和远程桌面设为允许，其操作步骤如下。

（1）在桌面的“计算机”图标上单击鼠标右键，在弹出的快捷菜单中选择“属性”命令，打开“系统”窗口，如图 5-36 所示。

图 5-36 “系统“窗口

（2）单击左侧的“远程设置”命令，打开“系统属性”对话框，如图 5-37 所示。

（3）选中“允许远程协助连接这台计算机”复选框，同时可以选择“远程桌面”下面的选项，共有 3 个单选项。

- 不允许连接到这台计算机。
- 允许运行任意版本远程桌面的计算机连接。
- 仅允许运行使用网络级别身份验证的远程桌面的计算机连接。

本书选择第 3 项，完成远程协助与远程桌面的设置。

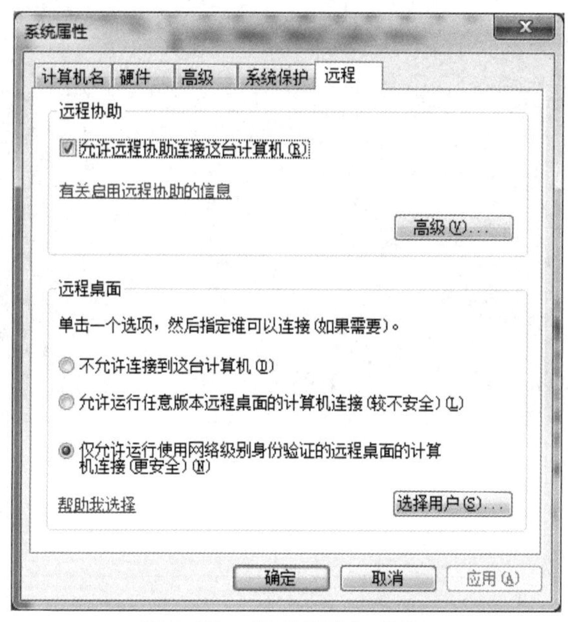


图 5-37 “系统属性”对话框

## 2. 远程访问网络计算机

设置好远程协助和远程桌面以后，便可以远程控制要访问的网络计算机了，其操作步骤如下。

（1）选择“开始”→“所有程序”→“附件”→“远程桌面连接”命令，打开“远程桌面连接”窗口，如图 5-38 所示。

（2）输入要访问的网络计算机的 IP 地址或者计算机名，单击“连接”按钮，弹出“是否信任此远程连接”对话框。

（3）单击“是”按钮，弹出“Windows 安全”对话框，如图 5-39 所示。

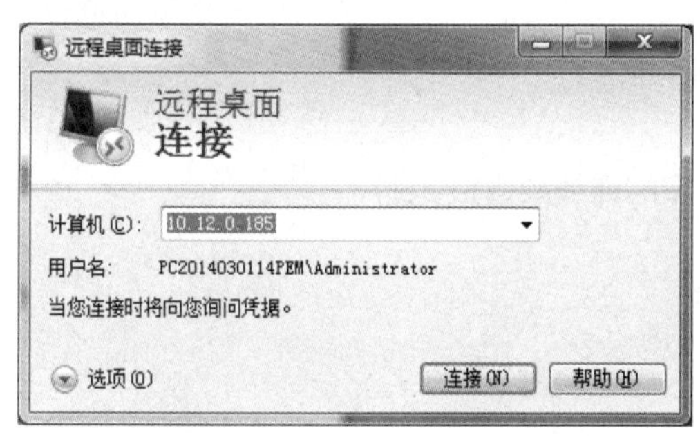


图 5-38 “远程桌面连接”窗口

图 5-39 “Windows 安全”对话框

（4）输入网络计算机的用户名和密码，单击“确定”按钮，就可以远程访问网络计算机了，如图 5-40 所示。

图 5-40 “远程访问网络计算机”窗口

## 5.7 实训

### 5.7.1 实训 1：局域网测试命令

**实训目的**

(1) 掌握 Ping、IPConfig、net view 命令的功能及一般用法。

(2) 能应用上述命令连通网络、配置网络和查看网络列表。

**实训内容及步骤**

1. Ping 命令

利用 Ping 命令对某个已知 IP 地址或域名的计算机进行连通查询，对查询结果进行分析并做好记录。

(1) Ping 回送地址，验证本地计算机上是否安装了 TCP/IP 以及配置是否正确。

(2) Ping 本地已知的计算机的 IP 地址，验证该计算机是否正确添加到网络。

(3) Ping 默认网关的 IP 地址，验证默认网关是否运行以及能否与本地网络上的本地主机通信。

(4) Ping 远程主机的 IP 地址，验证能否通过路由器通信。

2. IPConfig 命令

使用带/all 选项的 IPConfig 命令时，将给出所有接口的详细配置报告。

3. net view 命令

查看由 \\12-12 计算机共享的资源列表，请输入：

net view \\12-12

查看 student11 域的计算机列表，请输入：

net view /domain:student11

**实训总结**

实训过程中常出现的问题如下。

（1）当输入的命令不正确时，提示：

这不是内部或外部命令，不是可执行的程序或批处理文件

（2）当不存在网络中指定的计算机时，提示：

Unknown host　×××××

（3）当网络未连通时，出现提示：

Request timed out

## 5.7.2　实训 2：网络资源共享

**实训目的**

（1）学会使用共享文件夹。

（2）学会使用网络、net 命令、UNC 名称。

（3）学会设置网络驱动器。

（4）学会共享打印机的设置方法，以及网络打印机的连接方法。

（5）熟练掌握远程桌面连接的方法。

**实训内容与步骤**

1．共享文件夹

在计算机 D 盘创建一个名为“图片”的文件夹，并将其设为共享文件夹。

2．使用网络

通过网络查看创建的“图片”共享文件夹。

3．使用 net 命令

（1）使用 net view 命令查看计算机的共享资源。

命令格式：net view 计算机名

（2）net share。

该命令用于显示本地计算机上的所有共享资源，其中包含隐藏的共享资源。

4．使用 UNC 名称

如果知道网络上某个共享资源的具体名称和路径，就可以使用 UNC 命令直接打开。命令格式如下。

\\计算机名称\共享名称\子目录名称\文件名称

5．设置网络驱动器

在“网络”上找到要使用的网络资源，例如，选择共享主机上的“图片”文件夹，在它的上面单击鼠标右键，在弹出的快捷菜单中选择“映射网络驱动器”选项，在打开的对话框中输入“网络驱动器”，最后单击“确定”按钮，就可以在“计算机”中利用该网络驱动来访问该文件夹。

6．设置网络打印机

添加一台本地打印机，并将其共享设为网络打印机，从其他主机添加这台网络打印机。

7．远程访问

通过一台计算机访问远程计算机。

**实训总结**

共享资源的使用方法多种多样，用户可以根据不同的条件和个人的喜好选择不同的方法。

## 5.8 习题

**1. 单项选择题**

(1) Ping 命令的参数-t 用于(　　)。

A. 不断向指定计算机发送报文　　B. 将 IP 地址解析为计算机名

C. 指定发送报文的数量　　D. 指定发送数据的大小

(2) Ping 127.0.0.1 用于(　　)。

A. 验证 TCP/IP 是否配置正确

B. 验证本地计算机是否添加到网络

C. 验证是否能与本地网络上的本地主机通信

D. 验证是否与其他计算机连通

(3) 执行 Ping 10.12.0.1 -t 命令时，中断命令按(　　)组合键。

A. Ctrl+Break　　B. Ctrl+C　　C. Ctrl+B　　D. Ctrl+A

(4)(　　) 命令可以显示当前的 TCP/IP 配置的值。

A. IPConfig　　B. Ping　　C. Net View　　D. Net Share

(5)(　　) 命令用于显示本地计算机上的所有共享资源，其中包括隐藏的共享资源。

A. IPConfig　　B. Ping　　C. Net View　　D. Net Share

**2. 多项选择题**

(1) 以下途径能访问共享的网络资源的是(　　)。

A. 网络驱动器　　B. 网上邻居　　C. UNC 查看　　D. Ping 命令实现

(2) 执行 IPConfig 命令能够查看(　　)。

A. 主机名　　B. 主机 IP 地址　　C. 主机物理地址　　D. 主机 CPU 大小

**3. 判断题**

(1) 远程桌面连接没有用户名和密码也可以匿名登录他人计算机。(　　)

(2) 设为网络驱动器的共享资源在重启计算机后依然连接。(　　)

(3) UNC 可以确定保存在网络服务器上的文件位置。(　　)

(4) net view 命令用于显示域、计算机或指定计算机的共享资源列表。(　　)

**4. 操作题**

向 IP 地址 10.12.0.100 发送 10 个数据包，大小为 80 字节，以测试本地计算机是否与主机 10.12.0.100 连通，然后分析返回的结果。

# 第 6 章 用Windows Server 2012构建C/S局域网

06

前面章节主要介绍了对等网的组建和应用，但是对等网连接的计算机一般不超过 10 台，适用于家庭、校园或比较小型的办公网络，如果要组建一个功能较多的大中型网络，对等网的效率就会有所降低，甚至无法实现，这时就需要组建 C/S 结构的非对等网。本章主要介绍 C/S 局域网的基本概念，重点介绍 Windows Server 2012 服务器的设置。

## 学习目标

- 了解 C/S 局域网的基本概念
- 安装 Windows Server 2012 操作系统
- 配置 Windows Server 2012 服务器
- 配置 DNS 服务器
- 配置 DHCP 服务器
- 配置 Web 服务器

## 学习情境引入

东方电子商务有限公司为加强管理、提高工作效率及保证公司机密数据安全，公司领导决定搭建网络服务器，发展网络基础设施，以实现网络结构化管理，获取更高的安全性，增强公司发展的可扩展性，实现共享文件夹、打印机等网络资源的集中管理，以及各部门资源、员工的统一管理。请同学们在学习完本章内容后，为东方电子商务有限公司组建符合公司发展的 C/S 局域网。

## 6.1 C/S 局域网概述

C/S 局域网采用不同于对等网的结构和工作模式。网络中有专门的服务器，通常使用 Windows Server 2012 操作系统。与对等网相比，C/S 局域网的功能更强大、性能更安全、使用更广泛，多见于大中型企业、政府部门、学校、医院及网吧等场合。

在 C/S 局域网中，联网的计算机有明确的分工，服务器采用高配置与高性能的计算机，以集中方式管理局域网的共享资源，并为网络工作站提供各类服务。客户机一般是配置比较低的计算机，通过相应的网络硬件设备与服务器连接，主要为本地用户访问本地资源与访问网络资源提供服务。客户机既可与服务器通信，也可以在无服务器参与的情况下，与其他客户机通信。

## 6.2 安装 Windows Server 2012 R2 操作系统

Windows Server 2012 R2 是基于 Windows 8.1 以及 Windows RT 8.1 界面的新一代 Windows Server 操作系统，提供企业级数据中心和混合云解决方案，特点是易于部署、具有成本效益、以应用程序为重点、以用户为中心。

微课 6-1 安装 Windows Server 2012 R2 操作系统

Windows Server 2012 R2 位于 Microsoft 云操作系统版图的中心地带，能够提供全球规模的云服务，在虚拟化、管理、存储、网络、虚拟桌面基础结构、访问和信息保护、Web 和应用程序平台等方面具备多种新功能和增强功能。

### 6.2.1 安装准备

服务器是整个局域网的核心，在安装服务器操作系统之前，要对系统的安装要求有所了解，以利于正确地安装系统。

**1. 硬件要求**

网络服务器是整个网络的大脑，其配置要满足网络的需要。网络服务器建议的最低配置为：CPU 3GHz 以上，内存 8GB 以上，硬盘空间 80GB 以上，带 DVD-ROM 光驱及高级显示器。

**2. 选择安装方式**

在安装 Windows Server 2012 时，可以选择“全新安装”或“升级安装”。全新安装分为在现有操作系统上全新安装和用安装光盘引导启动全新安装，升级安装是在现有操作系统上升级安装。

如果执行全新安装，则必须指定新的设置并重新安装现有软件。计算机中可以同时有多个操作系统共存，多个操作系统只要不安装在同一个逻辑盘中，就不会影响原操作系统和应用程序。如果只想安装 Windows Server 2012 操作系统，则可以将硬盘重新分区并格式化，然后用安装光盘引导启动全新安装。

### 6.2.2 安装过程

下面简要介绍用安装光盘引导启动全新安装 Windows Server 2012 Enterprise（企业版）操作系统的方法。安装步骤如下。

（1）将 Windows Server 2012 安装光盘放入光驱，然后在 BIOS 中将计算机的启动顺序更改为从 CD-ROM 引导计算机。计算机重启后，会直接进入 Windows Server 2012 安装程序的输入语言和其他首选项界面，如图 6-1 所示。

（2）选择要安装的语言、时间和货币格式及键盘和输入方法后，单击“下一步”按钮，在出现的图 6-2 所示的界面中，单击“现在安装”按钮。

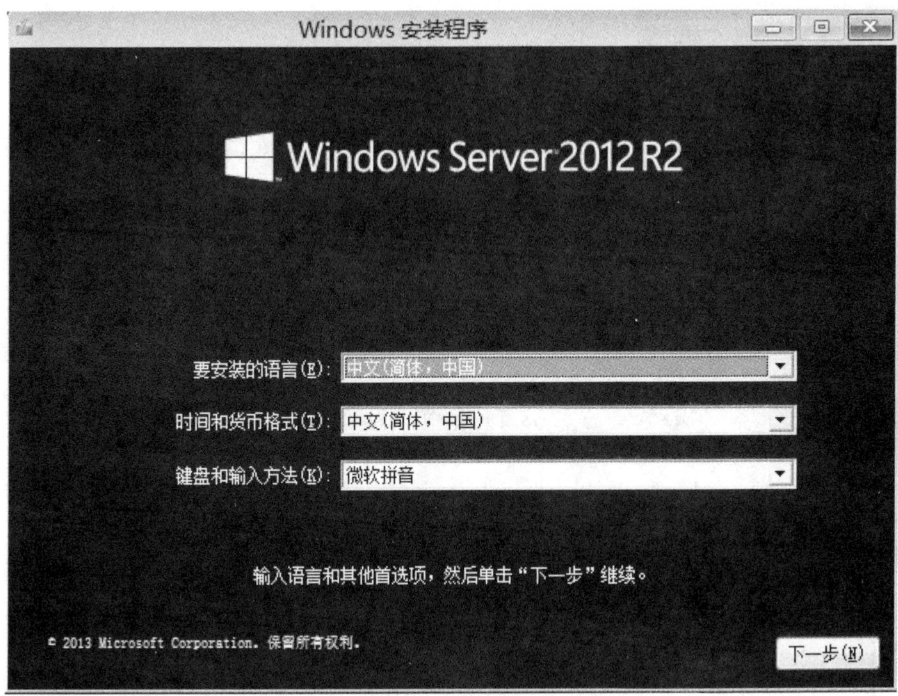

图 6-1　输入语言和其他首选项界面

图 6-2　单击“现在安装”按钮

（3）在“选择要安装的操作系统”界面中，选择要安装的操作系统版本，本书选择第 2 个选项“带有 GUI 的服务器”，并单击“下一步”按钮，如图 6-3 所示。

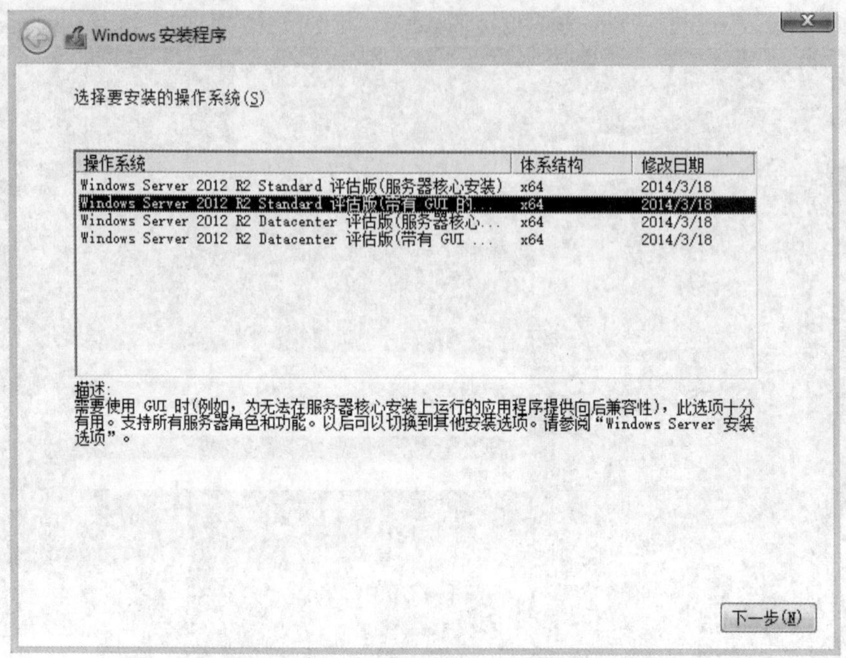


图 6-3 “选择要安装的操作系统”对话框

（4）在“许可条款”对话框中，选择“我接受许可条款”复选框，并单击“下一步”按钮，如图 6-4 所示。

图 6-4 “许可条款”对话框

（5）在“你想执行哪种类型的安装？”对话框中，选择“自定义：仅安装 Windows（高级）”选项，如图 6-5 所示。

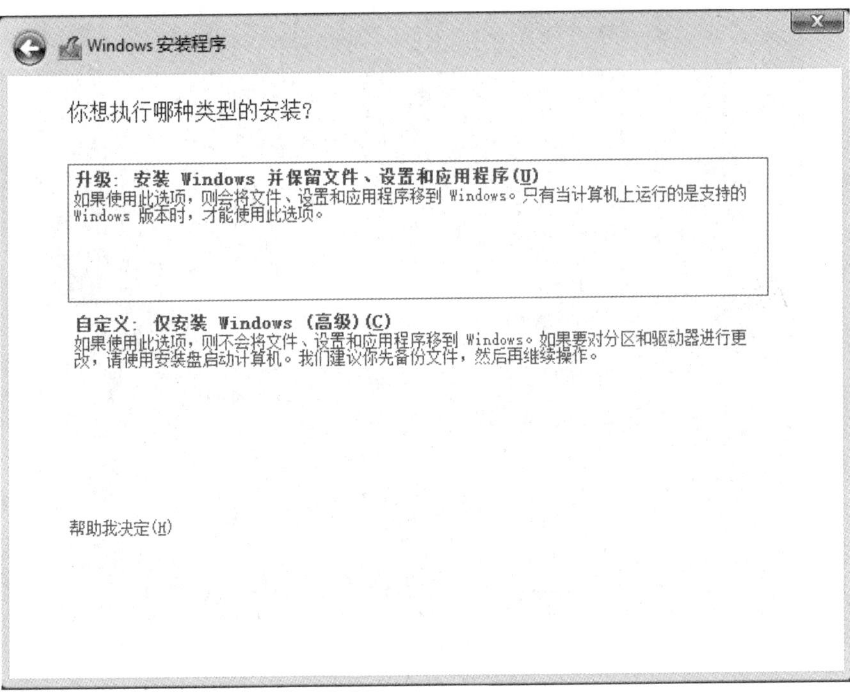


图 6-5 “你想执行哪种类型的安装？”对话框

（6）系统开始进行安装，并提示安装程序已经进行到哪个步骤，如图 6-6 所示。

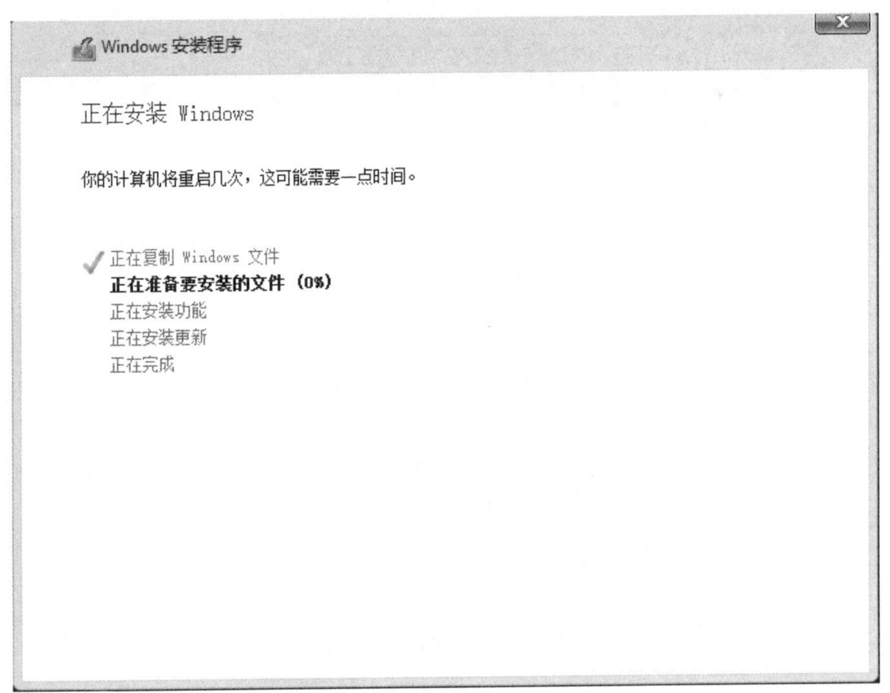


图 6-6 “正在安装 Windows”对话框

（7）用户首次登录之前必须更改 Administrator（用户）的密码，设置 Administrator 的新密码和确认密码，如图 6-7 所示。

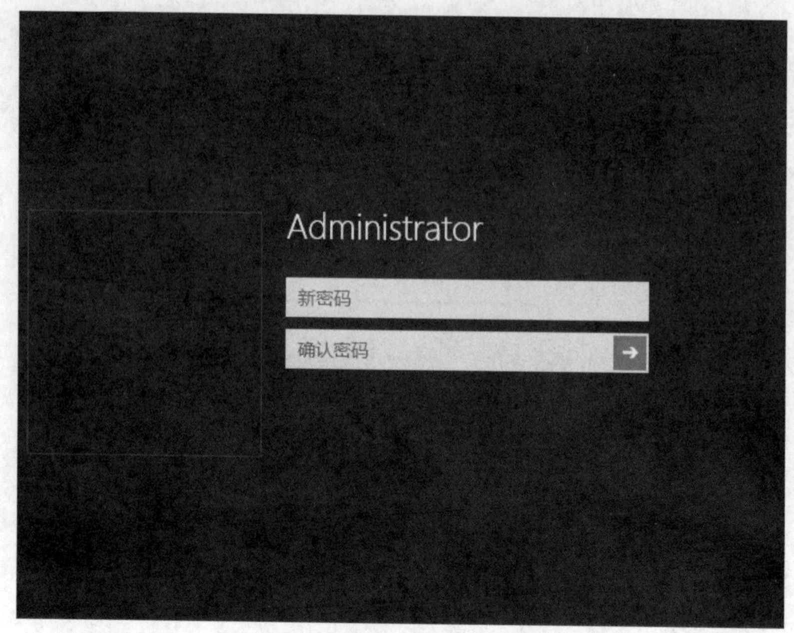


图 6-7 设置 Administrator 的密码

（8）单击密码框后的箭头或按 Enter 键，系统进入欢迎界面，会显示“服务器管理器”窗口，系统安装完成，如图 6-8 所示。

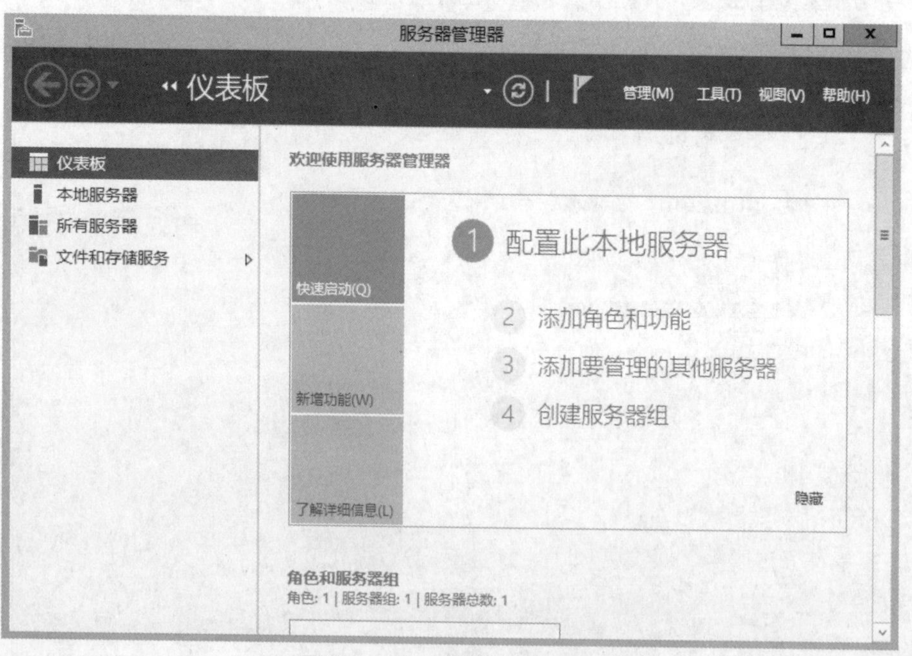


图 6-8 “服务器管理器”窗口

## 6.3 配置 Windows Server 2012 服务器

Windows Sever 2012 安装完成后，需要进行一些配置才能使之成为相应的服务器。当

Administrators 组的成员登录到计算机时，系统将默认打开“初始配置任务”窗口，在该窗口中可以通过“添加角色”配置服务器角色，也可执行“开始”→“程序”→“管理工具”→“服务器管理器”命令，打开“服务器管理器”窗口，通过“添加角色”配置服务器角色。

## 6.3.1 服务器角色概述

Windows Server 2012 提供了 17 种服务器角色，下面简单介绍其中主要的几种服务器角色。

**1. 文件服务器角色**

文件服务器提供了实现存储管理、文件复制、分布式命名空间管理、快速文件搜索和简化的客户端文件访问等技术。如果计划使用本计算机上的磁盘空间存储、管理和共享诸如文件和网络访问的应用程序的信息，则可将计算机配置为文件服务器。

**2. 文档和打印服务器角色**

打印服务器提供了管理打印机访问权限的技术，可以通过集中打印机管理任务来减少管理工作负荷。如果打印业务较多，则可将计算机配置为打印服务器。

**3. 应用程序服务器角色**

应用程序服务器用于托管和管理高性能分布式业务应用程序。例如，.NET Framework、Web 服务器支持、消息队列、COM+、Windows Communication Foundation 和故障转移群集等的集成服务，有助于在整个应用程序生命周期（从设计与开发直到部署与操作）中提高工作效率。

**4. 终端服务器角色**

终端服务器允许用户从几乎任何计算设备访问安装在终端服务器上的基于 Windows 的程序，或访问 Windows 桌面本身，用户还可连接到终端服务器来运行程序并使用该服务器上的网络资源，就像使用自己计算机中的资源一样。

**5. 域控制器角色**

域控制器可存储目录数据，管理有关域上的用户、计算机和其他设备的信息，并促使在用户之间实现资源共享和协作。如果计划提供 Active Directory 目录服务以管理用户和计算机，可将服务器配置为域控制器。

**6. DNS 服务器角色**

DNS 是在 Internet 上使用的 TCP/IP 域名解析服务，它提供一种将名称与 Internet IP 地址相关联的方法，这样，用户就可以使用容易记住的名称来代替一长串数字（IP 地址）来访问网络计算机。如果计划使用域名访问 Internet 上的资源，则可将服务器配置为 DNS 服务器。

**7. DHCP 服务器角色**

DHCP 旨在通过服务器来集中管理网络上使用的 IP 地址和其他相关配置详细信息，以减少地址管理配置的复杂性。如果计划为计算机及其他基于 TCP/IP 的网络设备自动提供有效的 IP 地址及这些设备所需的其他配置参数，则可将服务器配置为 DHCP 服务器。

**8. Web 服务器角色**

Web 服务器包括因特网信息服务（Internet Information Services，IIS）7.0，它是一种集成了 IIS、ASP.NET、Windows Communication Foundation 和 Windows SharePoint Services 的统一 Web 平台。使用 IIS 7.0 可以允许网络上的用户访问 Internet、Intranet 或 Extranet 上的信息资源。如果计

划让网络上的用户访问相关 Web、FTP 网站，则可以将服务器配置为 Web 服务器。

### 6.3.2 配置 DNS 服务器

DNS 是一种组织成域层次结构的命名计算机和网络服务的系统。当用户在应用程序中输入 DNS 名称时，DNS 服务可以将此名称解析为与此名称相关的 IP 地址信息。DNS 服务器完成将主机名称转换为 IP 地址的工作，将主机名称转换为 IP 地址的过程被称为主机名称解析（域名解析）。

微课 6-2 配置 DNS 服务器

【案例 6-1】配置 DNS 服务器

实训环境：

Benet 公司是一家新成立的公司，该公司的局域网内没有 DNS 服务器，所有计算机都使用 ISP 的 DNS 服务器（202.106.0.20）。Benet 公司计划搭建一台 DNS 服务器，为公司内部创建一个 benet.com 区域，并为公司的服务器建立主机记录，使用户能使用全限定域名（Fully Qualified Domain Name，FQDN）访问这些服务器，同时该 DNS 服务器能为内网用户解析公网域名。

需求描述：

- 添加 DNS 角色服务，搭建 DNS 服务器。
- 创建区域，添加主机记录，实现局域网内部的域名解析。
- 设置转发器，使其指向公网 DNS 服务器。实现公网域名的解析。

配置 DNS 服务器的步骤如下。

**1. 添加 DNS 服务器角色**

（1）单击“开始”菜单中的“服务器管理器”图标，如图 6-9 所示。

图 6-9 “开始”菜单

（2）在“服务器管理器”窗口中单击“添加角色和功能”命令，如图 6-10 所示。

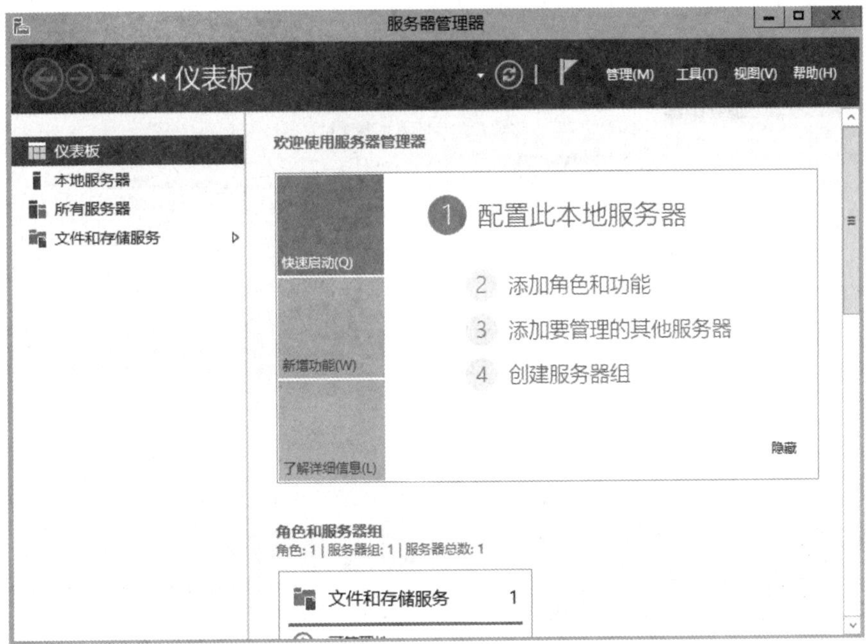


图 6-10 “服务器管理器”窗口

（3）在“添加角色和功能向导”窗口中单击“下一步”按钮，如图 6-11 所示。

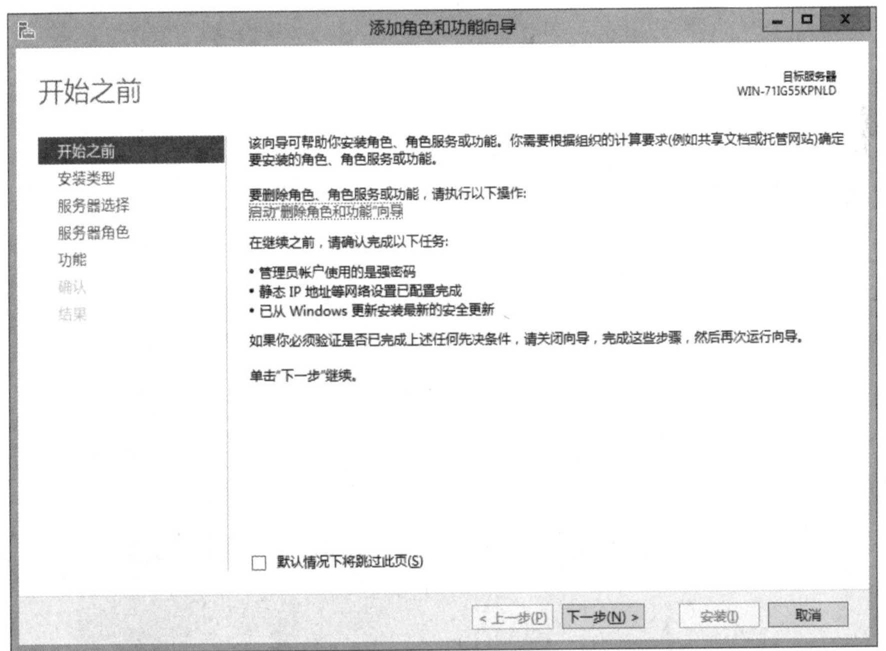


图 6-11 “添加角色和功能向导”窗口

（4）在“选择安装类型”窗口中选择“基于角色或基于功能的安装”单选项，单击“下一步”按钮，如图 6-12 所示。

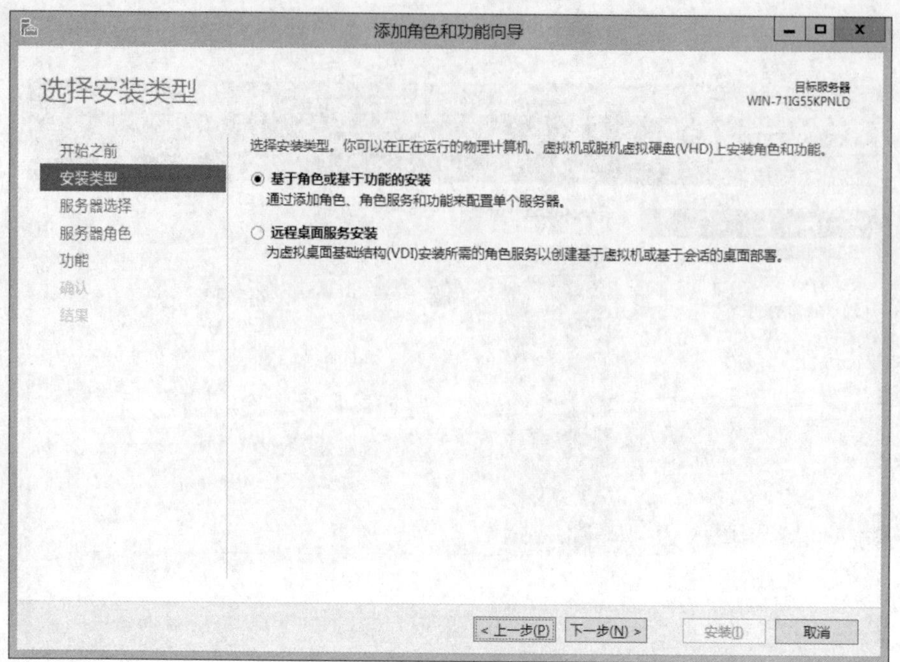


图 6-12 “选择安装类型”窗口

（5）在“选择目标服务器”窗口中选择“从服务器池中选择服务器”单选项，单击“下一步”按钮，如图 6-13 所示。

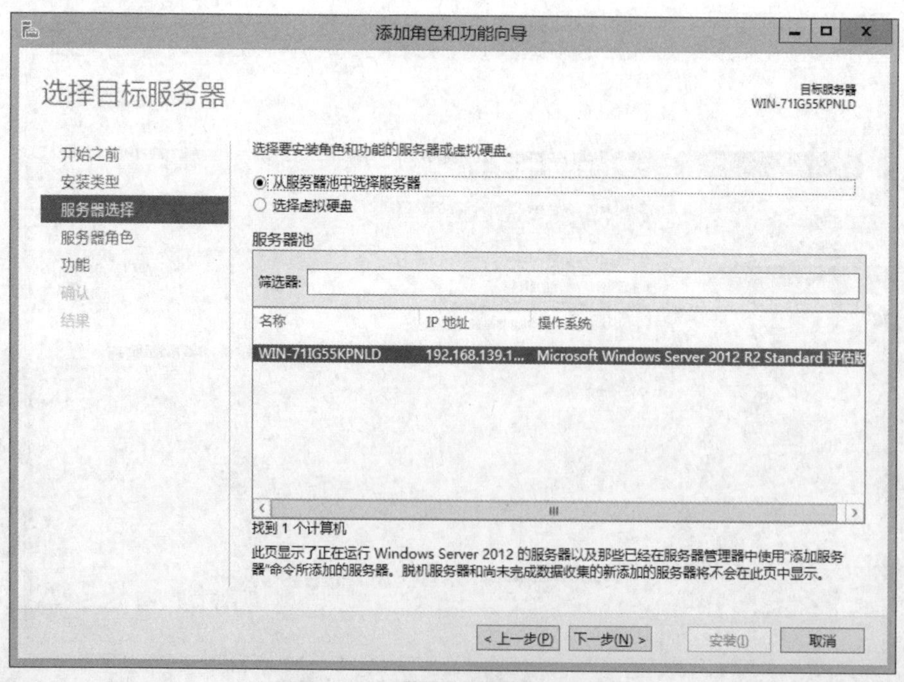


图 6-13 “选择目标服务器”窗口

（6）在“选择服务器角色”窗口中选择“DNS 服务器”复选框，单击“下一步”按钮，如图 6-14 所示。

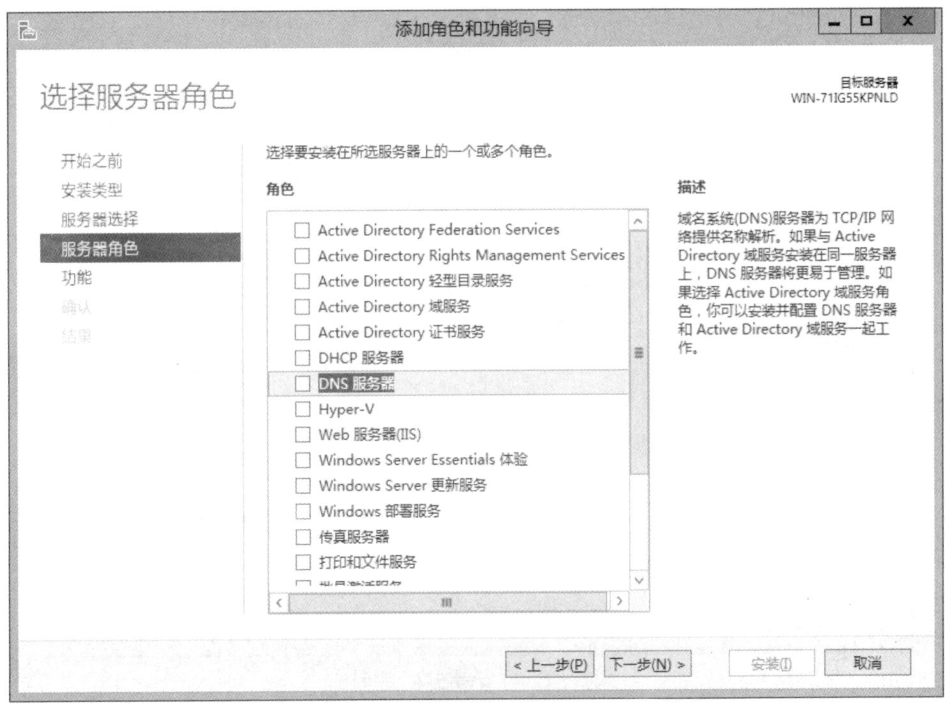

图 6-14 “选择服务器角色”窗口

（7）在“选择功能”窗口中选择需要的服务器功能，单击“下一步”按钮，如图 6-15 所示。

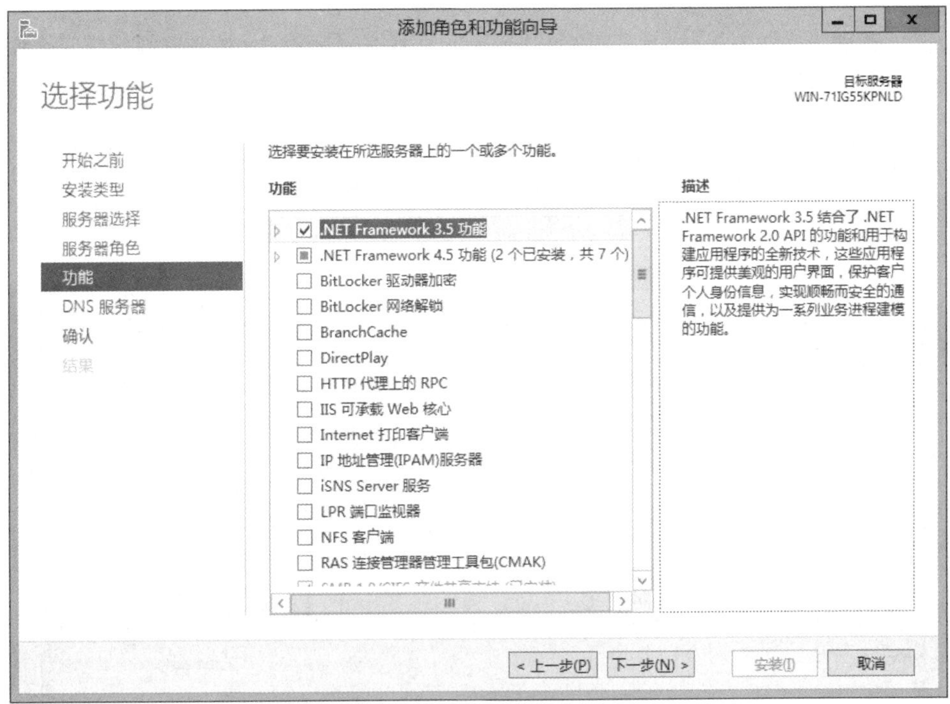

图 6-15 “选择功能”窗口

（8）依次单击“下一步”→“安装”→“关闭”按钮，完成安装，如图 6-16 所示。

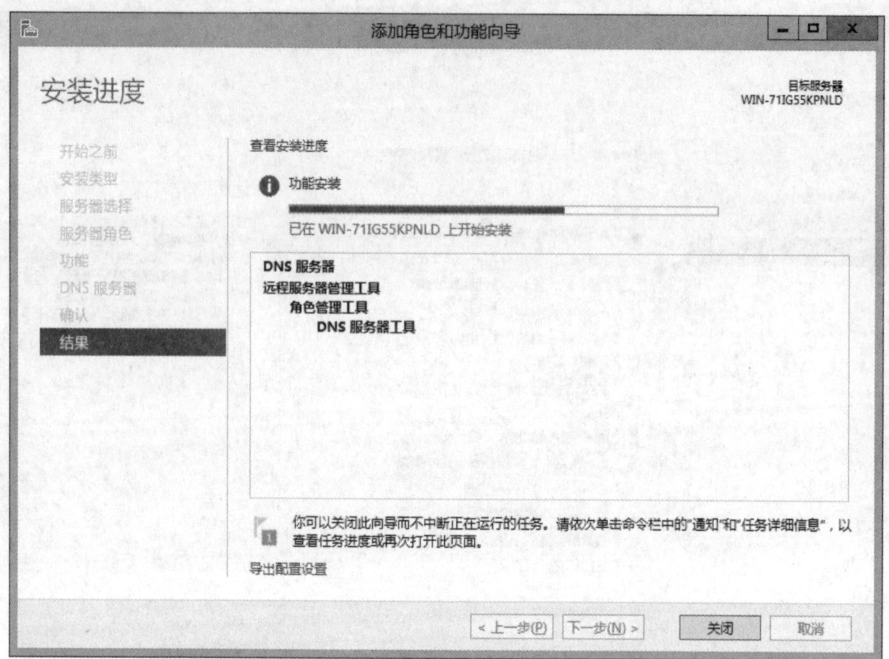


图 6-16 “安装进度”窗口

## 2. 创建区域，添加主机记录

区域是基于 DNS 的域名层次管理，是域名空间中一个连续的部分，一个 DNS 服务器可以有多个区域，用于分布负荷或容错。

（1）从“管理工具”中双击 DNS 图标打开“DNS 管理器”窗口，展开左侧窗格节点树，用鼠标右键单击“正向查找区域”，如图 6-17 所示，在弹出的快捷菜单中选择“新建区域”命令。

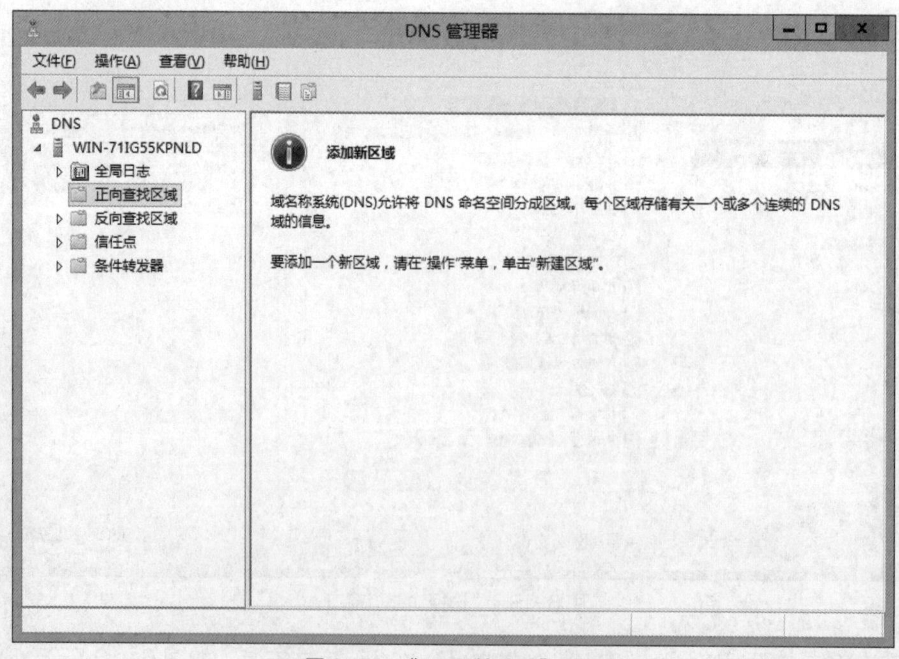


图 6-17 “DNS 管理器”窗口

（2）在“区域类型”对话框中，选择“主要区域”单选项，单击“下一步”按钮，如图 6-18 所示。

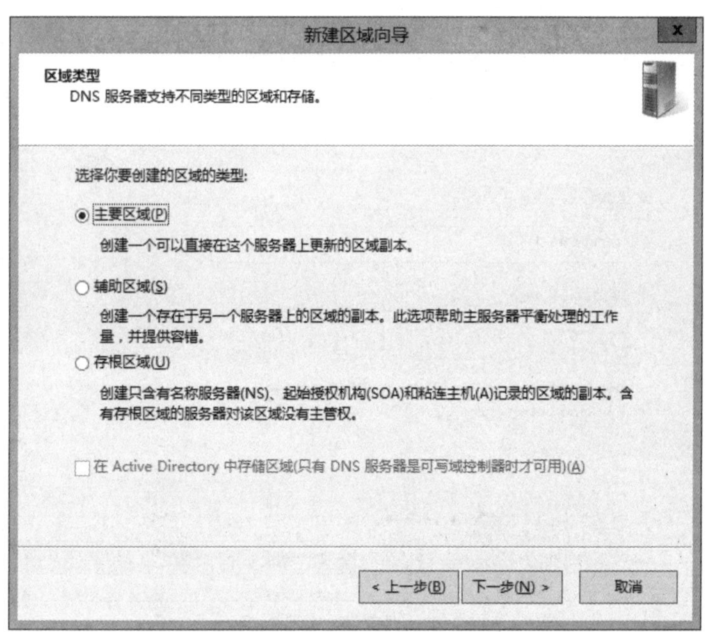

图 6-18 “区域类型”对话框

（3）在“区域名称”对话框中输入区域名称 benet.com，单击“下一步”按钮，如图 6-19 所示。

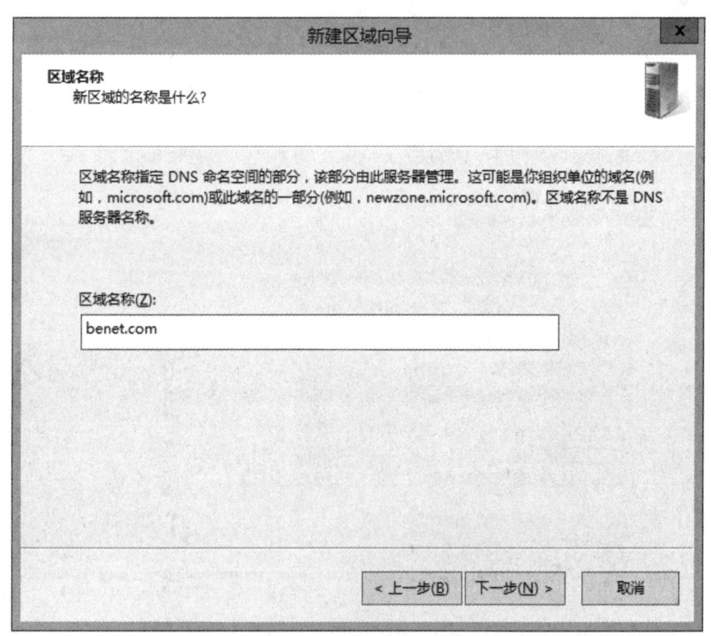

图 6-19 “区域名称”对话框

（4）在“区域文件”对话框中选择“创建新文件”，文件名为单选项，文件名使用的默认文件名，单击“下一步”按钮，如图 6-20 所示。

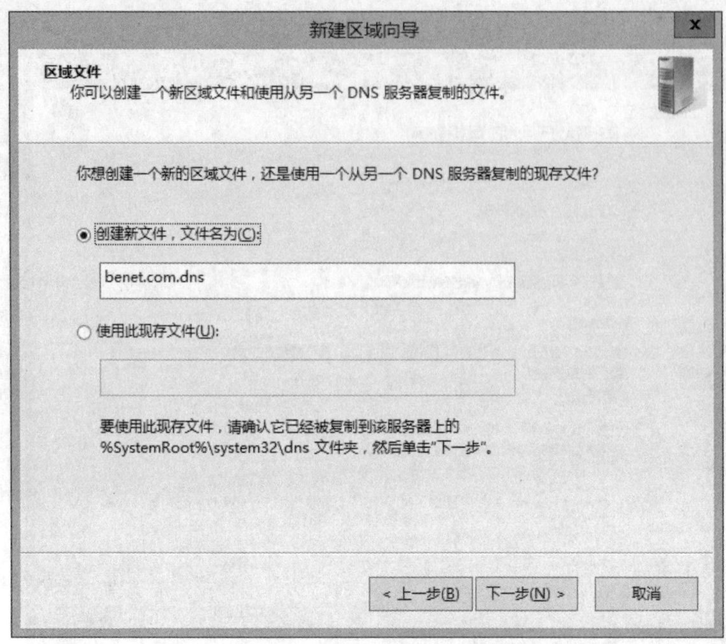


图 6-20 “区域文件”对话框

（5）在“动态更新”对话框中选择“不允许动态更新”单选项，单击“下一步”按钮，如图 6-21 所示。

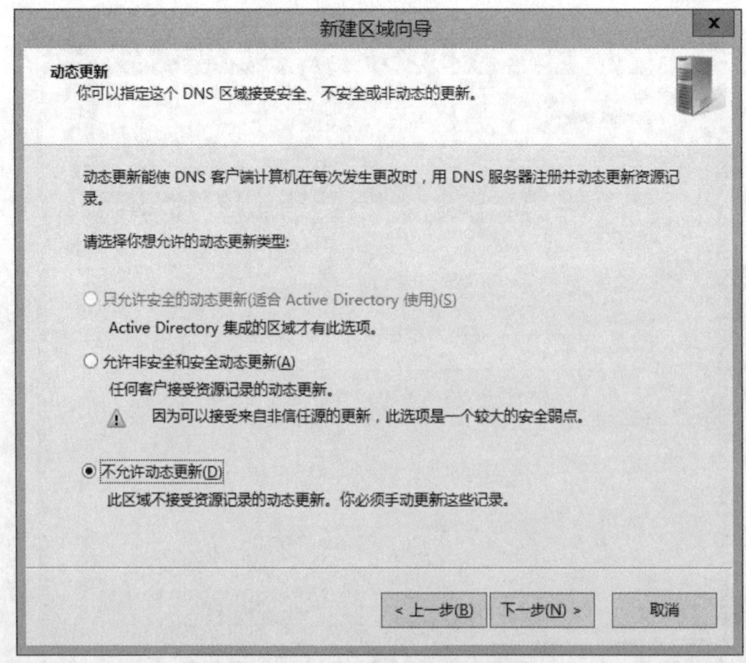


图 6-21 “动态更新”对话框

（6）单击“完成”按钮，完成区域的创建，如图 6-22 所示。

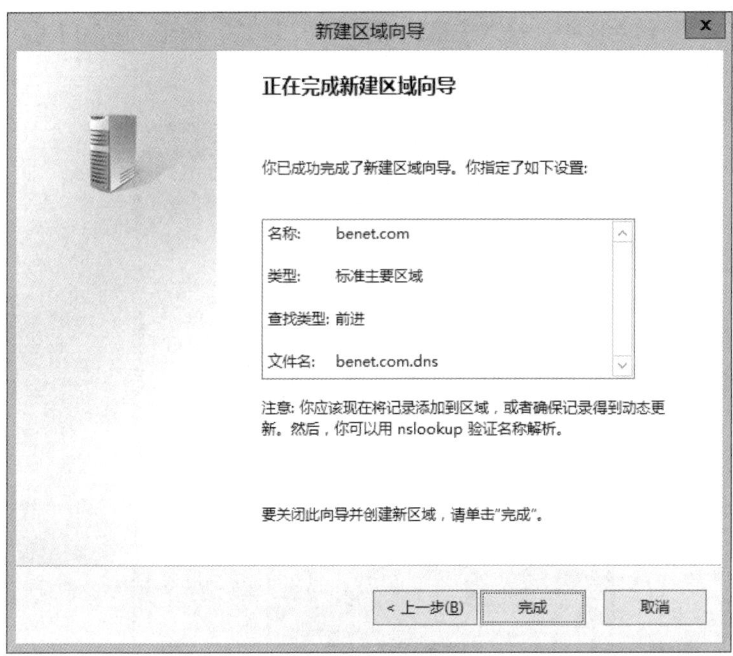


图 6-22　完成区域创建

（7）新建主机。

新建主机在正向查找区域进行，正向查找区域完成域名到 IP 地址的解析，一般只配置正向查找区域。主机记录是域名与 IP 地址的对应记录，是正向查找区域的基本单位。

① 在“DNS 管理器”窗口的左侧窗格中，用鼠标右键单击“正向查找区域”命令，在弹出的快捷菜单中选择“新建主机”命令，如图 6-23 所示。

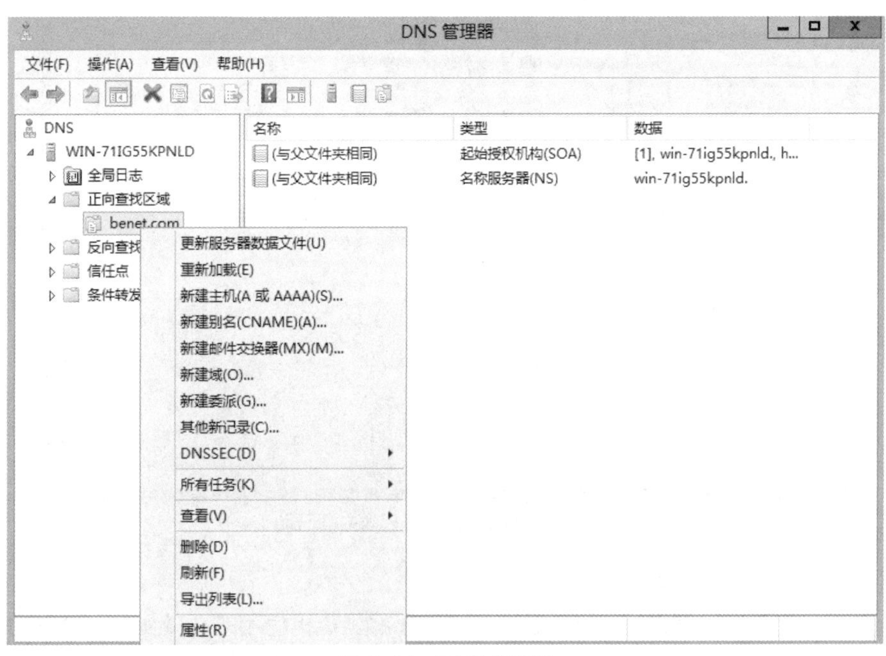


图 6-23　DNS 管理器

② 在“新建主机”对话框中，输入主机的名称和 IP 地址，单击“添加主机”按钮，创建主机记录，如图 6-24 所示。

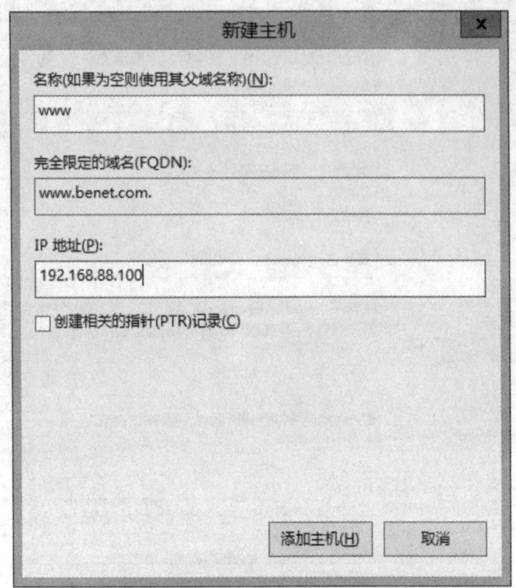


图 6-24 “新建主机”对话框

③ 重复步骤①和步骤②，为多个服务器创建主机记录，如 www.benet.com、ftp.benet.com，如图 6-25 所示。

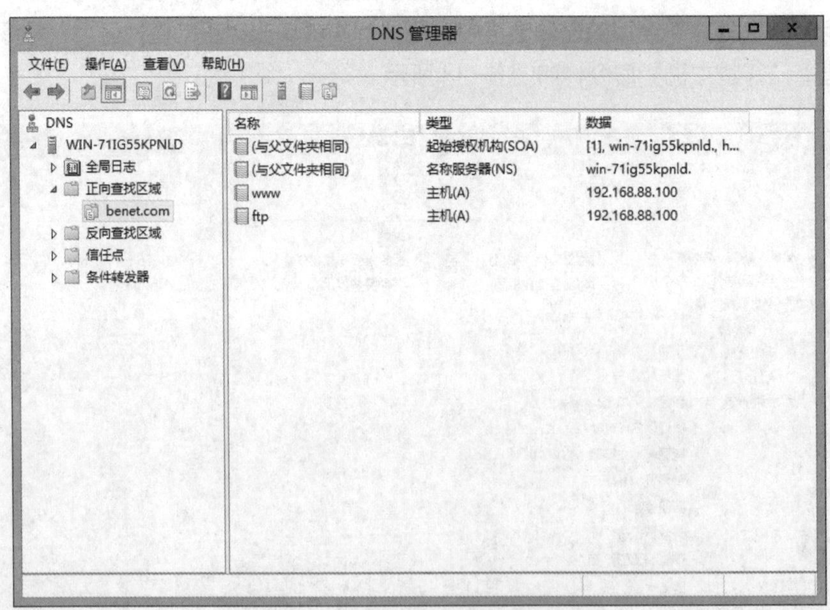


图 6-25 为多个服务器创建主机记录

（8）新建反向查找区域、新建指针。

新建指针在反向查找区域进行，反向查找区域用于将计算机使用的 IP 地址反向解析为 DNS 域名。指针是 IP 地址与域名的对应记录，是反向查找区域的基本单位。

① 在“DNS 管理器”的左侧窗格中，用鼠标右键单击“反向查找区域”命令，在弹出的快捷菜单中选择“新建指针”命令，依次选择“主要区域”→“IPv4 反向查找区域”单选项，如图 6-26 所示，单击“下一步”按钮。

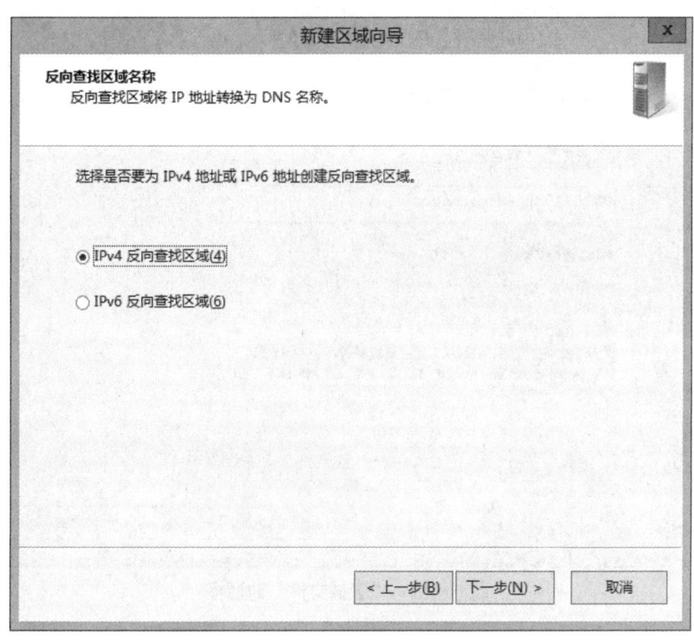


图 6-26　反向查找区域对话框

② 选择“网络 ID:”单选项，单击“下一步”按钮，如图 6-27 所示。

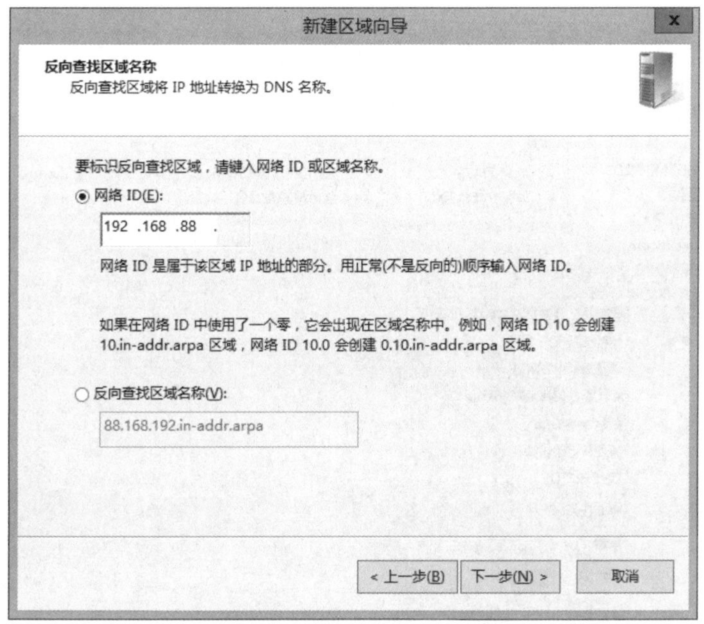


图 6-27　选择“网络 ID:”单选项

③ 在“区域文件”对话框中选择“创建新文件，文件名为”单选项，单击“下一步”按钮，如

图 6-28 所示。

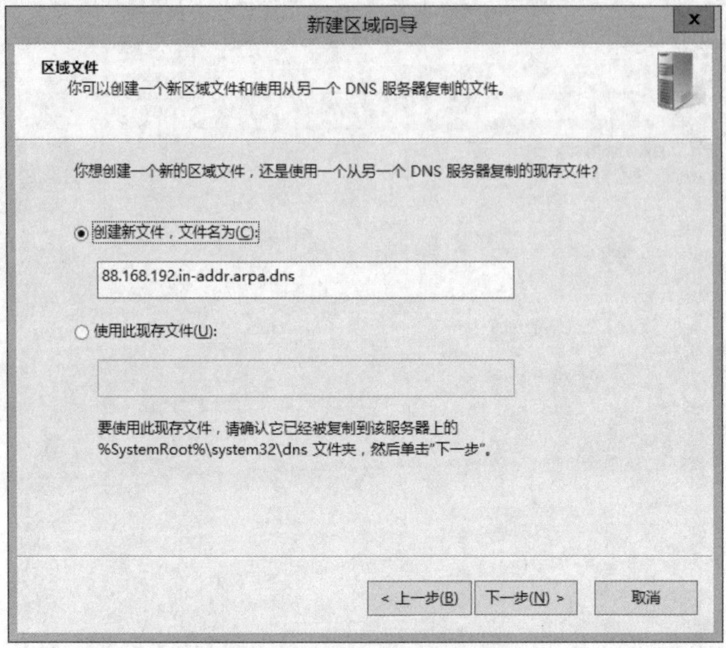


图 6-28 “区域文件”对话框

④ 依次单击“下一步”和“完成”按钮。

⑤ 在“DNS 管理器”窗口的左侧窗格中，用鼠标右键单击“反向查找区域”命令，在弹出的快捷菜单中选择“新建指针”命令，如图 6-29 所示。

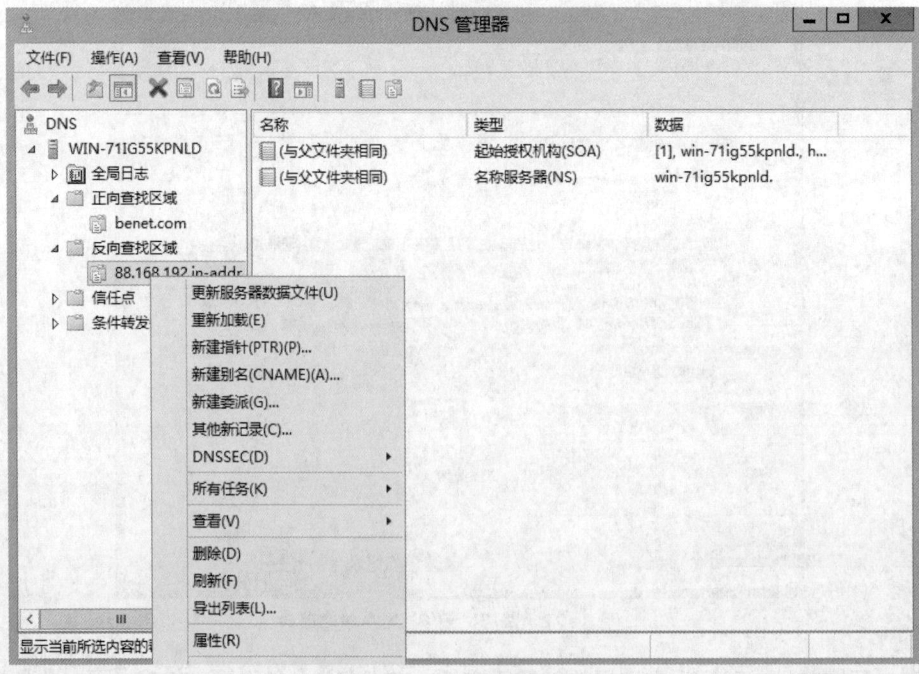


图 6-29 选择“新建指针”命令

⑥ 在“新建资源记录”对话框中输入主机 IP 地址 192.168.88.100，单击“确定”按钮，如图 6-30 所示。

图 6-30 “新建资源记录”对话框

### 3. 设置转发器

（1）打开“DNS 管理器”窗口，在左侧窗格用鼠标右键单击服务器名称，在弹出的快捷菜单中选择“属性”命令，在“属性”对话框中单击“转发器”选项卡，如图 6-31 所示。

（2）单击“编辑”按钮，输入转发服务器的 IP 地址（如 202.106.0.20），单击“确定”按钮，完成转发器的设置，如图 6-32 所示。

### 4. 验证 DNS 服务器

（1）在命令行提示符窗口中，运行 nslookup 命令，指定使用新搭建的 DNS 服务器进行解析，如图 6-33 所示。

（2）在 nslookup 提示符下输入本地区域内的 A 记录，如 www.benet.com。如能正确解析，则说明 DNS 服务器工作正常，前述新建的区域正确，如图 6-34 所示。

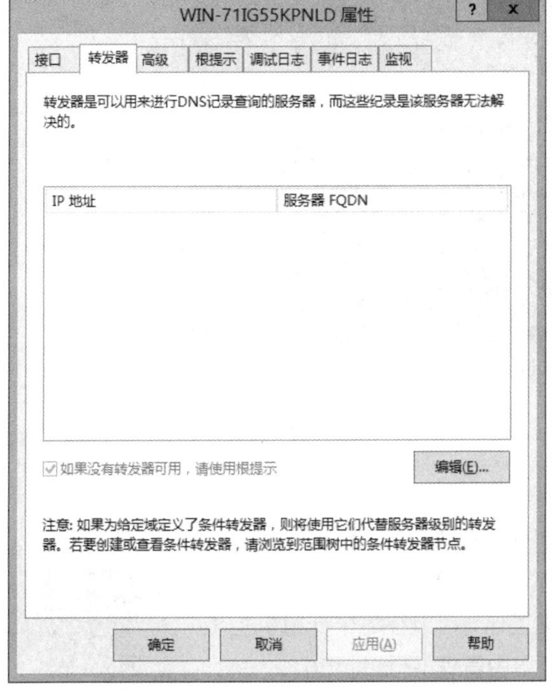


图 6-31 “转发器”选项卡

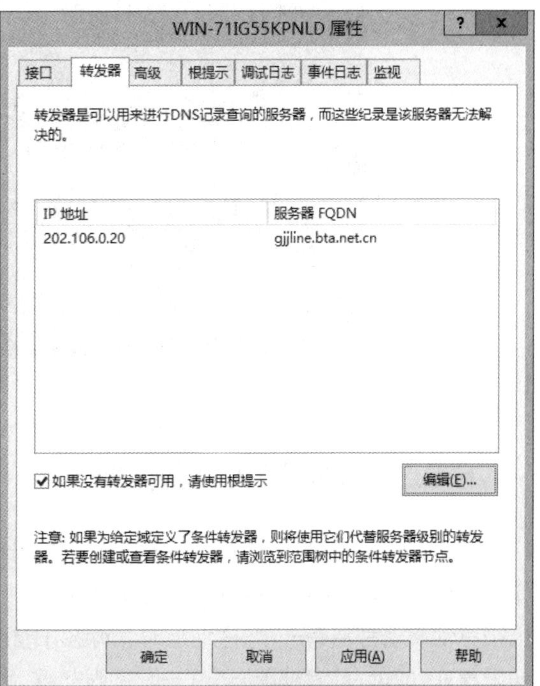


图 6-32 设置转发器

```
C:\WINDOWS\system32\cmd.exe - nslookup
Microsoft Windows XP [版本 5.1.2600]
(C) 版权所有 1985-2001 Microsoft Corp.

C:\Documents and Settings\Administrator>nslookup
Default Server:  localhost
Address:  192.168.88.88

> _
```

图 6-33　运行 nslookup 命令

```
C:\WINDOWS\system32\cmd.exe - nslookup
Microsoft Windows XP [版本 5.1.2600]
(C) 版权所有 1985-2001 Microsoft Corp.

C:\Documents and Settings\Administrator>nslookup
Default Server:  localhost
Address:  192.168.88.88

> set q=A
> www.benet.com
Server:  localhost
Address:  192.168.88.88

Name:    www.benet.com
Address:  192.168.88.100

>
```

图 6-34　命令运行结果

### 6.3.3　配置 DHCP 服务器

DHCP 是一种客户端－服务器技术，它允许 DHCP 服务器将 IP 地址分配给作为 DHCP 客户端启用的计算机和其他设备。只有当 TCP/IP 网络上的所有计算机和其他设备都具有一个 IP 地址时，网络才能正常工作。可以在每个计算机上手动配置 IP 地址，或者部署一个 DHCP 服务器，用于集中管理 IP 地址和相关信息，并自动将其提供给客户端。如果希望该计算机将 IP 地址分发给客户端，就要将该计算机配置为 DHCP 服务器，以便该服务器能够使用这些 IP 地址和范围为服务器、路由器和其他需要静态 IP 地址的设备配置静态 IP 地址。

微课 6-3　配置 DHCP 服务器

在中型和大型生产环境中，如果没有 DHCP 服务，网络管理员的工作负担很重，并且会出现很多网络问题。

基于 TCP/IP 的 DHCP 主要解决以下问题。

- 减少管理员的工作量。
- 减少输入错误的可能。
- 避免 IP 地址冲突。
- 当网络更改 IP 地址段时，不需要重新配置每台计算机的 IP 地址。
- 计算机移动时，不需要重新配置 IP 地址。
- 提高了 IP 地址的利用率。

### 1. 配置 DHCP 服务器

【**案例 6-2**】 搭建 DHCP 服务器。

Benet 公司是一家新成立的公司，该公司的局域网内没有 DHCP 服务器，所有计算机都采用手工的方法设置，计算机移动时还需要重新配置 IP 地址，管理员的工作量大，基于这些问题，Benet 公司计划搭建一台 DHCP 服务器。

需求描述如下。

- 添加 DHCP 角色服务，搭建 DHCP 服务器。
- 添加作用域，设定自动分配的 IP 地址范围。
- 新建保留，为某些客户机永久分配 IP 地址。

配置 DHCP 服务器的步骤如下。

（1）从“管理工具”中打开“服务器管理器”窗口，单击“添加角色和功能”命令，在弹出的对话框中单击“服务器角色”选项，选中“DHCP 服务器”复选框，单击“下一步”按钮，如图 6-35 所示。

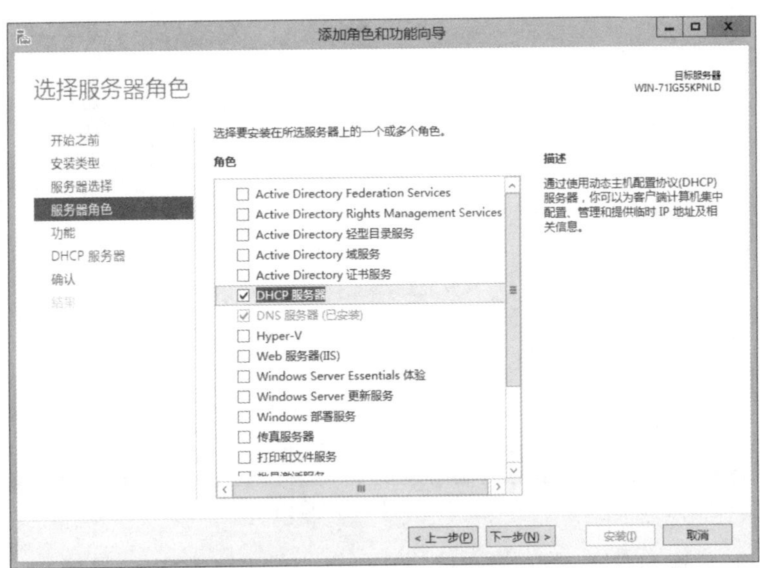


图 6-35 “添加角色和功能向导”窗口

（2）单击“安装”按钮，完成安装，如图 6-36 所示。

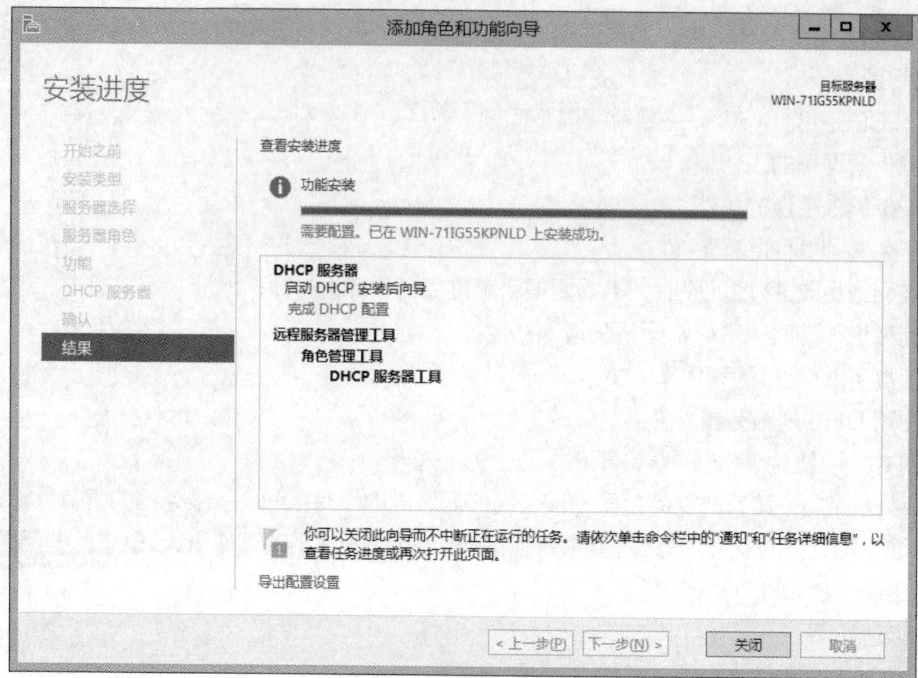


图 6-36　“安装进度”窗口

（3）从“管理工具”中双击“DHCP”按钮，打开 DHCP 窗口，如图 6-37 所示。

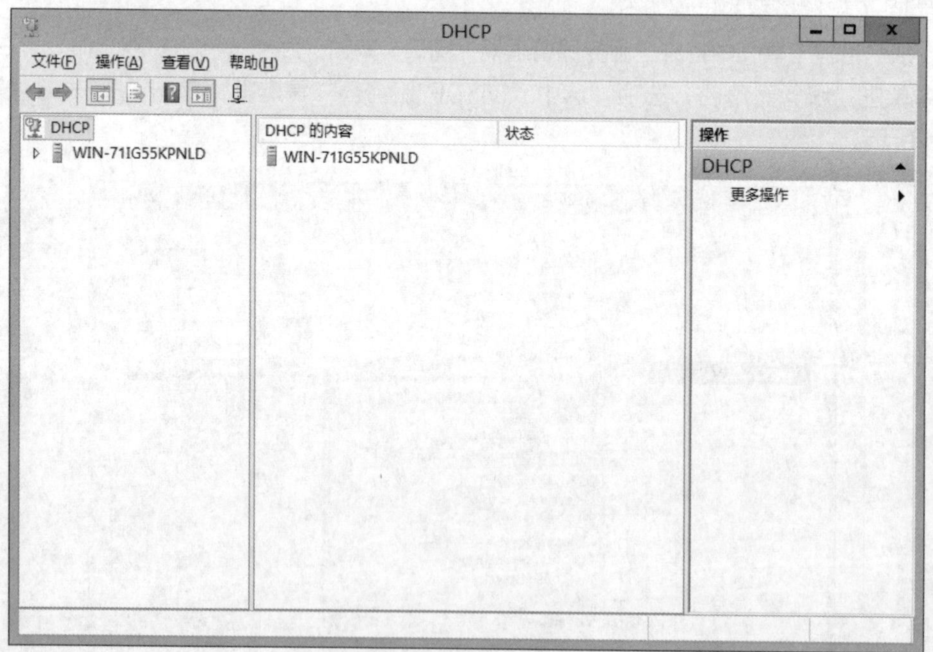


图 6-37　DHCP 窗口

（4）展开 DHCP 窗口左侧窗格的节点树，在 IPv4 上单击鼠标右键，选择“新建作用域”命令，如图 6-38 所示。

（5）在“作用域名称”对话框中输入名称 BENET，如图 6-39 所示，单击“下一步”按钮。

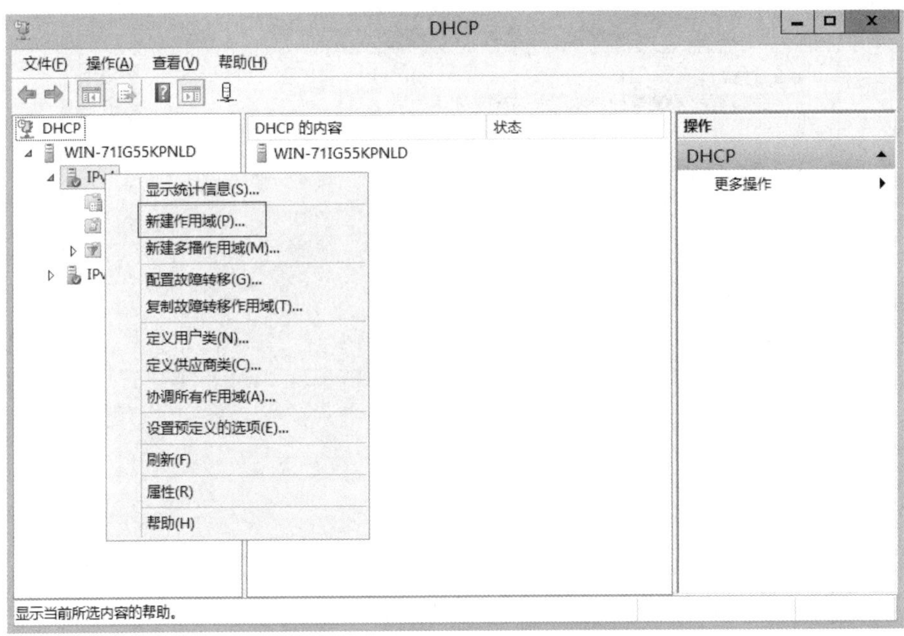


图 6-38 选择“新建作用域”命令

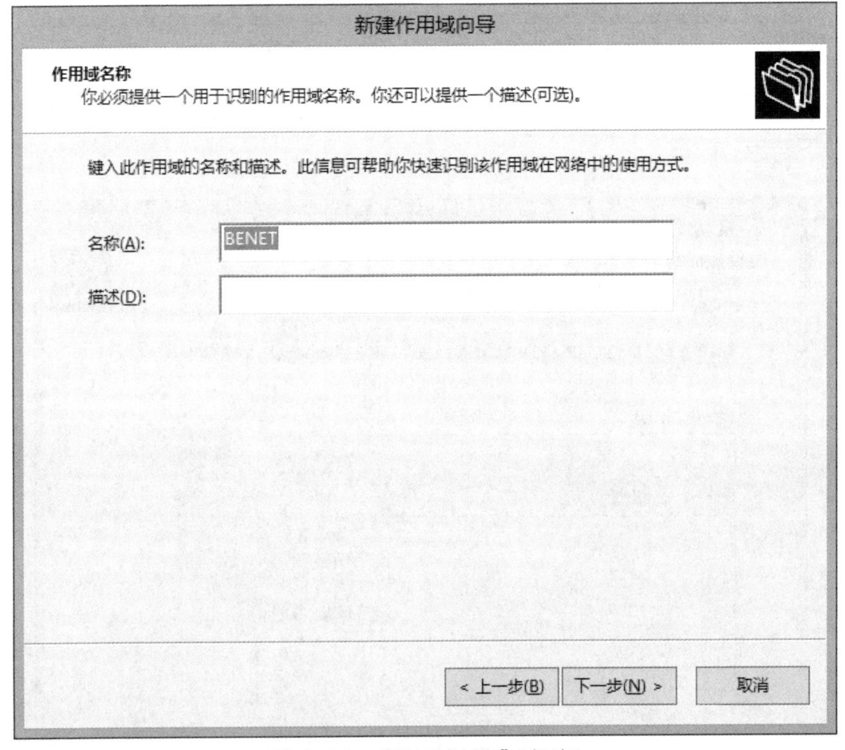


图 6-39 “作用域名称”对话框

（6）在“IP 地址范围”对话框中输入“起始 IP 地址”为 192.168.1.11“结束 IP 地址”为 192.168.1.200，“长度”为 24，“子网掩码”为 255.255.255.0，如图 6-40 所示，单击“下一步”按钮。

新建作用域向导
IP 地址范围
你通过确定一组连续的 IP 地址来定义作用域地址范围。
DHCP 服务器的配置设置
输入此作用域分配的地址范围。
起始 IP 地址(S):
192 . 168 . 1 . 11
结束 IP 地址(E):
192 . 168 . 1 . 200
传播到 DHCP 客户端的配置设置
长度(L):
24
子网掩码(U):
255 . 255 . 255 . 0
< 上一步(B)
下一步(N) >
取消

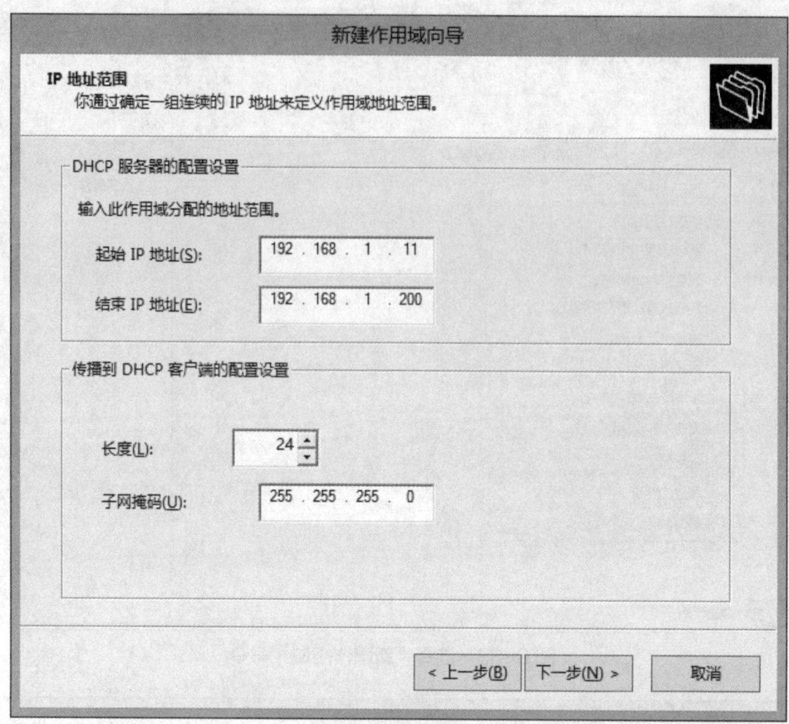

图 6-40 “IP 地址范围”对话框

（7）在“添加排除和延迟”对话框中输入需要排除的 IP 地址，本例不需要排除，如图 6-41 所示，单击“下一步”按钮。

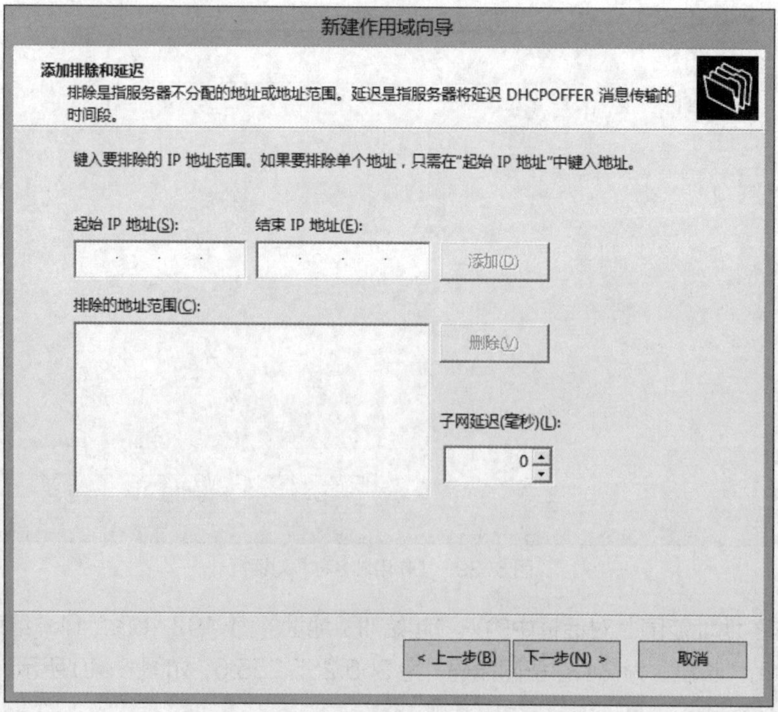

新建作用域向导
添加排除和延迟
排除是指服务器不分配的地址或地址范围。延迟是指服务器将延迟 DHCPOFFER 消息传输的时间段。
键入要排除的 IP 地址范围。如果要排除单个地址，只需在"起始 IP 地址"中键入地址。
起始 IP 地址(S):
结束 IP 地址(E):
添加(D)
排除的地址范围(C):
删除(V)
子网延迟(毫秒)(L):
0
< 上一步(B)
下一步(N) >
取消

图 6-41 “添加排除和延迟”对话框

（8）在“租用期限”对话框中输入限制时间为 8 天，如图 6-42 所示，单击“下一步”按钮。

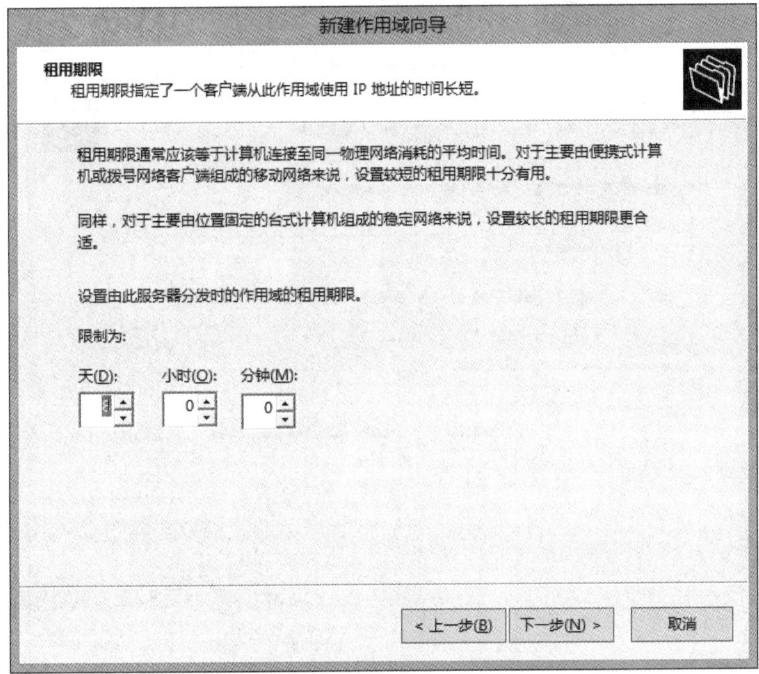


图 6-42　“租用期限”对话框

（9）在“路由器（默认网关）”对话框中输入网关地址为 192.168.1.1，单击“添加”按钮，如图 6-43 所示，单击“下一步”按钮。

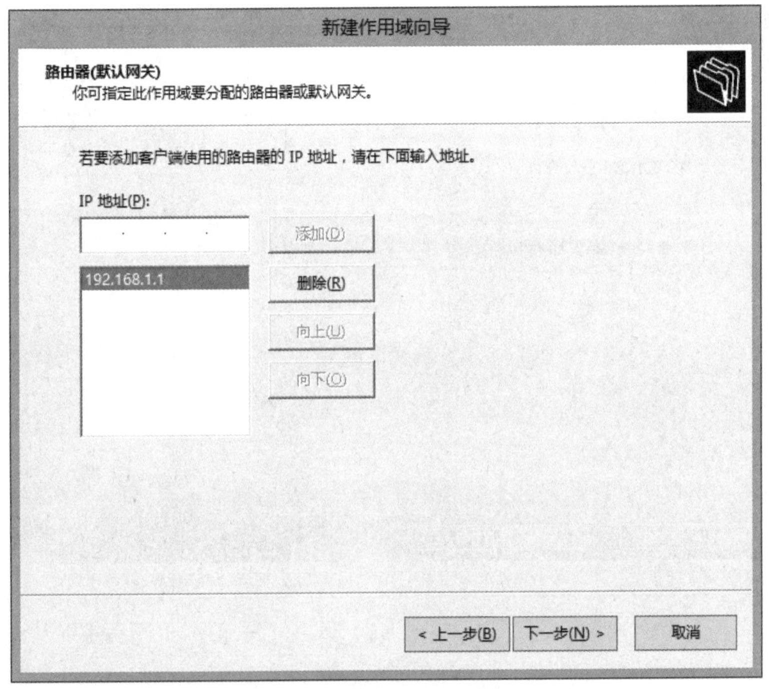


图 6-43　“路由器（默认网关）”对话框

（10）在“域名称和 DNS 服务”对话框中输入“父域”为 benet.com，“服务器名称”为 benet，“IP 地址”为 192.168.139.2，单击“添加”按钮，如图 6-44 所示，单击“下一步”按钮。

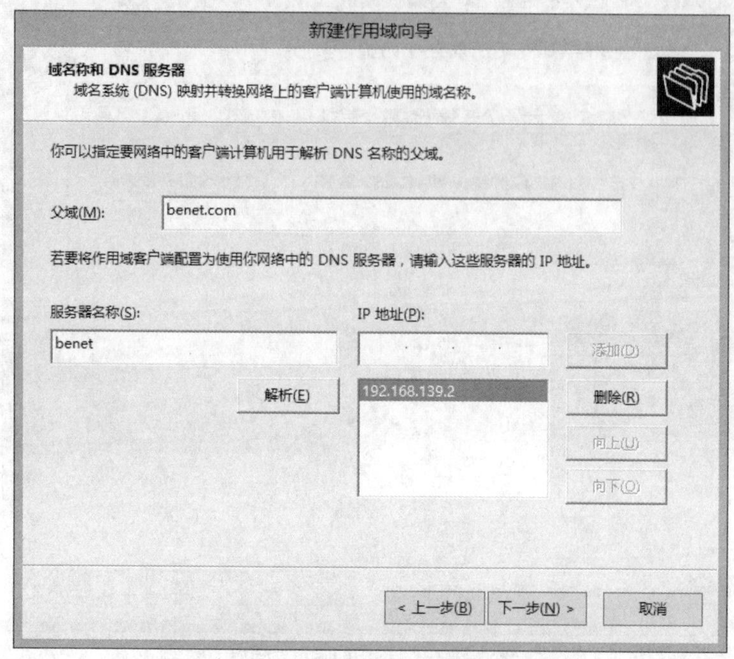


图 6-44　“域名称和 DNS 服务器”对话框

（11）在“激活作用域”对话框中，选择“是，我想现在激活此作用域”单选项，如图 6-45 所示，单击“下一步”按钮，配置完成。

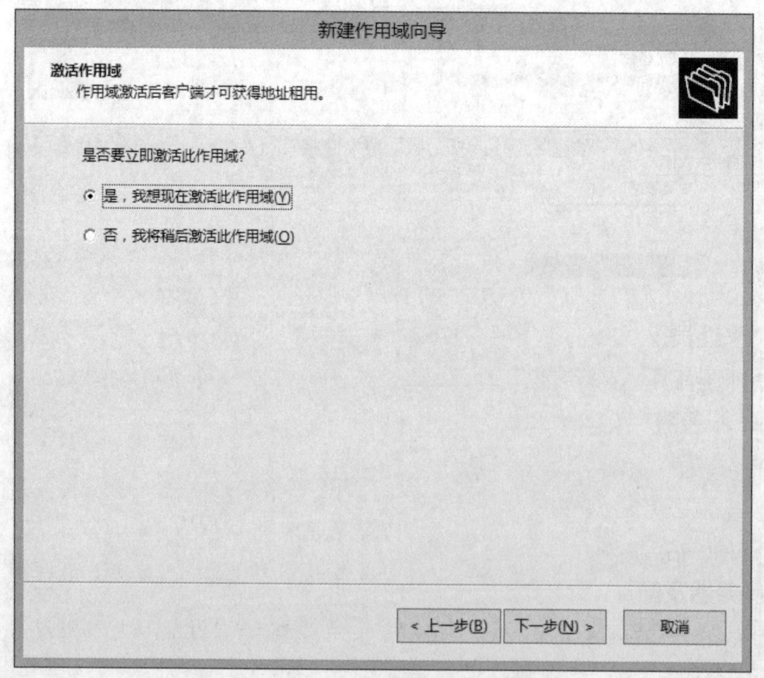


图 6-45　“激活作用域”对话框

### 2. 配置 DHCP 客户机

配置 DHCP 客户机，只需将客户机的 IP 地址设为“自动获得 IP 地址”即可，如图 6-46 所示。

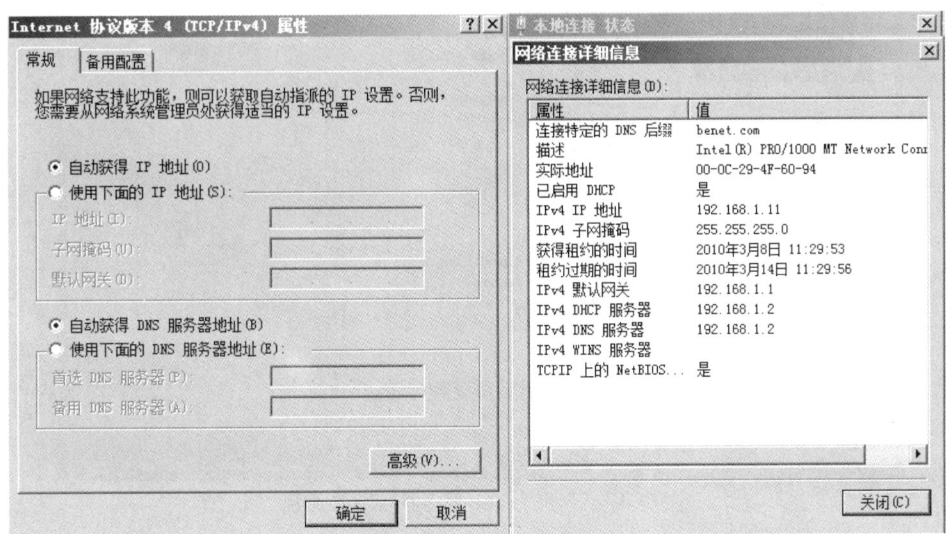


图 6-46 配置 DHCP 客户机

## 6.3.4 配置 Web 服务器

Web 服务是网络中应用最为广泛的服务，它支持网站创建、配置和管理，以及其他 Internet 功能。使用 Windows Server 2012，可以轻松方便地为企业搭建网站、FTP 站点，用来发布公司信息、宣传公司、反馈信息等。

微课 6-4 配置 Web 服务器

IIS 是 Windows Server 2012 操作系统集成的服务，在 Windows Server 2012 中的版本是 IIS 8.5,其可以运行当前流行的、具有动态交互功能的 Asp.Net 网页，支持任何使用与.NET 兼容的语言编写的 Web 应用程序。

在 Windows Server 2012 中，Web 服务作为可选组件，在默认安装的情况下，Windows Server 2012 不安装 Web 服务。

**【案例 6-3】** 配置一台 Web 服务器。

Benet 公司为了让员工及时了解公司的发展状况及宣传公司的形象、政策、法规，创建了一个公司门户网站，另外还有几个部门需要使用基于 B/S 结构的管理系统，这样 Benet 公司局域网内需要配置一台 Web 服务器。

需求描述如下。

- 添加 Web 角色服务、搭建 Web 服务器。
- 创建多个 Web 站点，满足不同部门的需求。

### 1. 安装 IIS 服务器及配置默认网站

（1）单击“开始”→“管理工具”→“服务器管理器”命令，打开“服务器管理器”窗口，参照添加“DNS 服务器”角色的步骤，添加“Web 服务器（IIS）”角色，如图 6-47 所示。

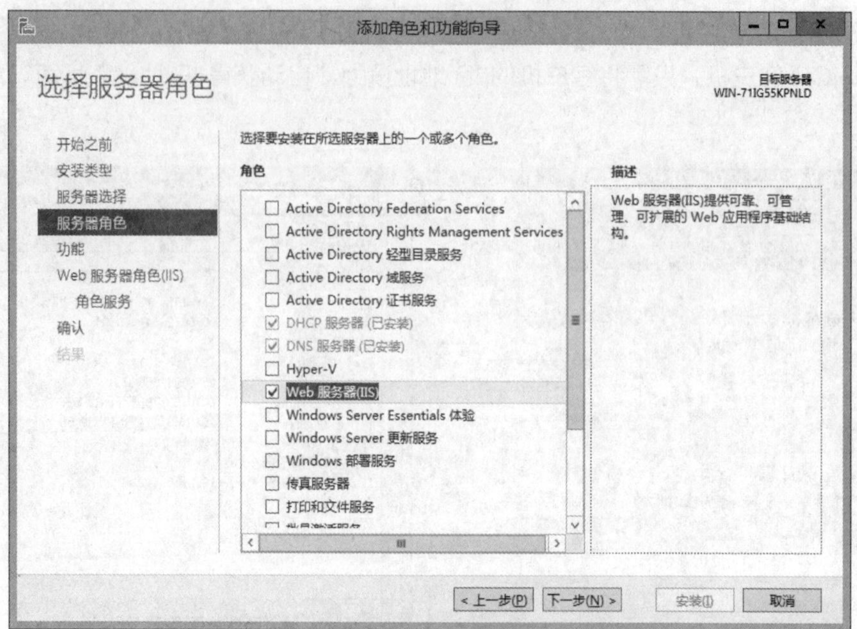


图 6-47 “添加 Web 服务器（IIS）”角色

（2）完成“Web 服务器（IIS）”角色的安装，如图 6-48 所示。

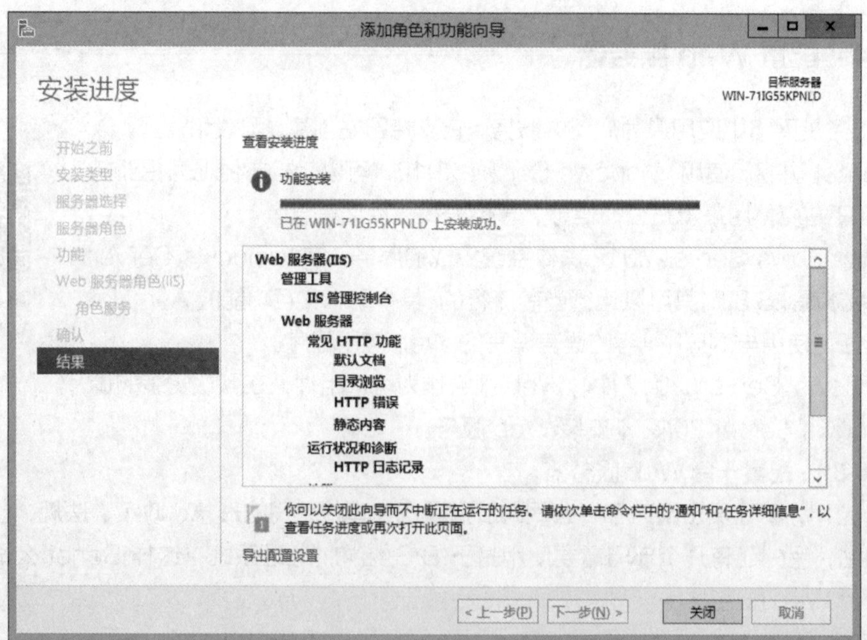


图 6-48 “Web 服务器（IIS）”角色安装完成

（3）在“管理工具”中双击“Internet Information Services（IIS）管理器”，打开“Internet Information Services（IIS）管理器”窗口，如图 6-49 所示。

（4）在“Internet Information Services（IIS）管理器”窗口，展开左侧窗格的节点树，名称为“Default Web Site”的站点是在 Web 服务器安装好之后默认创建的一个站点。默认情况下，

Web 站点会自动绑定计算机中的所有 IP 地址，端口默认为 80，如图 6-50 所示。也就是说，如果一个计算机有多个 IP 地址，那么客户端通过任何一个 IP 地址都可以访问该站点，也可以根据需要为站点选择某一个 IP 地址和设置相应的端口号。

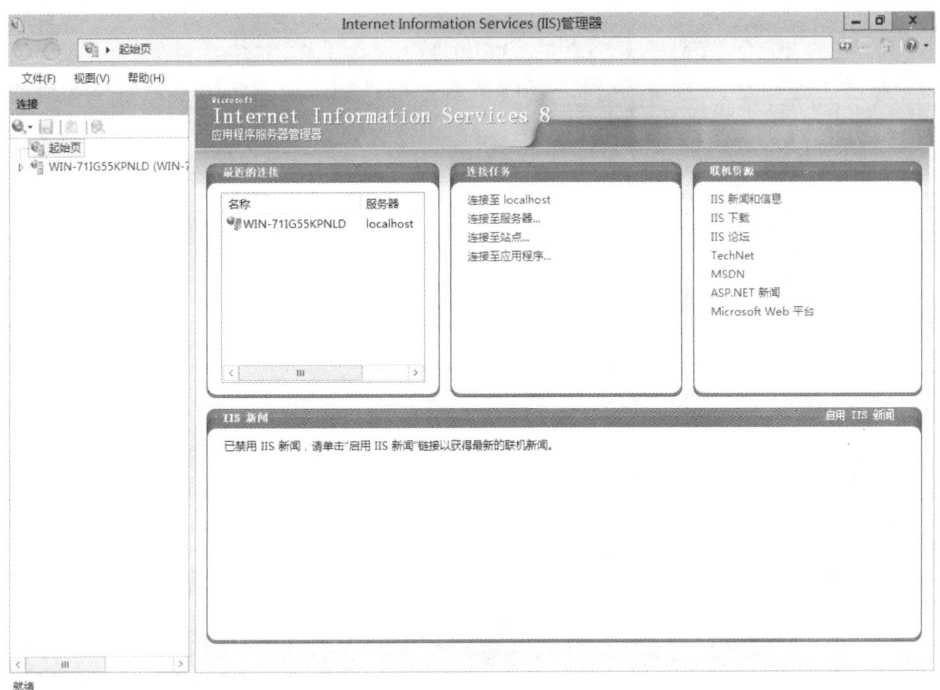


图 6-49　打开“Internet Information Services （IIS）管理器”窗口

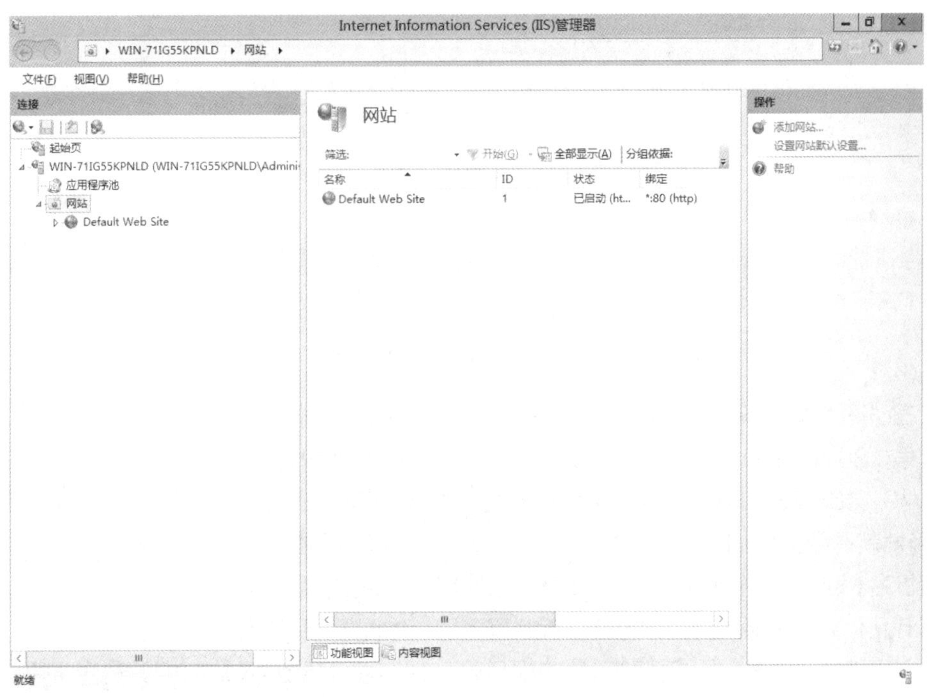


图 6-50　“Default Web Site”站点

（5）在 Default Web Site 上单击鼠标右键，选择“编辑绑定”命令，如图 6-51 所示。

（6）在打开的“网站绑定”对话框中可以看到 IP 地址下有一个“*”号，说明现在的 Web 站点绑定了本机的所有 IP 地址，如图 6-52 所示。

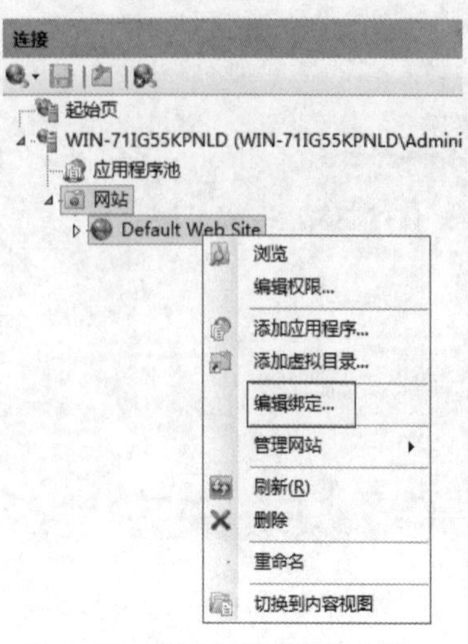


图 6-51　选择“编辑绑定”命令

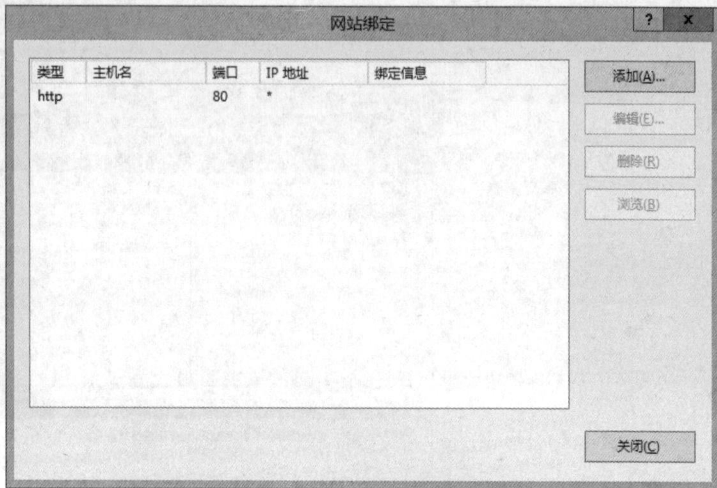


图 6-52　“网站绑定”对话框

（7）单击“添加”按钮，打开“添加网站绑定”对话框，如图 6-53 所示。

图 6-53　“添加网站绑定”对话框

（8）在“IP 地址”下拉列表框中选择要绑定的 IP 地址，“端口”文本框中显示访问该网站要使用的端口号，80 端口是 Web 服务器默认的端口，也可以重新设置。如果使用默认端口，则可以使用 http://192.168.139.130 访问 Web 服务器，如果重新设置端口，如设置为 8099，那么访问 Web 服务器就需要使用“http://192.168.139.130:8099”。另外，此处的主机名是该 Web 站点要绑定的主机名（域名），访问 Web 服务器时可以使用 http://主机名，如主机名为 www.benet.com，可以使用 http:// www.benet.com 访问 Web 服务器，如图 6-54 所示。

（9）设置默认路径。主目录即网站的根目录，保存着 Web 网站的相关资源，默认路径为“C:\inetpub\wwwroot”文件夹。如果不想使用默认路径，则可以更改网站的主目录。

图 6-54 “网站绑定”对话框

打开“Internet Information Services （IIS）管理器”窗口，选中 Default Web Site 默认站点，单击“基本设置”，打开“编辑网站”对话框，如图 6-55 所示。

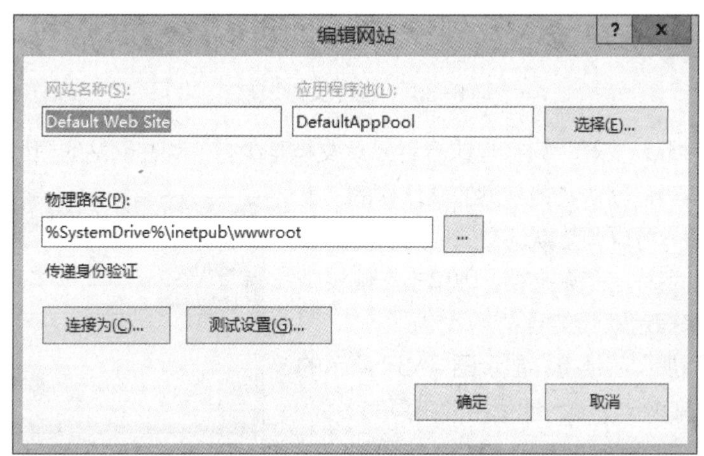


图 6-55 “编辑网站”对话框

“物理路径”文本框中显示的就是网站的主目录。此处“%SystemDrive%\”代表系统盘。

在“物理路径”文本框中输入 Web 站点目录的路径，如 d:\web，或者单击“浏览”按钮选择相应的目录。单击“确定”按钮保存。这样，选择的目录就成为该站点的根目录。

（10）设置默认文档。

所谓默认文档，是指当浏览器访问 Web 服务器时，不需要提供想要访问的文件名，只需输入 Web 服务器的地址，服务器就会自动将默认的文档提供给浏览器。这些文档也称为主页，这里的主页文件名要与用户实际访问的网站的主页文件名一样。可以指定 Web 网站默认文档，具体步骤如下。

在“Internet Information Services（IIS）管理器”窗口中选择默认 Web 站点，在“Default Web Site 主页”窗口中双击 IIS 区域的“默认文档”图标，打开图 6-56 所示的窗口。

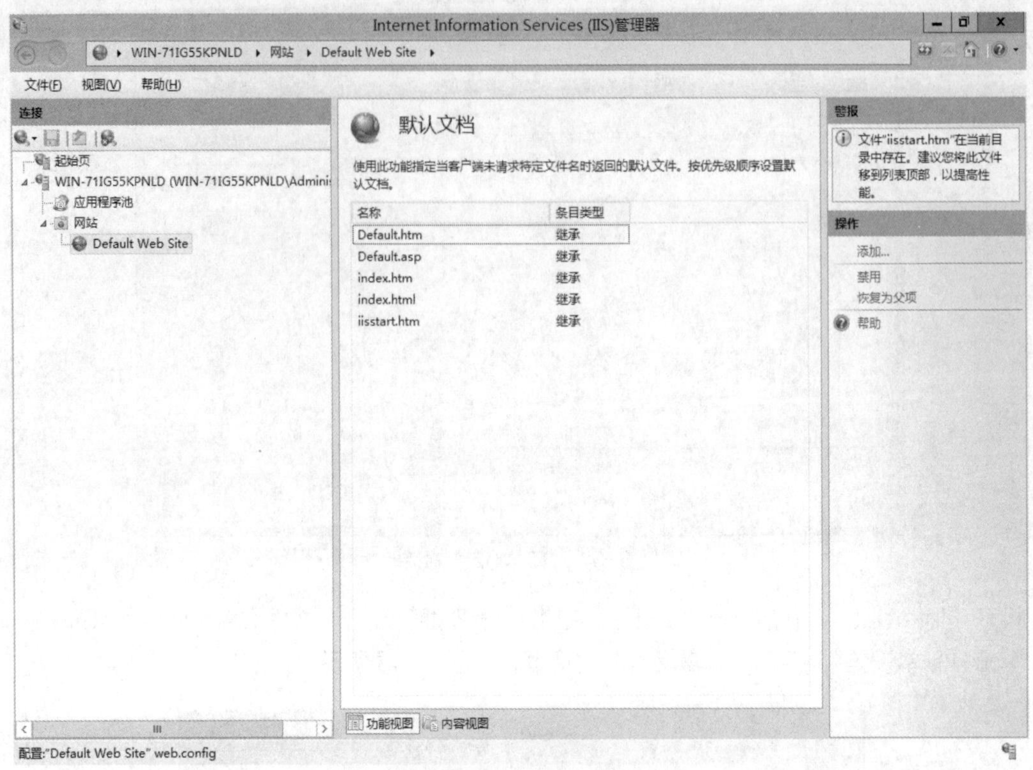


图 6-56 "默认文档"窗口

系统自带了 5 种默认文档，只有当这 5 种默认文档至少有一种在网站的根目录中时，网站才能正常打开默认文档。通过默认文档左侧的操作栏的"上移"或"下移"按钮，可以调整默认文档优先使用的顺序。如果要使用其他名称的默认文档，则单击右侧栏中的"添加"超链接来指定默认文档。

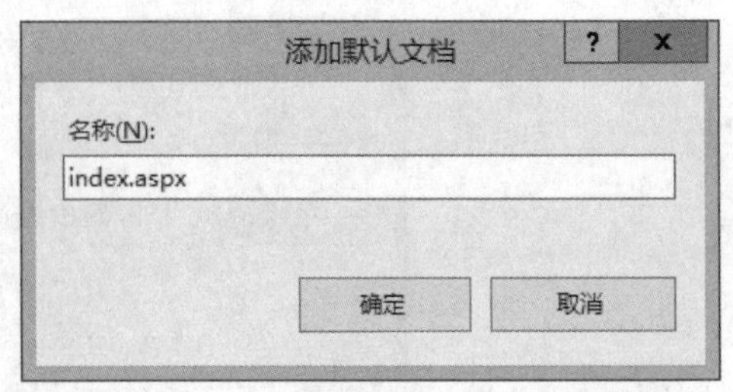


图 6-57 "添加默认文档"对话框

单击右侧的"添加"超链接，显示图 6-57 所示的对话框，在"名称"文本框中输入要使用的主页的名称，单击"确定"按钮，即可添加该默认文档。新添加的默认文档自动排序在最上面。

**2. 新建网站**

安装 Web 服务器和配置主目录后，用户就建立了一个默认网站。但在实际工作中，情况要复杂些，一个公司中的不同部门可能有不同的网站，但由于成本问题，要求把这些网站放在一个服务器上，这些网站需要独立运行，互不干扰，这就需要新建多个网站来满足需求。

新建 Web 站点是通过使用不同的 IP 地址与端口组合或使用不同的域名来访问同一台计算机上不同的站点实现的。

打开"Internet Information Services（IIS）管理器"窗口，用鼠标右键单击"网站"命令，在弹出的快捷菜单中单击"添加站点"命令，打开图 6-58 所示的"添加网站"对话框。

根据需要输入"网站名称"，在"内容目录"中确定网站的物理路径，在"绑定"选项区中确定网站的 IP 地址、端口号，单击"确定"按钮，如图 6-59 所示。然后在 IIS 管理器中针对所建的网站进行相应的配置，一个新的网站就创建成功了，如图 6-60 所示。

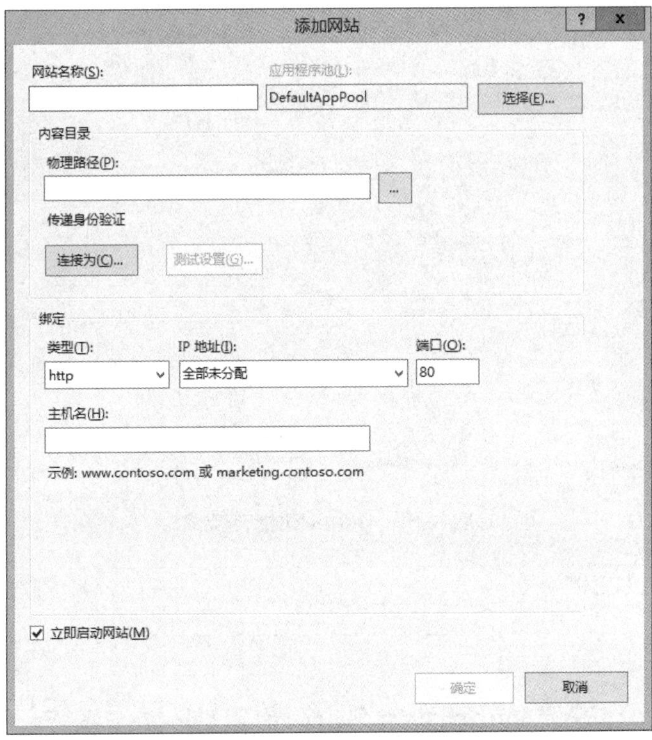

图 6-58 “添加网站”对话框 1

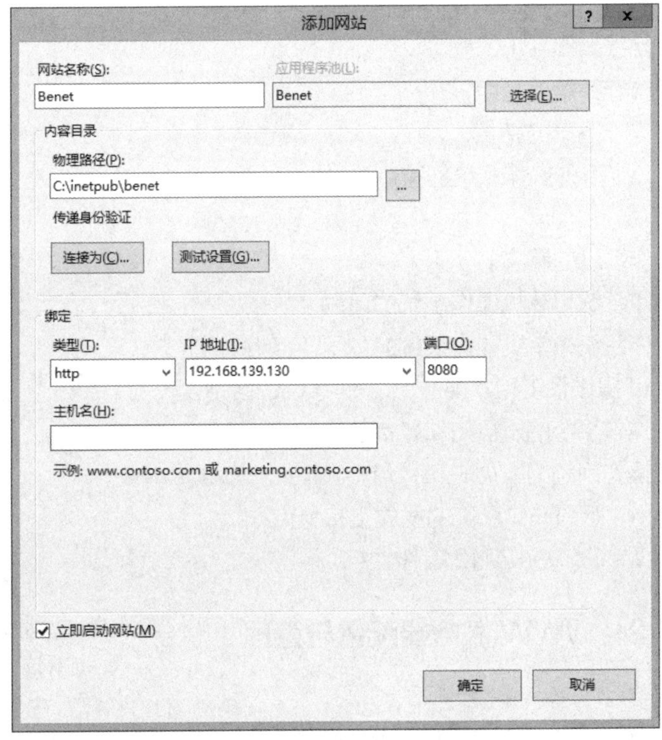

图 6-59 “添加网站”对话框 2

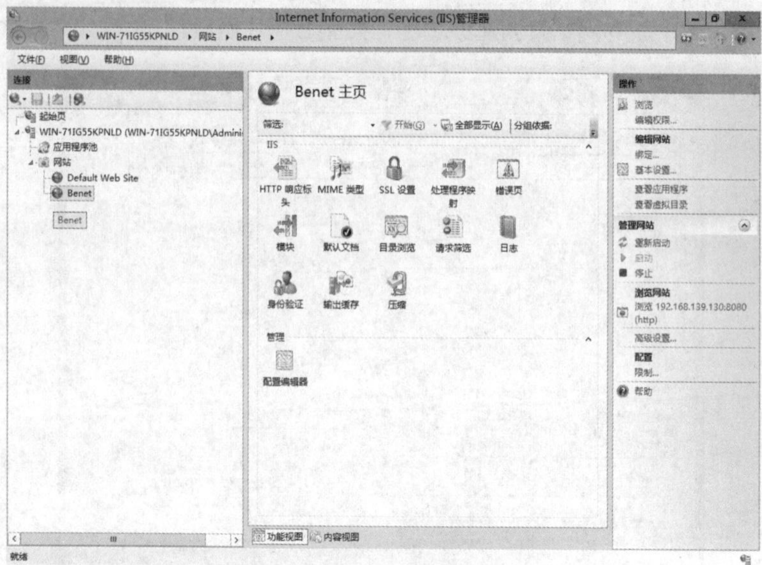

图 6-60 Benet 网站新建完成

## 6.4 实训

### 6.4.1 实训 1：安装 Windows Server 2012 操作系统

**实训目的**

（1）进一步理解网络操作系统的概念。

（2）掌握 UNIX 操作系统的特点。

（3）掌握 Linux 操作系统的特点。

（4）掌握 Windows 系列操作系统的特点。

**实训内容及步骤**

（1）查询网络操作系统的概念。

（2）比较网络操作系统和单机操作系统的区别。

（3）列举网络操作系统和单机操作系统的型号（各 5 种）。

（4）比较 Android 操作系统和苹果 iOS 操作系统的区别。

（5）查询 UNIX 操作系统的发展史和特点。

（6）查询 Linux 操作系统的发展史和特点。

（7）查询 Windows 系列操作系统的发展史和特点。

（8）安装 Windows Server 2012 操作系统。

### 6.4.2 实训 2：WWW 服务器配置与管理

**实训目的**

（1）掌握 Windows Server 2012 服务器的配置步骤。

（2）掌握在 Windows Server 2012 服务器上安装 IIS 服务的步骤。

（3）掌握配置与管理 WWW 服务器的步骤。

**实训内容及步骤**

（1）在 Windows Server 2012 服务器上安装 IIS 服务。

（2）配置与管理 WWW 服务器。

① 添加新的 Web 站点。

② 管理 Web 站点，设置站点属性，如将连接并发数限制为 3，并测试设置效果。

③ 自己编写一个简单网页，并将其添加到 Web 站点上作为默认首页。

④ 使用 ASP 编写一个简单网页，能够正常访问该页面。

⑤ 为安装 IIS 的 Windows Server 2012 配置两个 IP 地址，测试能否在两个网段访问相同的 Web 站点。

## 6.5 习题

**1. 填空题**

（1）DNS 是一个分布式数据库系统，它负责将域名转换成对应的（　　）信息。

（2）域名空间由（　　）和（　　）两部分组成。

**2. 单项选择题**

（1）DNS 区域的 3 种类型分别是（　　）。

A. 标准辅助区域　　B. 逆向解析区域

C. Active Directory 集成区域　　D. 标准主要区域

（2）应用层 DNS 协议主要用于实现哪种网络服务？（　　）

A. 网络设备名称到 IP 地址的映射　　B. 网络硬件地址到 IP 地址的映射

C. 进程地址到 IP 地址的映射　　D. 用户名到进程地址的映射

（3）测试 DNS 主要使用以下哪个命令？（　　）

A. Ping　　B. IPConfig　　C. nslookup　　D. Winipcfg

**3. 简答题**

（1）简述 DNS 服务器的工作过程。

（2）什么是域名解析？

# 第 7 章 接入Internet

07

通过前面章节的学习，我们已经了解了网络的基础知识，并且组建了 C/S 模式的局域网，实现了公司内部计算机的互连互通。组建局域网的重要目的之一就是接入 Internet，这样可以在保证公司内部计算机网络安全的同时，实现公司内部多台计算机共享上网账号，从而节省大量费用。本章将介绍 Internet 的组成及它提供的服务,读者将在了解 Internet 相关知识的基础上，学会将局域网接入 Internet。

## 学习目标

- Internet 的组成与提供的服务
- Internet 的工作原理
- 域名与域名解析
- 通过局域网接入 Internet
- WWW 的工作原理
- IE 浏览器的设置与使用

## 学习情境引入

东方电子商务有限公司计划投资组建新型网络，以优化企业的网络、提高企业的网速、实现企业办公的网络自动化和信息化。该工程由其单位的网络工程师老张和技术员小王负责。目前，公司网络初步组建成局域网，为了使公司的网络能够通过 Internet，进行对外联系、相互交流以及从事商务活动，需要将公司网络接入 Internet。那么，怎么才能接入 Internet 呢?

经过考察，接入 Internet 需要向 ISP 提出 Internet 接入申请服务，ISP 受理后，才能接入 Internet。目前中国电信、中国移动、中国联通等 ISP 都提供此类服务。

目前，各大 ISP 提供的接入方式有拨号接入方式、专线接入方式、无线接入方式和局域网接入方式。其中拨号接入方式又分为普通 Modem 拨号接入方式、综合业务数字网（Integrated Services Digital Network，ISDN）拨号接入方式、非对称数字用户线路（Asymmetric Digital Subscriber Line，ADSL）虚拟拨号接入方式；专线接入方式有电缆调制解调器（Cable Modem，CM）接入方式、数字数据网（Digital Data Network，DDN）专线接入方式、光纤接入方式等；无线接入方式有通用分组无线服务技术（General Packet Radio Service，GPRS）接入方式、蓝牙、家庭射频（HomeRF）接入方式以及局域网接入方式。鉴于当前网络接入方式种类繁多，老张和小王在进行市场考察后，难以判断它们各自的优势，请同学们学完本章内容后，帮助老张和小王做出适合的选择。

# 7.1 Internet 概述

## 7.1.1 什么是 Internet

Internet 即因特网，也称为国际互联网，是全球最大的、开放的、基于 TCP/IP 的众多网络相互连接而成的计算机网络。Internet 类似于国际电话系统，本身以大型网络的工作方式连接，但整个系统又不为任何人所拥有或控制。无论是微型计算机还是专业的网络服务器、局域网还是广域网，都可以连接到 Internet，共享这个虚拟世界的信息与资源。

**1. Internet 的起源**

Internet 的雏形是 ARPAnet，它是冷战时期由军事需要驱动而产生的高科技成果。

ARPA 是美国为了与苏联展开军备竞赛于 1958 年年初成立的国防科学研究机构。在那个时期，冷战双方拥有的原子弹都足以把对方的军队毁灭多次，因此美国国防部最担心的莫过于战争突发时，美国军队的通信联络能力。而当时美国军队采用的是中央控制网络，这种网络的弊病在于：只要摧毁网络的控制中心，就可以摧毁整个网络。

1968 年 6 月 21 日，美国国防高级研究计划署正式批准了名为“资源共享的计算机网络”的研究计划，以使连入网络的计算机和军队都能从中受益。这个计划的目标实质上是研究用于军事目的的分布式计算机系统，通过这个名为 ARPAnet 的网络把美国的几个军事及研究用的计算机主机连接起来，形成一个新的军事指挥系统。这个系统由一个个分散的指挥点组成，当部分指挥点被摧毁后，其他点仍能正常工作，而这些分散的点又能通过某种形式的通信网取得联系。在 Internet 面世之初，由于建网是出于军事目的，参加试验的人又全是熟练的计算机操作人员，个个都熟悉复杂的计算机命令，因此没有人考虑过对 Internet 的界面及操作方面加以改进。

**2. Internet 的第一次快速发展**

Internet 的第一次快速发展出现在 20 世纪 80 年代中期。1981 年，另一个美国政府机构——美国科学基金会开发了由 5 个超级中心相连的网络。把当时美国的许多大学和学术机构建成的一批地区性网络与 5 个超级计算机中心相连，形成了一个新的大网络美国国家科学基金网（National Science Foundation Net，NSFnet），该网络上的成员之间可以相互通信，从而开始了 Internet 真正快速发展的阶段。

**3. Internet 的第二次飞跃**

Internet 的第二次飞跃应当归功于 Internet 的商业化。在 20 世纪 90 年代以前，Internet 的使用一直局限于研究领域和学术领域，商业性机构进入 Internet 一直受到这样或那样的法规或传统问题的困扰。直到 1991 年，美国三家公司组成了“商用因特网协会（Commercial Internet Exchange Association）”，宣布用户可以把他们的 Internet 子网用于商业用途。因为这三家公司分别经营着自己的网络，可以绕开 NSFnet，向客户提供 Internet 服务。真可谓一石击起千层浪，其他的 Internet 商业子网也看到了 Internet 在商业用途的巨大潜力，纷纷做出类似的承诺，到 1991 年年底，连专门为 NSFnet 建立高速通信线路的公司也宣布推出自己的商业化 Internet 骨干通道。Internet 商业化服务提供商的接连出现，使商业机构终于可以正面进入 Internet 商业市场。

4. Internet 的完全商业化

商业机构一踏入 Internet，就很快发现了它在通信、资料检索、客户服务等方面的巨大潜力。于是世界各地无数企业及个人纷纷涌入 Internet，带来了 Internet 发展史上一次质的飞跃。到 1994 年年底，Internet 已通往全世界 150 个国家和地区，连接着 3 万多个子网，320 多万台计算机主机，直接用户超过 3 500 万，成为世界上最大的计算机网络。这时，NSFnet 意识到已经完成了自己的历史使命，1995 年 4 月 30 日，NSFnet 正式宣布停止运营。至此，Internet 的商业化彻底完成。

## 7.1.2 Internet 的组成

Internet 主要由 Internet 服务器、通信子网和 Internet 用户 3 个部分组成。

1. Internet 服务器

Internet 服务器是指连接在 Internet 上提供给网络用户的计算机，它用来运行用户端所需的应用程序，为用户提供丰富的资源和各种服务。Internet 服务器一般要求全天 24 小时运行，否则 Internet 用户可能无法随时访问该服务器上的资源。

一般来说，一台计算机如果要成为 Internet 服务器，就需要向有关管理部门提交申请。获得批准后，该计算机将拥有唯一的 IP 地址和域名，为成为 Internet 服务器做好准备。在申请成为 Internet 服务器及 Internet 服务器运行期间，服务器的所有者需要向管理部门支付一定的费用。

2. 通信子网

通信子网是指将 Internet 服务器连接在一起，供服务器之间相互传输各种信息和数据的通信设施。它由转接部件和通信线路两部分组成，转接部件负责处理及传输信息和数据，通信线路则是信息和数据传输的“高速公路”，多由光纤、电缆、电力线、通信卫星及无线电波等组成。

3. Internet 用户

通过一定的设备（如 ADSL Modem 和宽带等）接入 Internet，从而访问 Internet 服务器上的资源，或者享受 Internet 提供的各种服务的用户，就是 Internet 用户。Internet 用户可以是单独的计算机，也可以是局域网。局域网接入 Internet 后，通过共享 Internet，可以使网络内的所有用户都成为 Internet 用户。

对于拥有普通电话线和 Modem 的计算机用户，如果要接入 Internet，就需要先向当地的 ISP 申请一个上网账号，然后通过电话拨入 ISP 的服务器，使用申请的账号登录来接入 Internet。

## 7.1.3 Internet 提供的服务

使用 Internet 其实是使用 Internet 提供的各种服务。通过这些服务，可以获得分布于 Internet 上的各种资源，涵盖社会科学、自然科学、技术科学、农业、气象、医学、教育及军事等各个领域。同时，也可以通过 Internet 提供的服务发布自己的信息，这些信息也将成为网上资源。

Internet 提供的信息服务方式分为基本服务方式和扩充服务方式两类。基本服务方式包括 WWW 服务、电子邮件、远程登录和文件传输。扩充服务方式包括基于电子邮件的服务（如新闻组、电子杂志等）、名录服务（如 Whose）、索引服务（如 Archie）、交互服务（如 Gopher、WWW 等）。其中 WWW 服务是目前 Internet 上较先进、交互性能好、应用广泛的信息检索工具。

### 1. 电子邮件服务

电子邮件（E-mail）是指 Internet 或常规计算机网络上的各个用户之间，通过电子信件的形式进行通信的一种现代通信方式。

电子邮件最初是为两个人之间通信而设计的，但目前的电子邮件已扩展到可以与一组用户或与一个计算机程序进行通信。由于计算机能够自动响应电子邮件，任何一台连接 Internet 的计算机都能够通过电子邮件访问 Internet 服务，并且，一般的电子邮件软件设计时就考虑到如何访问 Internet 服务，使得电子邮件成为 Internet 上使用最为广泛的服务之一。

### 2. 远程登录服务

远程登录是指用户使用 Telnet 命令，使自己的计算机暂时成为远程主机的一个仿真终端的过程，它允许用户坐在自己的计算机前通过 Internet 登录到另一台计算机上，这台计算机可以在隔壁的房间里，也可以在地球的另一端。当用户登录远程计算机后，用户的计算机就仿佛是远程计算机的一个终端，用户就可以用自己的计算机直接操纵远程计算机，享受与远程计算机本地终端同样的权力。用户可以在远程计算机启动一个交互式程序，也可以检索远程计算机的某个数据库，或利用远程计算机强大的运算能力对某个方程式求解等。

但现在 Telnet 的使用率逐渐下降，主要有以下 3 方面原因。

（1）个人计算机的性能越来越强，致使在他人的计算机中运行程序的需求逐渐减弱。

（2）Telnet 服务器的安全性欠佳，因为它允许他人访问其操作系统和文件。

（3）Telnet 使用起来不是很容易，对初学者不太友好。

### 3. FTP

FTP 是 Internet 文件传送的基础。通过该协议，用户可以从一个 Internet 主机向另一个 Internet 主机复制文件。

FTP 曾经是 Internet 中一种重要的交流形式。目前，我们常常用它从远程主机中复制所需的各类软件。

与大多数 Internet 服务一样，FTP 也是一个客户机/服务器系统。用户通过一个支持 FTP 的客户机程序，连接到在远程主机上的 FTP 服务器程序。用户通过客户机程序向服务器程序发出命令，服务器程序执行用户发出的命令，并将执行的结果返回客户机。例如，用户发出一条命令，要求服务器向用户传送某一个文件的一个备份，服务器会响应这条命令，将指定文件传送至用户的机器上。客户机程序代表用户接收到这个文件，将其存放在用户目录中。

FTP 服务要求用户在登录到远程计算机时提供用户名和口令，也允许网络上的任何用户以 Anonymous（匿名）用户名登录到远程计算机以免费获得文件。匿名 FTP 还要求把用户的 E-mail 地址作为匿名登录的口令。一般匿名用户只能获取文件（下载）而不能装入或修改文件（上载）。匿名 FTP 使用户有机会读取到世界上最大的信息库，这个信息库是日积月累起来的，并且还在不断增长，永不关闭，涉及几乎所有主题，而且，这一切都是免费的。

### 4. 文档查询服务

使用 FTP 进行文件传输最大的困难是首先要知道取回的文件在 Internet 的哪台计算机的哪个目录中。为了帮助用户在全世界的 FTP 服务器上查找所需的文件，可以使用 Archie 工具获取文档索引信息。Archie 定期检查 Internet 上的 FTP 服务器，自动索引 FTP 服务器上的文件，使得用户在需要下载某种免费软件时，可以快速查找到其所在的站点。

**5. 菜单查询服务**

Gopher 是菜单驱动的 Internet 信息查询工具。它将网上的信息组成在线菜单系统，在一级级菜单的指引下，用户选择自己感兴趣的信息资源，就可以对 Internet 的远程联机服务信息系统进行实时访问，这对于不熟悉网络资源、网络地址和网络查询命令的用户是十分方便的。

**6. 关键词查询服务**

WAIS 是基于关键词的 Internet 查询工具。WAIS 的含义为广域信息服务器，是供用户查询分布在 Internet 上的各类文本文件和专业数据库的一个通用软件。通过对网络上提供的信息进行标引，只要建立了 WAIS 可以处理的索引，任何文件或数据就都可以使用这个工具查询。

**7. 万维网服务**

万维网（World Wide Web，WWW）是最受 Internet 用户欢迎的信息查询工具。遍布世界各地的 Web 服务器使 Internet 用户可以有效地交流信息，如新闻、科技、艺术、教育、金融、生活和医学等，几乎无所不包。这也是 Internet 迅速流行的原因之一。

WWW 与传统的 Internet 信息查询工具 Gopher 和 WAIS 的最大区别是：它展示给用户的是图文并茂、有声有色的信息，而不是那种时常令人费解的菜单说明。WWW 上的信息以页面的形式来组织，使用了超链接的技术，可以从一个信息跳转到另一个信息。用户在阅读某个信息的同时，即可转到相关的主题，而不用关心这些信息存放在何处。要使用 WWW，必须拥有一个 WWW 的浏览器，如 Microsoft 公司的 Internet Explorer。

除了上述服务外，用户还可以获取一系列其他服务，如网络 IP 电话、电子商务、在线娱乐及远程教育等。总之，Internet 为用户提供了各种各样的服务，有了 Internet，人们的文化生活日益丰富多彩了。

## 7.2 Internet 的工作原理

### 7.2.1 Internet 的工作模式

**1. Internet 的物理组成结构**

Internet 是由校园网、企业网等连接而成的，网络中嵌着网络。这些网络通过众多网络通信设备连接起来，共同组成了 Internet。这些网络通信设备包括网间设备和传输媒体（数据通信线路），常见的网间设备有多协议路由器、交换机、中继器、调制解调器，常见的传输媒体有双绞线、同轴电缆、光缆、无线电磁波。Internet 的物理结构是指连接在 Internet 相关子网间的网络通信设备之间的物理连接方式，即网络拓扑结构。

校园网或企业网主要由网络交换机、服务器组、区间通信光纤及铜缆等组成，这些网络都是局域网。在局域网边界使用路由器和调制解调器，并租用数据通信专用线路（网络主干线）与广域网相连，连入 Internet，它们便成为 Internet 的一分子，如图 7-1 所示。

Internet 上的网络速度也是分等级的。某些计算机之间建立了高速的网络连接，它们形成了 Internet 的主干，这些主干的网络速度大大快于 Internet 的平均网络速度。其他计算机以较低的速度连接到这些主干计算机上，而更多的计算机再通过这些较低速度的计算机连接到 Internet 上。

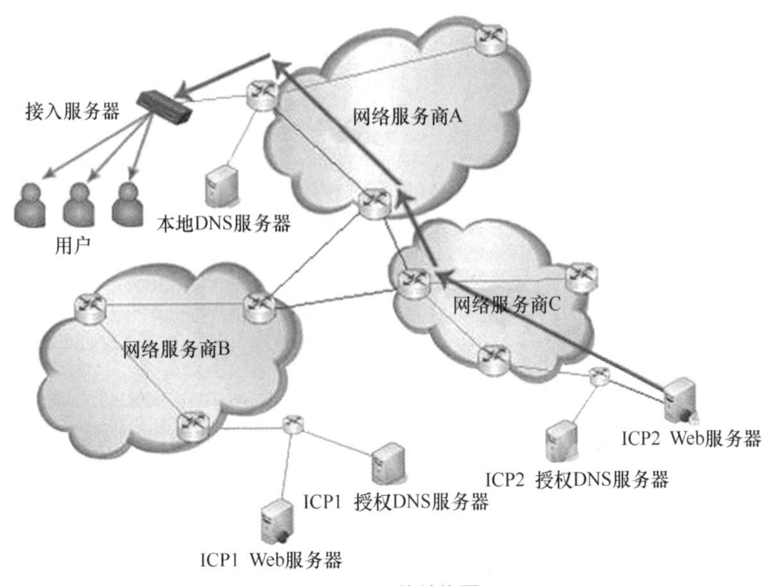


图 7-1　网络结构图

**2. Internet 的工作模式**

Internet 采用 C/S 模式。理解客户机、服务器及它们之间的关系对掌握 Internet 的工作原理至关重要。客户软件运行在客户机（或本地机）上，而服务器软件则运行在 Internet 的某台服务器上。只有客户软件与服务器软件同时工作，才能使用户获得所需的信息。

如图 7-2 所示，在 C/S 模式中,由一台服务器提供服务功能，其他计算机则处于从属的地位（统称为客户机）。客户机可以向服务器提出请求,根据外部表现能力,服务器又分为文件服务器、数据库服务器、应用服务器等。

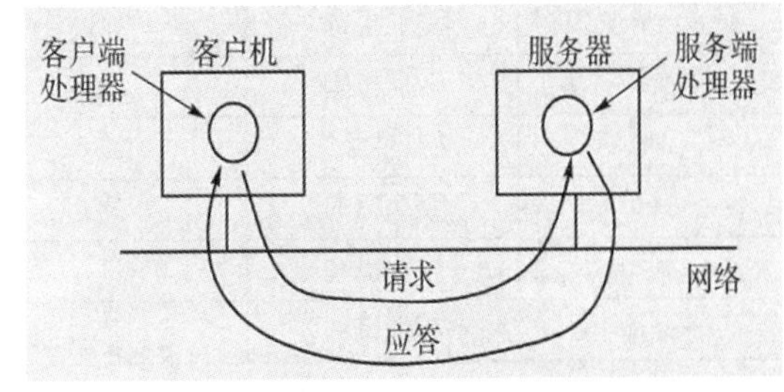


图 7-2　C/S 工作模式

服务器的主要功能是接收从客户机传来的连接请求（称为 TCP/IP 连接），解释客户的请求，完成客户请求并形成结果，再将结果传送给客户。

客户机（指本地计算机及客户软件）的主要功能是接受用户输入的请求，与服务器建立连接，将请求传递给服务器，再接收服务器送来的结果，最后以可读的形式将结果显示在本地计算机的显示屏上。

## 7.2.2　Internet 地址

为了实现 Internet 上不同计算机之间的通信，除使用相同的通信协议 TCP/IP 之外，每台计算机都必须有一个与其他计算机不同的地址，它相当于通信时每个计算机的名称。就像有的人有中文名字和英文名字一样,Internet 地址包括域名地址和 IP 地址,它们是 Internet 地址的两种表示方式。

IP 地址就是给每个连接在互联网上的主机（或路由器）分配一个全世界范围内唯一的标识符。其长度共有 32 位，由两部分组成：其中一部分是网络 ID，网络 ID 标识一个网络，其中某些信息代表网络的种类；另一部分是主机 ID，主机 ID 标识这个网络中的一台主机。

通过一个 IP 地址及子网掩码就可以确定网络中的一台主机在网络中的位置。详见第 2 章内容。

### 7.2.3 域名和域名解析

#### 1. 域名

IP 地址是 Internet 主机作为路由寻址使用的数字型标识，人们不容易记忆，因而产生了域名（Domain Name）这一种字符型标识。域名是 Internet 上用来查找网站的专用名称，是 Internet 的重要标识。所有的 Internet 地址，如网址、E-mail 地址都要用到域名。

域名系统采用分级管理，一个域名通常由 2 段或 3 段字符构成，从右向左依次为顶级域名段、二级域名段和三级域名段，最左的字段为主机名。例如，在 www.ptpress.com.cn 中，顶级域名为 cn，二级域名为 com，三级域名为 ptpress，主机名为 www。顶级域名又分为两类：

一是地理类顶级域名，例如，中国是.cn，美国是.us，日本是.jp 等；

二是组织类顶级域名，例如，表示工商企业的.com，表示网络提供商的.net，表示非营利组织的.org 等，常用的顶级域名如表 7-1 所示。

表 7-1 常用的顶级域名

| 常用组织类顶级域名 | | 地理类顶级域名 | | | |
|---|---|---|---|---|---|
| 域名 | 组织类型 | 域名 | 国家或地区 | 域名 | 国家或地区 |
| .edu | 教育机构 | .au | 澳大利亚 | .kr | 韩国 |
| .com | 商业机构 | .cn | 中国 | .sg | 新加坡 |
| .gov | 政府机构 | .de | 德国 | .uk | 英国 |
| .int | 国际性组织 | .dk | 丹麦 | .us | 美国 |
| .mil | 军事机构 | .fr | 法国 | .nl | 荷兰 |
| .net | 网络机构 | .it | 意大利 | .nz | 新西兰 |
| .org | 其他机构 | .jp | 日本 | .za | 南非 |

#### 2. 域名解析

Internet 上的计算机是通过 IP 地址来定位的，给出一个 IP 地址，就可以找到 Internet 上的某台主机。但因为 IP 地址难以记忆，人们又采用域名来代替 IP 地址。但通过域名并不能直接找到要访问的主机，中间要加一个从域名查找 IP 地址的过程，这个过程就是域名解析。

域名解析是把域名指向网站空间 IP 地址，让人们通过注册的域名可以方便地访问网站的一种服务。域名解析也叫域名指向、服务器设置、域名配置和反向 IP 登记，等等。说得简单点就是将好记的域名解析成 IP 地址，该服务由 DNS 服务器完成，然后在此 IP 地址的主机上将一个子目录与域名绑定。

互联网中的地址是数字的 IP 地址，域名解析主要就是为了便于记忆。

【案例 7-1】 解析域名的过程。

假设客户机想要访问站点 www.ryjiaoyu.com，此客户机的本地域名服务器是 dns.company.com，一个根域名服务器是 NS.INTER.NET,所要访问网站的域名服务器是 dns.ptpress.com，域名解析的过程如下。

（1）客户机发出请求解析域名 www.ryjiaoyu.com 的报文。

（2）本地域名服务器收到请求后,查询本地缓存,假设没有该纪录,则本地域名服务器 dns.company.com 向根域名服务器 NS.INTER.NET 发出解析域名 www.ryjiaoyu.com 的请求。

（3）根域名服务器 NS.INTER.NET 收到请求后，查询本地记录得到如下结果:ryjiaoyu.com NS dns.ptpress.com（表示 ryjiaoyu.com 域中的域名服务器为 dns.ptpress.com）,同时给出 dns.ptpress.com 的地址,并将结果返回给域名服务器 dns.company.com。

（4）域名服务器 dns.company.com 收到回应后,再向 dns.ptpress.com 发出请求解析域名 www.ryjiaoyu.com 的报文。

（5）域名服务器 dns.ptpress.com 收到请求后,开始查询本地的记录，找到一条如下记录：www.ryjiaoyu.com A 211.120.3.12 （表示 ryjiaoyu.com 域中域名服务器 dns.ptpress.com 的 IP 地址为 211.120.3.12）,并将结果返回给客户本地域名服务器 dns.company.com。

（6）客户本地域名服务器将返回的结果保存到本地缓存,同时将结果返回给客户机。

### 7.2.4 端口号

如果把 IP 地址比作一间房子，端口就是出入这间房子的门，端口号就是打开门的钥匙。真正的房子只有几个门，但是一个 IP 地址的端口可以有 65 536 个之多！端口是通过端口号来标记的，端口号只能是整数，范围是 0～65 535。

端口有什么用呢？我们知道，一台拥有 IP 地址的主机可以提供许多服务，如 Web 服务、FTP 服务、SMTP 服务等，这些服务完全可以通过 1 个 IP 地址来实现。那么，主机怎样区分不同的网络服务呢？显然不能只靠 IP 地址，因为 IP 地址与网络服务的关系是一对多的。实际上是通过“IP 地址+端口号”来区分不同的服务的。

服务器一般都是通过知名端口号来识别的。例如，对于每个 TCP/IP 实现来说，FTP 服务器的 TCP 端口号都是 21，每个 Telnet 服务器的 TCP 端口号都是 23，每个简单文件传送协议（Trivial File Transfer Protocol，TFTP）服务器的 UDP 端口号都是 69。任何 TCP/IP 实现所提供的服务都用知名的 1～1 023 的端口号。这些知名端口号由 Internet 数字分配机构（Internet Assigned Numbers Authority，IANA）来管理。

1993 年前，知名端口号是 1～255。256～1 023 的端口号通常都由 UNIX 系统占用，以提供一些特定的 UNIX 服务——也就是说，256～1 023 的端口号提供一些只有 UNIX 系统才有的,而其他操作系统可能不提供的服务，IANA 管理 1～1 023 的所有端口号。

Internet 扩展服务与 UNIX 特定服务之间的一个差别就是远程登录（Telnet 和 Rlogin）。它们二者都允许通过计算机网络登录到其他主机上。Telnet 采用端口号为 23 的 TCP/IP 标准，且几乎可以在所有操作系统上实现。Rlogin 只是为 UNIX 系统设计的（尽管许多非 UNIX 系统也提供该服务），它的知名端口号为 513。

客户端通常对它使用的端口号并不关心，只需保证该端口号在本机上是唯一的就可以了。客户端口号又称作临时端口号（即存在时间很短暂）。这是因为它通常只是在用户运行该客户程序时才存在，而服务器则只要主机运行，其服务就运行。

大多数 TCP/IP 给临时端口分配 1 024～5 000 的端口号。大于 5 000 的端口号是为其他服务器预留的（Internet 上并不常用的服务）。我们在后面可以看见许多这样的给临时端口分配端口号的例子。

常用的默认端口号如表 7-2 所示。

**表 7-2　常用的默认端口号**

| 端口号 | 传输层协议 | 关键字 | 描述 |
|---|---|---|---|
| 20 | TCP | FTP、数据 | 文件传输协议（数据连接） |
| 21 | TCP | FTP、控制 | 文件传输协议（控制连接） |
| 23 | TCP | TELNET | 远程终端协议 |
| 25 | TCP | SMTP | 简单邮件传输协议 |
| 53 | TCP/UDP | DNS | 域名系统 |
| 67 | UDP | BOOTP/DHCP、服务器 | 动态主机配置协议服务器端口 |
| 68 | UDP | BOOTP/DHCP、客户机 | 动态主机配置协议客户机端口 |
| 69 | UDP | TFTP | 简单文件传输协议 |
| 80 | TCP | HTTP | 超文本传输协议 |
| 110 | TCP | POP3 | 邮局协议 |
| 119 | TCP | NNTP | 新闻传输协议 |
| 161 | UDP | SNMP | 简单网络管理协议 |
| 162 | UDP | SNMP(trap) | 简单网络管理协议（陷阱） |

## 7.3 Internet 接入方式

如今随着计算机通信技术的飞速发展，企业对数据库及其检索业务的需求也越来越复杂，拥有一个良好的网络环境，对于提高办公效率是非常有效的。组建局域网的重要目的之一就是接入 Internet，这样可以使多台计算机共享上网账号，从而节省大量费用，通过本节的学习，读者将学会如何将局域网接入 Internet。

### 7.3.1 通过 ADSL 接入

个人在家里或单位使用一台计算机，利用电话线连接 Internet，通常采用的方法是点对点协议（Point-to-Point Protocol，PPP）拨号接入。采用这种连接方式的好处是终端有独立的 IP 地址，因而发给用户的电子邮件和文件可以直接传送到用户的计算机上。主机拨号接入有普通电话拨号接入、ISDN 拨号和 ADSL 宽带接入等方式。

ADSL 是一种能够通过普通电话线提供宽带数据业务的技术。ADSL 素有“网络快车”的美誉，因下行速率高、频带宽、性能优、安装方便、不需交纳电话费等特点深受广大用户喜爱，是使用较广泛的一种 Internet 接入方式。

ADSL 的最大特点是不需要改造信号传输线路，完全可以利用普通铜质电话线作为传输介质，配上专用的 Modem 即可实现数据高速传输。ADSL 支持的上行速率为 640kbit/s ~ 1Mbit/s，下行速率为 1Mbit/s ~ 8Mbit/s，其有效的传输距离在 3km ~ 5km。在 ADSL 接入方案中，每个用户都有单独的一条线路与 ADSL 局端相连，它的结构可以看作是星形结构，数据传输带宽是由每一个用户独享的，如图 7-3 所示。

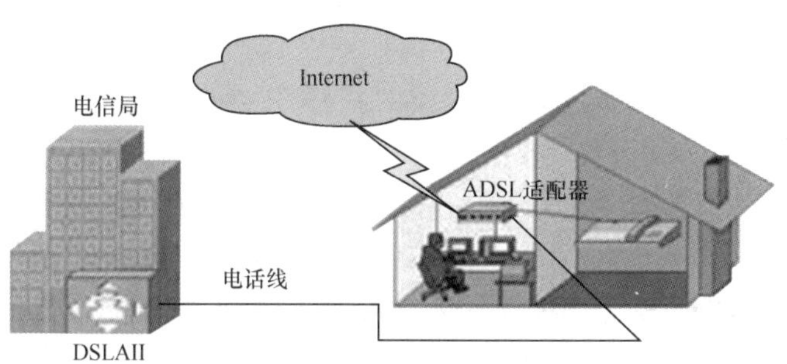


图 7-3　ADSL 接入技术示意图

## 7.3.2　通过局域网接入

目前，各种局域网（如 Novell 网、Windows NT 网络等）在国内已经应用得比较普遍。局域网接入是指局域网中的用户计算机使用路由器通过数据通信网与 ISP 相连接，再通过 ISP 的线路接入 Internet。

数据通信网有很多类型，如 DDN、X.25 与帧中继等，它们都是由电信运营商运行与管理的。目前，国内数据通信网的经营者主要有中国电信、中国网通与中国联通等。对于用户系统来说，通过局域网与 Internet 主机之间的专线连接是一种行之有效的方法。

通过局域网方式接入是利用以太网技术，采用“光缆+双绞线”的方式对社区进行综合布线。采用 LAN 方式接入可以充分利用小区局域网的资源优势，为居民提供 10MB 以上的共享带宽，这比拨号上网的速度快 180 多倍，并可根据用户的需求将带宽升级到 100MB 以上。LAN 方式接入示意图如图 7-4 所示。

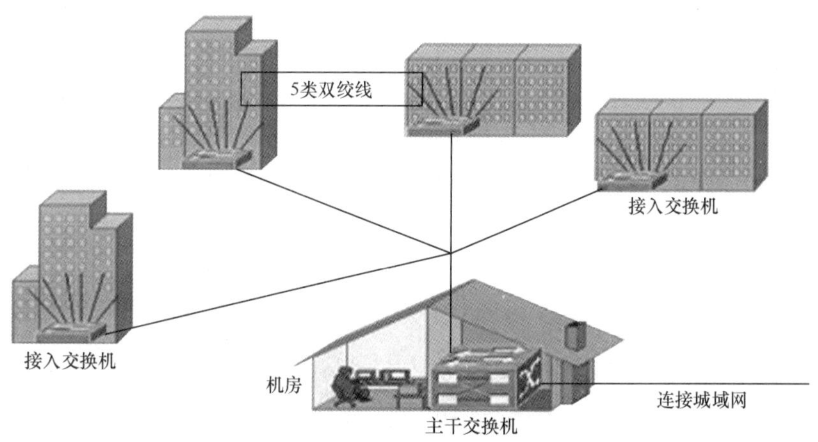


图 7-4　LAN 方式接入示意图

以太网技术成熟、成本低、结构简单、稳定性、可扩充性好；便于网络升级；可实现实时监控、智能化物业管理、小区/大楼/家庭保安、家庭自动化（如远程遥控家电、可视门铃等）、远程抄表等；可提供智能化、信息化的办公与家居环境，满足不同层次的人们对信息化的需求。根据统计，社区采用以太网方式接入，每户的线路成本可以控制在 200～300 元；而对于企业用户来说，上网费用也比其他的入网方式要低得多。

**【案例 7-2】** 通过局域网接入 Internet。

（1）启动 Windows 操作系统，在桌面上双击 Internet Explorer 图标，或在任务栏上单击

Internet Explorer 浏览器图标,启动 IE 浏览器。

（2）单击“工具”→“Internet 选项”命令，打开“Internet 选项”对话框，在对话框中选择“连接”选项卡，单击“局域网设置”按钮，打开“局域网（LAN）设置”对话框。

（3）在“局域网（LAN）设置”对话框中，设置代理服务器参数。通过局域网上网，联网的计算机要通过其中的一台计算机接入 Internet。这台计算机具备与 Internet 连接的硬件和软件条件，如具备调制解调器、电话线和拨号连接等。在功能上，因为这台计算机承担了“代理”网上其他计算机连接 Internet 的工作，所以称之为“代理服务器”。要配置指定代理服务器，一般选择“自动搜寻代理服务器”，然后单击“下一步”按钮。

（4）输入代理服务器的 IP 地址和端口，并选中“对所有协议均使用相同的代理服务器”复选框，单击“确定”按钮。

（5）若不想使用代理服务器的 Internet 地址，选中“对于本地（Intranet）地址不使用代理服务器”复选框即可。Intranet 是相对 Internet 而言的企业内部网，也就是企业内部的局域网。选定后单击“下一步”按钮。

（6）向导依次给出“设置 Internet Mail 账号”“设置 Internet News 账号”和“建立 Internet 目录服务”等信息，可以一概单击“取消”按钮暂不设置，最后单击“完成”按钮结束设置。

## 7.4 使用浏览器上网

浏览器作为 WWW 中客户端访问服务器的应用软件，诞生于 20 世纪 90 年代初期。美国的 NeXT 公司推出了第一个 Web 浏览器商业软件，漂亮的图片、多样的文字、动听的音乐、超链接等开始出现在网页中，从而突破了传统的纯文本方式，将更多的人们吸引到互联网世界中。目前在 Windows 操作系统上运行的 Web 浏览器主要有微软公司开发的 Internet Explorer（IE）和网景公司开发的 Netscape Navigator。IE 浏览器通常与微软公司的 Windows 操作系统捆绑在一起，当在计算机上安装了 Windows 操作系统后，就可以使用 IE 浏览器。下面重点介绍 IE 11.0 浏览器。

### 7.4.1 浏览器的界面

#### 1. 启动 IE 浏览器

IE 浏览器的启动方法主要有两种。

（1）通过快捷方式快速启动。在一般情况下，Windows 操作系统的桌面上都会有 IE 浏览器的快捷方式图标。双击该图标，可以直接启动 IE 浏览器。

微课 7-1 启动 IE 浏览器

（2）通过“开始”菜单启动。在 Windows 桌面的左下角，选择“开始”→“程序”→“Internet Explorer”菜单项。

#### 2. IE 浏览器界面组成

IE 浏览器打开后，其界面如图 7-5 所示。

微课 7-2 IE 浏览器界面组成

浏览器界面由标题栏、前进/后退按钮、地址栏、菜单栏、命令栏、浏览区、滚动条、状态栏组成。

图 7-5　IE 浏览器界面

（1）标题栏

标题栏位于 IE 浏览器工作界面的最上方，显示当前正在浏览的网页名称或网页的地址。在标题栏的最右端有“最小化”“最大化”和“关闭”按钮。单击标题栏的任何地方并按住鼠标左键不放，便可以随意拖动整个窗口。

（2）前进/后退按钮

单击其中的“后退”按钮，可以快速返回到前一个已访问的网页；单击“前进”按钮，将返回到单击按钮之前的网页。按钮呈灰度状态时，表示不能对其进行操作。

（3）地址栏

IE 浏览器窗口的地址栏位于工具栏的下方，包括一个“地址”下拉列表框和一个“刷新”按钮。地址栏用来显示当前所打开网页的地址，也就是常说的网址。单击右侧的“刷新”按钮，可以刷新当前网页，即重新获得网页信息并打开；正在打开网页时，单击“停止”按钮，会停止打开网页；单击地址栏右边的“下拉列表”按钮，将弹出一个下拉列表框，其中显示了曾经输入的网址，选择其中的某个网址，即可快速打开相应的网页。例如，在地址栏中输入 www.baidu.com，并按 Enter 键确认之后，就可以访问百度主页，还可以在下拉列表框中直接选择曾经访问过的网址，进而访问该网站。

（4）菜单栏

IE 浏览器界面的菜单栏中有“文件”“编辑”“查看”“收藏夹”“工具”和“帮助”这几个菜单，提供 IE 浏览器的几乎所有命令，利用这些命令可以浏览网页、查找相关内容、脱机工作、自定义 Internet 等。

（5）命令栏

IE 浏览器窗口的命令栏（工具栏）有用户浏览网页时常用的工具按钮，包括“主页”“页面”“安全”“工具”“帮助”“打印”和“邮件”等按钮，这些按钮的功能通过菜单栏中的菜单也可以完成，但使用工具栏更方便快捷。另外，IE 浏览器允许用户根据自己的需要自定义工具栏。

（6）浏览区

浏览区用于显示网页内容。

（7）滚动条

拖动滚动条，可以将覆盖的内容显示出来，便于浏览信息。

（8）状态栏

IE 浏览器窗口的状态栏位于网页窗口的下面，显示了关于 IE 浏览器当前状态的有用信息，查看状态栏左侧的信息可了解网页的下载进度，右侧显示当前网页所在的安全区域，如果是安全的站点，还将显示锁形图标。

## 7.4.2 IE 浏览器的设置

建立 Internet 连接之后，用户就可以浏览网页，查找需要的信息了。但是，要想安全有效地使用 IE 浏览器查看 Internet 信息，就要设置 Internet 链接属性。Internet 的链接属性设置包括常规属性、安全属性、内容属性、程序属性和高级属性的设置。

微课 7-3 IE 浏览器的设置

常规属性的内容比较多，包括主页的设置、临时文件的建立与删除、历史记录的处理以及语言文字等方面的内容。设置好 Internet 链接的常规属性，可使用户对网页的查看和处理更加迅速。

**【案例 7-3】** 设置 IE 浏览器的常规属性。

（1）选择“工具”→“Internet 选项”命令，打开“Internet 选项”对话框，选择“常规”选项卡，如图 7-6 所示。

（2）单击“使用默认值”按钮，IE 浏览器将默认微软公司的主页为当前浏览器主页（IE 浏览器每次启动之后自动进入的第一个网页称为主页）。单击“使用新选项卡”按钮，将以空白页作为主页。如果经常访问正在浏览的网页，可以单击“使用当前页”按钮将其设置为主页。

（3）单击“设置”按钮，打开“网站数据设置”对话框。在“Internet 临时文件”选项卡中可管理临时文件，如查看文件、移动文件、设置临时文件夹的大小和网站数据存储路径，如图 7-7 所示。在用户浏览网页时，IE 浏览器可在用户的硬盘上创建临时文件夹，将用户最近查看过的网页内容保存为缓存。当用户浏览网页时，如果在缓存中有这个网页的内容，浏览器就会先从缓存中读取，而不会直接到网站下载。这样可以使浏览的速度加快。但是也会出现另一个问题，就是如果当前的网页已经更新，IE 浏览器也不会下载更新过的内容，用户所看到的网页就不是最新的版本。解决这个问题的办法就是使用工具栏上的“刷新”按钮，让浏览器重新下载网站的最新内容。

在“历史记录”选项卡中，通过微调按钮，可以改变网页保存在历史记录中的天数。例如，将其调整为 18，那么 18 天后将自动删除历史记录中保存的网页。单击“清除历史记录”按钮，可将历史记录清除。

（4）在“常规”选项卡中，单击“删除”按钮，可删除临时文件夹中的内容。

（5）在“常规”选项卡中，单击“颜色”“字体”“辅助功能”按钮，可设置所访问网页的颜色、字体和样式。

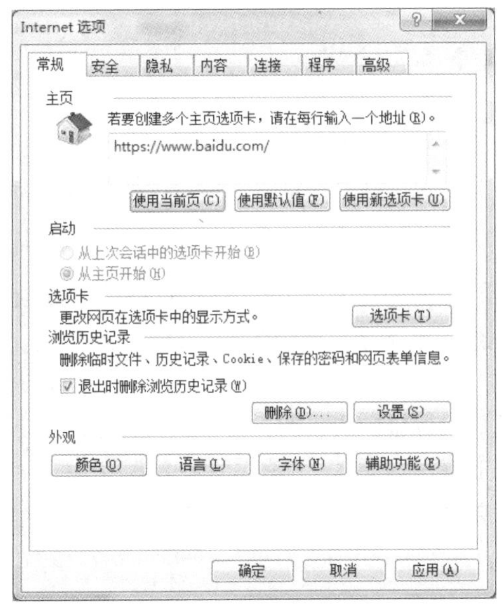


图 7-6 “常规”选项卡

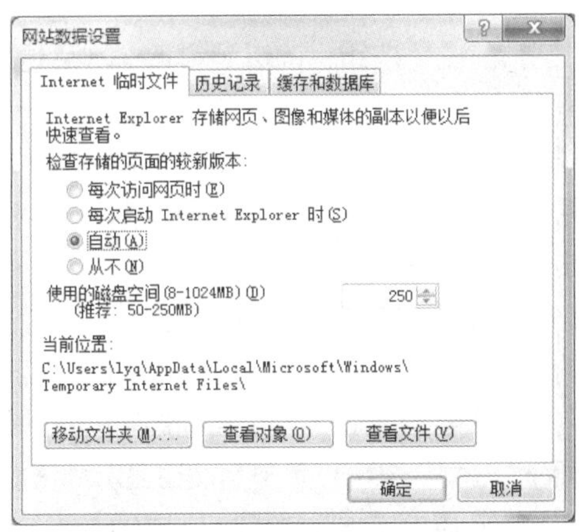


图 7-7 “Internet 临时文件”选项卡

## 7.4.3 IE 浏览器的使用

### 1. 浏览网页

首先打开 IE 浏览器，在地址栏中输入淘宝网的网址，然后按 Enter 键，可以打开淘宝网首页，如图 7-8 所示。将鼠标指针指向打开网页中的某一幅图像或者文字上时，如果看到鼠标指针变成手形，表明此处是一个超链接。此时，用户单击鼠标左键，就会转到相应的网页。用户在浏览网页的过程中，还可以使用前进/后退按钮、地址栏、命令栏的导航按钮，如图 7-9 所示。

图 7-8 淘宝网首页

将鼠标指针移向按钮时，可以显示按钮的名称，具体功能如下。

（1）“后退”按钮：回到最近一次浏览过的网页。

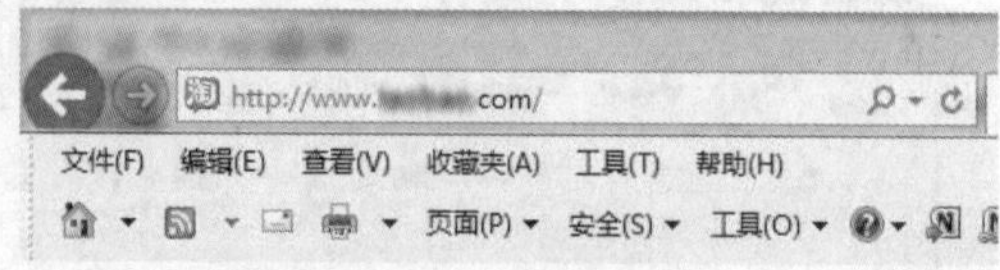


图 7-9　前进/后退按钮、地址栏、命令栏的导航按钮

（2）“前进”按钮：前进到最近一次后退之前的网页。

（3）“停止”按钮：停止载入当前正在下载的网页。在浏览下载比较慢的网站时，或者当前网页中希望获得的信息已经下载并显示出来了，而浏览器还在下载其他内容时，为了节省时间，也可以单击“停止”按钮来中断操作。

（4）“刷新”按钮：重新载入当前正在浏览的网页以保证网页最新。如果长时间在网上浏览，先前的网页可能已经更新，特别是一些提供实时信息的网页。例如，浏览的是一个商品竞拍的网站，它的内容需要实时更新，为了看到最新的竞拍信息，需要频繁单击“刷新”按钮更新网页内容。

（5）“主页”按钮：单击此按钮显示浏览器主页。

**2. 自定义 IE 浏览器窗口**

用户可根据需要设置 IE 浏览器窗口中显示的内容。其设置过程如下。

（1）打开 IE 浏览器，选择“查看”→“工具栏”命令，可以设置工具栏上显示的按钮，包括“菜单栏”、“收藏夹栏”“命令栏”“状态栏”和“锁定工具栏”。除“锁定工具栏”外，其他 4 项复选框选中则表示为显示，如图 7-10 所示。

图 7-10　“工具栏”下拉子菜单

（2）在“命令栏”单击鼠标右键，在弹出的快捷菜单（见图 7-11）中单击“添加或删除命令”命令，弹出图 7-12 所示的“自定义工具栏”对话框，通过此对话框改变命令栏按钮，可以将右边列表框中的按钮删除或将左边列表中的按钮添加到右边列表框中。

（3）在 IE 浏览器中选择“查看”→“浏览器栏”命令，可以设置在浏览器栏中显示的内容，浏览器栏内可显示“搜索”“收藏夹”“历史记录”“文件夹”和“每日提示”中的一项，如果浏览器栏内没有内容，则浏览器栏将不显示。

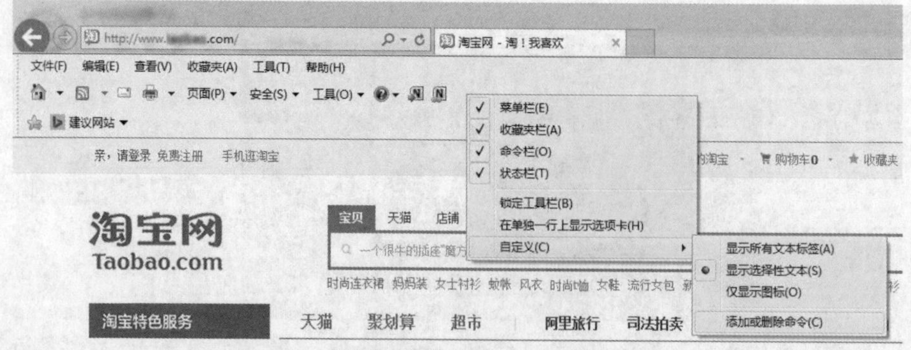


图 7-11　在“命令栏”单击鼠标右键弹出子菜单

图 7-12 “自定义工具栏”对话框

### 3. 全屏浏览网页

当浏览的网页页面比较大时，IE 浏览器可以提供全屏显示功能，这样可以隐藏所有的工具栏、桌面图标、滚动条和状态栏，以增大页面内容的显示区域，减少页面滚动的次数，提高浏览效率。

选择“查看”→“全屏显示”命令，或单击工具栏的“全屏”按钮（功能键 F11），可以切换到全屏显示模式。此时，屏幕上除了页面外，最上端还有一个工具栏，单击“全屏”按钮可以恢复正常显示状态。

### 4. 打开多个浏览器窗口

受到网速的限制，浏览网页时，经常会出现网页下载速度很慢的情况，一个网页有时要等很长时间才能加载完毕。为了提高效率，用户可以同时打开几个浏览器窗口选项卡，同时下载页面，来回切换浏览器窗口的选项卡。

当浏览器正在下载一个网页时，可以选择“文件”→“新建选项卡”命令，打开一个新的选项卡窗口，如图 7-13 所示。

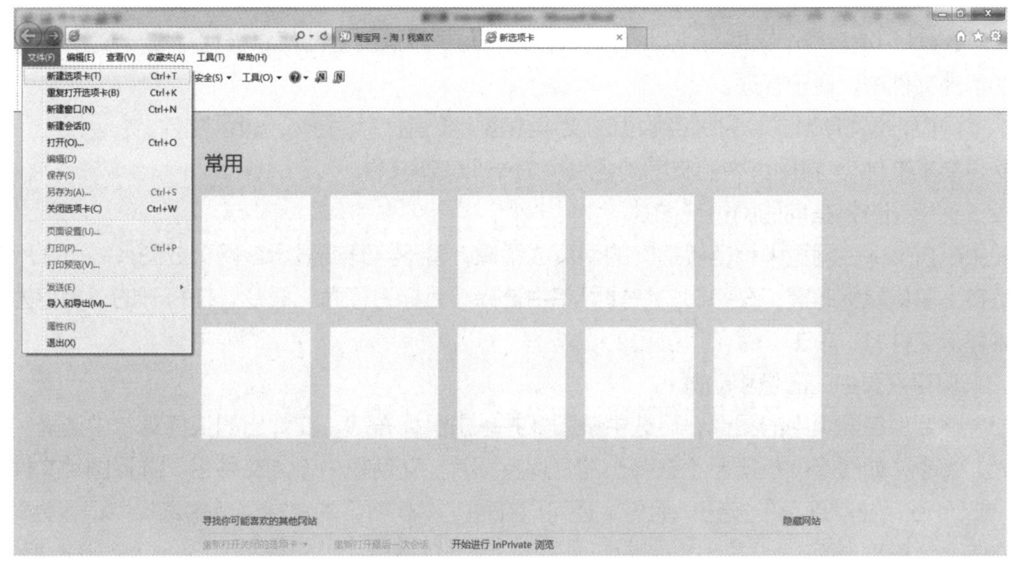


图 7-13 “新建选项卡”窗口

另外一个方法是在超链接的文字上单击鼠标右键，在弹出的快捷菜单中选择“在新选项卡中打开”

命令，在浏览器中会打开一个新的选项卡，并在地址栏中填充超链接指向的网页地址，与相应的网页服务器连接，而不会影响原来包含多个超链接的网页选项卡窗口，如图 7-14 所示。

微课 7-4　使用浏览器保存上网资源

**5．保存上网资源**

如果用户希望将网页中有用的信息保存在本地磁盘中，以便以后脱机查看，或是将网页中的图片保存以备今后使用，都可以使用浏览器提供的文件保存功能。

（1）保存浏览器中的当前页

打开某个希望保存的网页后，选择“文件”→“另存为”命令，在弹出的“保存网页”对话框中，选择文件保存的路径。在“文件名”文本框中输入该网页的名称。“保存类型”下拉列表框中有 4 种选项，如图 7-15 所示，其具体说明如下。

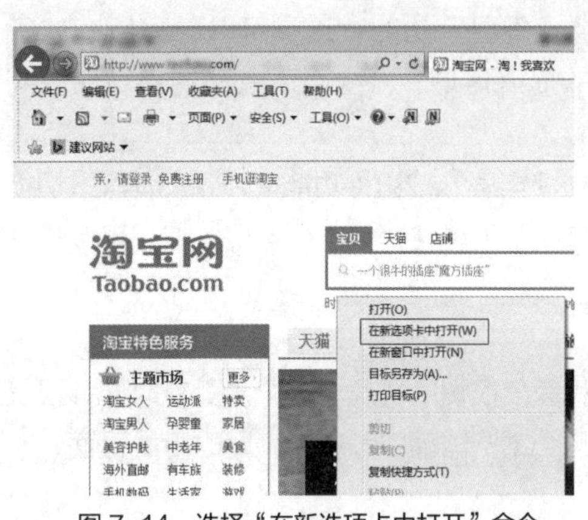


图 7-14　选择“在新选项卡中打开”命令

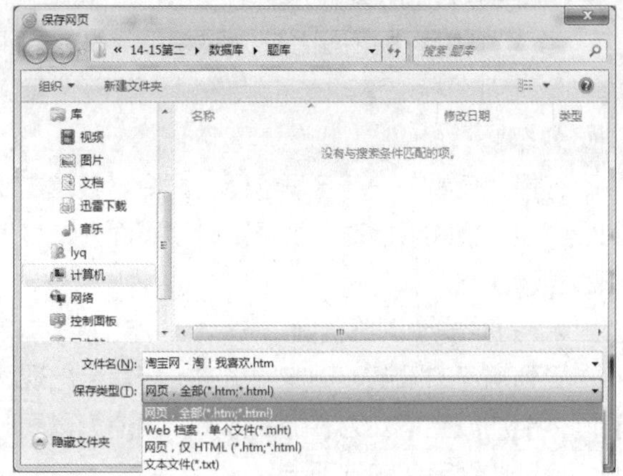


图 7-15　“保存类型”下拉列表框

① “网页，全部”：保存网页的 HTML 文件和网页中的图像文件、背景文件以及其他嵌入网页中的内容，其他文件会保存在一个和 HTML 文件同名的子目录中。

② “Web 档案，单个文件”：以此方式保存时，网页所需的全部信息被保存在一个 MIME 编码格式的单独文件中，便于管理。

③ “网页，仅 HTML”：只保存网页的文字内容，将其保存为一个.html 文件。

④ “文本文件”：将网页中的文字内容保存为一个文本文件。

（2）保存超链接指向的网页或图片

如果想直接保存网页中超链接指向的网页或图像，暂不打开或显示该网页或图片，可在所需项目的链接上单击鼠标右键，在弹出的快捷菜单中选择“目标另存为”命令，在打开的“另存为”对话框中输入文件名，单击“保存”按钮。

（3）保存网页中的图像和动画

如果需要保存网页中的图像，可选中该图像并单击鼠标右键，在弹出的快捷菜单中选择“图片另存为”命令，如图 7-16 所示。在弹出的“保存图片”对话框中输入文件名，选择图片文件格式为.gif 或.bmp,单击“保存”按钮。另外，还可以在图 7-16 所示的快捷菜单中选择“设置为背景”命令，美化计算机桌面。

**6．使用收藏夹**

每个人都会有一些经常浏览的网站，如一些新闻、杂志类网站，内容更新比较频繁。如果每次浏览都输入网址，就会比较麻烦。为此，浏览器提供了收藏网址的工具“收藏夹”，可以极大地方便用户。

打开感兴趣的网站，单击“收藏夹”→“添加收藏”命令，打开图 7-17 所示的“添加收藏”对话框。在“名称”文本框中输入要保存的网址名称，选择合适的存储目录，如果需要，还可以单击“新建文件夹”按钮，分门别类地创建收藏文件夹。

图 7-16 “图片另存为”菜单项

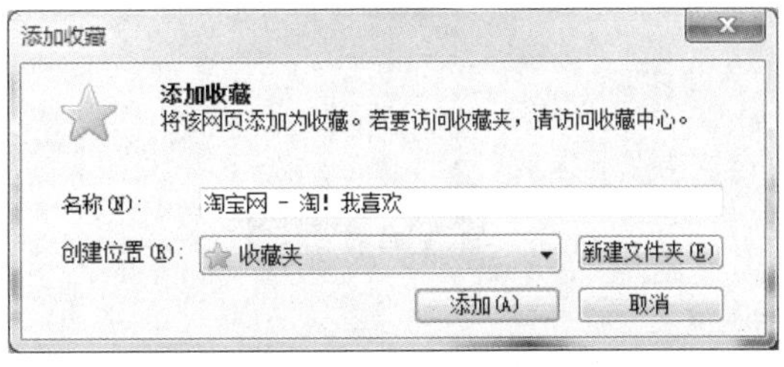


图 7-17 “添加收藏”对话框

#### 7. 管理收藏夹

收藏夹和资源管理器中文件夹的组织方式是一致的，也是树状结构。在默认情况下，新添加的网址都放在收藏夹的根目录下，当收藏的网址累积得较多时，会出现混乱，反而不利于查找，所以应当定期整理收藏夹的内容。

组织收藏夹时，为了便于查找，应该建立分类存放的组织结构，如音乐网站、新闻网站、读书、论坛、文件下载等。保存网页时，最好给网页另起一个简洁、清楚的名字，便于辨认，避免使用“×××网站欢迎您”之类的表述。

选择“收藏夹”→“整理收藏夹”命令，打开“整理收藏夹”对话框，如图 7-18 所示，可以新建、移动、重命名、删除文件和文件夹。

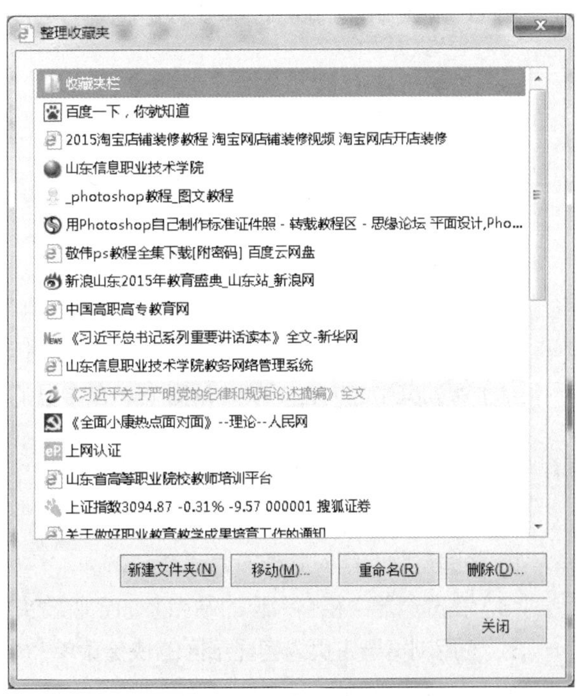


图 7-18 “整理收藏夹”对话框

### 7.4.4 使用“上网导航”网页

使用“上网导航”网页，可以通过网页上指向各类网站的超链接快速找到所需的网址。例如“网址之家”，如图 7-19 所示。通常用户只需要将该网站设置为浏览器的主页，每次打开浏览器就可以挑选自己要访问的网站了。

图 7-19 “网址之家”首页

## 7.5 实训：浏览器的设置与使用

**实训目的**

（1）掌握浏览器的使用方法。

（2）了解浏览器各功能按钮的作用。

（3）熟练使用浏览器访问网络资源。

**实训内容及步骤**

1. 使用 Web 浏览器漫游 WWW，练习使用“前进”“后退”“停止”和“刷新”按钮。

2. 利用浏览器访问中国互联网络信息中心站点。

（1）阅读其中的内容，以对 Internet 在中国的应用有整体的了解。

（2）阅读相应的主页内容，并访问其中的：

① 中国互联网络影响力十大网站；

② 中国互联网络影响力分类网站名单；

③ 中国互联网络网站影响力调查名单。

（3）在浏览器中将感兴趣的站点添加到收藏夹中。

3. 使用浏览器主页内容显示区的快捷菜单命令。

访问含有文本、图像和背景图案的网页，然后进行下列练习。

（1）用鼠标右键单击该主页的不同位置（无链接文本与图像、有链接文本与图像、背景图案），熟悉对应的快捷菜单命令。

（2）选择其中一张图像作为系统的桌面背景。

（3）另打开一个浏览器窗口显示该主页中的一张图像。

（4）将主页中的一张图像保存到本地磁盘上。

（5）将主页背景图案保存到本地磁盘上。
（6）为该主页设置主页书签或将该主页添加到收藏夹中。
4. 提取网站主页信息。
访问结构比较简单的页面，然后提取其中的各类信息。
（1）在本地主机指定磁盘根目录中建立 Web_html 目录。
（2）将该主页中的所有图像存入上述目录中（保持原文件名）。

## 7.6 习题

**1. 单项选择题**

（1）在地址栏中输入网址后，下列操作能打开该网页的是（　　）。
A. “前进”按钮　B. “转到”按钮或按 Enter 键
C. “收藏夹”按钮　D. “刷新”按钮
（2）全屏浏览网页使用的快捷键是（　　）。
A. F10　B. F11　C. F12　D. F13
（3）打开某个网站出现的第一个页面称为该网站的（　　）。
A. 首页　B. 网址　C. 主页　D. 网页
（4）网络服务提供商的网址通常以（　　）结尾。
A. com　B. net　C. edu　D. gov
（5）文件传输协议使用的端口号是（　　）。
A. 53　B. 23　C. 80　D. 21
（6）浏览网页时，一般光标变成（　　）形状时，表明该处有超链接。
A. 双箭头　B. 单箭头　C. 小手　D. 笔形

**2. 多项选择题**

（1）下列是浏览器软件的是（　　）。
A. IE 浏览器　B. 360 浏览器　C. QQ 浏览器　D. 谷歌浏览器
（2）假如用户有一个很喜欢的网站，用（　　）方法可以很快地进入该网站。
A. 加入“收藏”　B. 加入“主页”
C. 加入链接栏中　D. 加入“最近访问的文档”

**3. 操作题**

在计算机上安装 360 浏览器，比较 IE 浏览器和 360 浏览器的异同。

# 第 8 章 Internet应用

通过前面的学习，我们已经完成了局域网的搭建，并能够选择合适的方式接入 Internet，让自己的计算机成为了 Internet 大家庭中的一员，接下来就可以在 Internet 中感受网络世界的精彩，享受 Internet 给大家带来的方便、快捷和乐趣。本章将主要介绍如何使用 Internet 中的各种应用程序来遨游网络世界，体验丰富精彩的互联网。

## 学习目标

- 网络搜索引擎的使用
- 网易邮箱、QQ 邮箱的使用
- 迅雷等下载工具的使用
- 微信、QQ 等即时通信工具的使用
- 网络论坛与博客的应用
- 支付宝、淘宝等电子商务应用

## 学习情境引入

从 20 世纪 60 年代开始，一套《十万个为什么》系列丛书家喻户晓长盛不衰。现在，我们经常会说“有问题问百度”。在互联网 Web 2.0 时代，搜索引擎就是“十万个为什么”的互联网版，而且互联网能解决的问题早就大大超出了 10 万个。而面对互联网上海量的信息，怎样才能找到对自己有用的东西呢？搜索引擎绝对是必不可少的工具，这也让人们越来越依赖搜索引擎。

孔子云：“敏而好学，不耻下问。”但不是每个人身边都有一个“万能”的老师授业传道解惑。搜索引擎的出现，解决了这个问题。它像老师一样，耐心地解答你的问题，你可以 24 小时不间断地向它提问，无论问题多么羞于启齿，多么荒唐透顶，它都能在一定程度上帮你排忧解难，它就是搜索引擎。正所谓：敏而好学，有问常搜。

互联网改变着我们的生活，带来了互联网经济。爱迪生的电灯点亮了世界，瓦特的蒸汽机引发了工业革命，这些伟大的创造改变了全人类的生活方式。而搜索引擎作为互联网中从出生到壮大的传奇，同样谱写着互联网神话。搜索引擎已经改变了最初网民的上网方式，搜索引擎带来的搜索力经济已经成为互联网经济链条中十分重要的一部分。搜索力经济是目前互联网新经济的核心价值，搜索力经济成为继“注意力经济”“眼球经济”后的又一个经济热点。可以说，网络营销最主要的方式就是搜索引擎营销，搜索引擎推广其实就是基于关键词搜索的目标客户推广，是目前最有效、针对性最强的网络营销方式。

## 8.1 网络搜索引擎

网络搜索引擎是互联网中的特殊站点，专门用来帮助人们查找存储在其他站点上的信息。搜索引擎有能力告诉你文件或文档存储在何处。网上有无数网页提供主题极为多样的信息。这些网页大都是由制作者随意命名的，而且几乎都存储在不知何名的服务器上。当用户需要了解特定主题时，用户怎么知道应当阅读哪些网页呢？用户只要使用互联网搜索引擎。

### 8.1.1 搜索引擎工作原理

搜索引擎（Search Engines）是一个对互联网上的信息资源进行搜集整理，然后供用户查询的系统，是一个提供信息“检索”服务的网站，它使用某些程序将 Internet 上的所有信息归类，以帮助人们在茫茫网海中搜寻到需要的信息。

首先，搜索引擎通过一种遵循特定规律的软件跟踪网页的链接，从一个链接爬到另一个链接，像蜘蛛在蜘蛛网上爬行一样，所以该软件称为“蜘蛛”，也称为“机器人”。搜索引擎蜘蛛的爬行是被输入了一定的规则的，它需要遵从一些命令或文件的内容。然后，搜索引擎通过蜘蛛跟踪链接爬行到网页，并将爬行的数据存入原始页面数据库。其中的页面数据与用户浏览器得到的 HTML 是完全一致的。搜索引擎蜘蛛在抓取页面时，也做一定的重复内容检测，一旦遇到大量抄袭的内容，蜘蛛很可能就不再爬行。搜索引擎识别蜘蛛抓取回来的页面，并消除噪声（版权声明文字、导航条、广告等）。最后，当用户在搜索框输入关键词后，搜索引擎调用排名程序索引库数据，计算排名并将排位高的页面显示给用户，排名过程与用户不直接互动，整个搜索过程都是自动完成的。

### 8.1.2 常用的搜索引擎

随着互联网的不断发展扩大，网络上的中文信息资源和使用中文的上网用户也大量增加，各类中文搜索引擎更是层出不穷。下面介绍百度、360 综合搜索等常用的中文搜索引擎。

**1. 百度**

百度是全球最大的中文搜索引擎，它提供了以网络搜索为主的功能性搜索和以贴吧为主的社区搜索，针对各区域、行业的垂直搜索以及门户频道、IM 等功能性服务，全面覆盖了中文网络世界的所有搜索需求。百度作为商业化全文搜索引擎，可查询数十亿个中文网页。

随着电子商务网络营销的不断深入，百度还创新性地推出了基于搜索的营销推广服务，并成为最受企业青睐的互联网营销推广平台。目前，国内已有数十万家企业使用了百度的搜索推广服务，不断提升企业自身品牌效应的影响力及运营效率。

目前，百度旗下的搜索服务主要包括以下几项。

（1）网页搜索

用户可以在 PC、Pad、手机上访问百度主页，通过文字、语音、图像多种交互方式瞬间找到所需的信息和服务。

（2）手机百度

依托百度网页、百度图片、百度新闻、百度知道、百度百科、百度地图、百度音乐、百度视频等专业垂直搜索频道，方便用户随时随地使用百度搜索服务。

（3）百度地图

百度地图提供了网络地图搜索服务。用户可以查询街道、商场、楼盘的地理位置，也可以找到最近的所有餐馆、学校、银行、公园等。

（4）百度糯米

百度糯米汇集美食、电影、酒店、休闲娱乐、旅游、到家服务等众多生活服务的相关产品，并接入百度外卖、去哪儿网资源，一站式解决吃喝玩乐相关的所有问题。

（5）百度贴吧

百度贴吧是全球最大的中文社区，是一种基于关键词的主题交流社区，它与搜索紧密结合，准确把握用户需求，搭建别具特色的“兴趣主题”互动平台。贴吧目录涵盖社会、地区、生活、教育、娱乐明星、游戏、体育、企业等方方面面，目前贴吧是全球最大的中文交流平台。

（6）百度百科

百度百科是一个内容开放、自由的网络百科全书平台，它旨在创造一个涵盖各领域知识的中文信息收集平台。百度百科强调用户的参与和奉献精神，它充分调动互联网用户的力量，汇聚上亿用户的头脑智慧，积极进行交流和分享。

（7）百度知道

百度知道是百度旗下的互动式知识问答分享平台，也是全球最大的中文问答平台。广大网友根据实际需求在百度知道上提问，可以获得数亿网友的在线解答。

（8）百度文库

百度文库是百度发布的供网友在线分享文档的知识平台，是最大的互联网学习开放平台。百度文库用户可以在此平台上传、在线阅读与下载文档。

**2. 360 综合搜索**

360 综合搜索通过一个统一的用户界面，帮助用户在多个搜索引擎中选择和利用合适的（甚至是同时利用若干个）搜索引擎来实现检索操作，同时将信息聚合在一起呈现给用户，从而提升网络使用效率，将用户从繁杂的搜索系统中解放出来，使用户上网搜索的过程更轻松有效。360 综合搜索同时具备“自学习、自进化”和发现用户最需要的搜索结果的能力。

360 综合搜索是 360 开放平台的组成部分，它充分尊重用户的选择权，360 综合搜索页面的导航菜单提供多搜索引擎切换，它将多个不同搜索网站界面集成在一个浏览页面中，用户只要输入一次关键字，就可以同时完成多次搜索，并实现快速地切换查看。

360 综合搜索主要包括新闻搜索、网页搜索、微博搜索、视频搜索、MP3 搜索、图片搜索、地图搜索、问答搜索、购物搜索，通过互联网信息的及时获取和主动呈现，为广大用户提供实用和便利的搜索服务。在分类栏目中，除 360 视频搜索之外，新闻、MP3、图片、地图及问答的搜索结果均来自百度，点击结果可自动跳转。

除 360 综合搜索外，奇虎 360 公司还针对英文搜索需求，推出 360 英文搜索。360 英文搜索为国内 4 亿用户提供英文资讯、图片以及汉英词典翻译等内容，满足国人对于海外信息日益增长的需要。360 英文搜索拥有优质英文内容首屏聚合展现、双引擎智能纠错、中文+拼音输入识别等特色功能，更符合中国互联网用户的使用习惯，让用户搜索海外资讯的过程更便捷、更智能。

## 8.1.3 搜索引擎查询的技巧与策略

微课 8-1 搜索引擎技巧

下面以百度搜索引擎为例，介绍搜索引擎查询的技巧与策略。

### 1. 使用 intitle 将搜索范围限定在网页标题

网页标题通常是对网页内容提纲挈领式的归纳。搜索时，把查询内容范围限定在网页标题中，有时能获得良好的效果。

例如，“出国旅游 intitle:法国（“intitle:”与后面的关键词之间不要有空格）”的搜索结果如图 8-1 所示。

图 8-1 搜索范围限定网页标题

### 2. 使用 site 将搜索范围限定在特定站点中

如果用户知道某个站点中有自己需要找的东西，就可以用 site 把搜索范围限定在这个站点中，以提高查询效率。

例如，“开心果 site:www.taobao.com”（“site:”后面接的站点域名，不要带“http://”，“site: ”与站点名之间，不要有空格）的搜索结果如图 8-2 所示。

图 8-2 site 限定搜索范围

### 3. 使用 inurl 将搜索范围限定在 URL 链接中

网页 URL 中的某些信息，常常有某种有价值的含义。搜索时,用 inurl 对搜索结果的 URL 做某种限定，可以获得良好的效果。

例如，“auto 视频教程 inurl:video”的搜索结果如图 8-3 所示。

图 8-3 inurl 限定搜索范围

查询词“auto 视频教程”可以出现在网页的任何位置，video 必须出现在网页 URL 中。

### 4. 双引号“ ”和书名号《 》精确匹配

查询词加上双引号“”表示查询词不能被拆分，在搜索结果中必须完整出现，可以精确匹配查询词。如果不加双引号“”，查询词组经过百度分析后可能会被拆分。

查询词加上书名号《 》有两种特殊功能：一是书名号会出现在搜索结果中；二是书名号中的内容不会被拆分。书名号在某些情况下搜索效果突出。例如当查询词为“大学”时，如果不加书名号，在很多情况下搜出来的是山东大学、厦门大学、北京大学等各类大学的学校网站，如图 8-4 所示。而加上书名号后,《大学》的搜索结果就都是关于四书五经中的古籍《大学》的相关内容，如图 8-5 所示。

图 8-4 直接搜索大学

图 8-5　使用书名号搜索大学

## 8.2 电子邮件的使用

电子邮件是指通过互联网进行书写、发送和接收的信件，目的是实现发信人和收信人之间的信息交互。

电子邮件与传统的通信方式相比有着巨大的优势，它所体现的信息传输方式与传统的信件有较大的区别。

**1. 发送速度快**

电子邮件通常在数秒内即可送达全球任意位置的收件人邮箱中，其速度比电话通信更为高效快捷。接收者可以即时回复邮件，发送者也可以即时收到回复的电子邮件，接收双方交换一系列简短的电子邮件就像一次次简短的会话。

**2. 信息多样化**

电子邮件发送的信件内容除普通文字内容外，还可以是软件、数据，甚至是录音、动画、视频等多媒体信息。

**3. 收发方便**

与电话通信或邮政信件不同，电子邮件采取的是异步工作方式，它在高速传输的同时，允许收信人自由决定在什么时间、什么地点接收和回复，发送电子邮件时不会因“占线”或接收方不在而耽误时间，收件人无需固定守候在线路另一端，而可以在任意时间、任意地点，甚至是在旅途中收取电子邮件，从而跨越了时间和空间的限制。

**4. 价格低廉**

电子邮件最大的优点还在于其低廉的通信价格，用户花费极少的市内电话费用，即可将重要的信息发送到远在地球另一端的用户手中。

**5. 更为广泛的交流对象**

同一个信件可以通过网络极快地发送给网上指定的一个或多个成员，甚至召开网上会议进行互相讨论，这些成员可以分布在世界各地，但发送速度与地域无关。与其他的 Internet 服务相比，使用电子邮件可以与更多的人通信。

### 8.2.1 电子邮件地址

电子邮件地址像传统信件一样，有收信人姓名、收信人地址等因素。在互联网中，电子邮件地址的格式是：用户名@域名，如 ryjiaoyu@ptpress.com.cn。电子邮件地址表示的是在某台主机上的一个使用者账号，电子邮件地址不是身份。

电子邮件地址由以下 3 部分组成。

（1）用户名：用户邮箱的账号，对于同一个邮件接收服务器来说，这个账号必须是唯一的，可由英文字母或数字组成，还可以混合排列，中间也可加一个“_”符号，用户可根据自己的情况设置，应以简单、易记、不与他人重复为原则。

（2）@：用户名与域名的分隔符。

（3）域名：用户邮箱的邮件接收服务器域名，用以标志其所在的服务器。

如果需要向某人发邮件，收件人的邮件地址必须填写正确，一个邮箱对应一个账户，没有重复，如果收件人的邮件地址填写错了就无法发送成功，或者发送到另外一个人的邮箱中了。

### 8.2.2 电子邮件协议

当前常用的电子邮件协议有 SMTP、POP3、IMAP4，它们都隶属于 TCP/IP 簇，在默认状态下，它们分别通过 TCP 25、110 和 143 端口建立连接。

**1. SMTP**

简单邮件传输协议（Simple Mail Transfer Protocol，SMTP）是一组用于从源地址到目的地址传输邮件的规范，通过它可以控制邮件的中转方式。SMTP 属于 TCP/IP 簇，它帮助每台计算机在发送或中转信件时找到下一个目的地。SMTP 服务器就是遵循 SMTP 的发送邮件服务器。SMTP 认证简单地说就是，要求用户必须在提供账户名和密码之后才可以登录 SMTP 服务器，这就使那些垃圾邮件的散播者无机可乘。添加 SMTP 认证的目的是使用户避受垃圾邮件的侵扰。SMTP 目前已是事实上的 E-mail 传输的标准。

**2. POP**

邮局协议（Post Office Protocol，POP）负责从邮件服务器中检索电子邮件。它要求邮件服务器完成下面几种任务之一：从邮件服务器中检索邮件并从服务器中删除这个邮件；从邮件服务器中检索邮件但不删除它；不检索邮件，只是询问是否有新邮件到达。POP 支持多用户互联网邮件扩展，该扩展允许用户在电子邮件上附带二进制文件，如文字处理文件和电子表格文件等，实际上这样就可以传输任何格式的文件了，包括图片和声音文件等。在用户阅读邮件时，POP 命令将所有的邮件信息立即下载到用户的计算机上，而不在服务器上保留。POP3 即邮局协议的第 3 个版本,是 Internet 电子邮件的第一个离线协议标准。

**3. IMAP**

互联网信息访问协议（Internet Message Access Protocol，IMAP）是一种优于 POP 的新协议。和 POP 一样，IMAP 也能下载邮件、从服务器中删除邮件和询问是否有新邮件，但 IMAP 克服了 POP 的一些缺点。例如，它可以决定客户机请求邮件服务器所接收邮件的方式，请求邮件服务器只下载所选中的邮件而不是全部邮件。客户机可先阅读邮件信息的标题和发送者的名字，再决定是否下载这个邮件。通过用户的客户机电子邮件程序，IMAP 允许用户在服务器上创建并管理邮件文件夹或邮箱、删除邮件、查询某封信的一部分或全部内容，完成所有这些工作时，都不需要把邮件从服务器下载到用户的个人计算机上。支持 IMAP 的常用邮件客户端有 ThunderMail、Foxmail、Microsoft Outlook 等。

### 8.2.3 申请并使用免费电子邮箱

目前，很多网站均设有收费或免费的电子邮箱，供广大网友使用。虽然免费的电子邮箱相比收费的邮箱保密性差，不够安全，但还是有相当多的网友申请并获得了免费的电子邮箱。申请免费电子邮箱的方法如下。

微课 8-2 电子邮箱的注册与使用

**1. 选择电子邮箱网站**

国内外很多网站都提供免费的电子邮件服务，如 QQ Mail（腾讯）、163 邮箱（网易）、126 邮箱（网易）、188 邮箱（网易）、新浪邮箱（sina.cn 或 sina.com）等，容量在几百 MB 到几 GB 不等。

选择电子邮件服务网站一般从信息安全、反垃圾邮件性能、防病毒能力、邮箱容量、稳定性、收发速度、能否长期使用、邮箱的功能、搜索和排序是否方便和精细、邮件内容是否方便管理、使用是否方便、收发方式等方面综合考虑。用户可以根据自己的需求不同，选择适合自己的电子邮箱。

当然，邮箱容量越大越好，因为它可以传送、存储更多的信息。

**2. 设置与确定自己的电子邮箱地址**

为自己起一个简单、易记、唯一的电子邮箱地址，如 lili_8481@126.com。

**3. 申请步骤**

（1）通过 IE 进入要申请电子邮箱的网站，这里以 126 网易免费邮为例，如图 8-6 所示。

图 8-6 打开 126 网站

（2）在“126 网易免费邮”网站的首页中，单击“去注册”按钮，在随后出现的邮箱注册页面上，选择“注册字母邮箱”选项卡，注册使用字母数字作为电子邮箱地址的邮箱，如图 8-7 所示；也可以选择“注册手机号码邮箱”选项卡，注册用手机号作为电子邮箱地址的邮箱。

图 8-7　注册电子邮箱

（3）在注册信息填报窗口，填写“邮件地址”“密码”“手机号码”等相关注册信息。

① 输入“邮件地址”的用户名，该用户名为 6～18 个字符，可使用字母、数字、下画线，需以字母开头。输入完成后，系统会自动检测，如不与其他人重复（提示“恭喜，该邮件地址可注册”），则可进行后续信息的填写；如有重复（提示“该邮件地址已被注册”），则需要变动，重新选取新的用户名输入，直至通过为止。

② 输入“密码”“确认密码”“手机号码”和“验证码”，完成后单击“免费获取验证码”按钮，系统会发送一条包含“短信验证码”的短信到手机上。“短信验证码”一般为 6 位数字。

③ 输入手机收到的“短信验证码”，选中同意“服务条款”和“隐私权相关政策”复选框后，单击“立即注册”按钮。

（4）网站的服务器核对无误后，弹出注册成功页面，并显示刚才注册的电子邮箱地址，如图 8-8 所示。

图 8-8　注册成功

### 4．使用电子邮箱

电子邮箱注册成功以后，可以返回“126 网易免费邮”网站的首页，在“用户名”和“密码”

框中输入刚才注册的电子邮箱用户名和密码，单击“登录”按钮，就能进入邮件操作页面，收发电子邮件，如图 8-9 所示。

图 8-9　使用电子邮箱

## 8.3 文件下载

当今的网络提供了丰富的资源，怎样才能下载这些资源呢？本节将学习使用浏览器和下载工具下载资源。

### 8.3.1 使用浏览器下载资源

使用浏览器下载是指用浏览器内建的文件下载功能进行下载。新一代的浏览器已经完全支持断点续传。使用浏览器下载文件的步骤如下。

微课 8-3　使用浏览器下载文件

（1）启动 IE 浏览器，打开要下载的资源页面，单击页面中的“立即下载”按钮；或者用鼠标右键单击“立即下载”按钮，在弹出的快捷菜单中，选择“目标另存为”命令，如图 8-10 所示，即可启动浏览器下载。

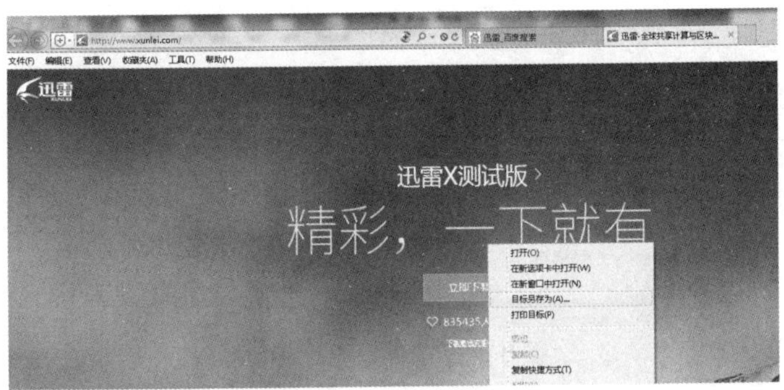


图 8-10　使用浏览器下载

（2）在浏览器下方（IE11 版本）弹出的“文件下载”对话框中，单击“保存”按钮，即可将下载文件保存到系统默认位置（C:\Users\Administrator\Downloads），也可以单击“保存”按钮右侧的下拉按钮，在弹出的下拉菜单中，选择“另存为”命令，如图 8-11 所示，打开“另存为”对话框，设置其他文件存储路径。

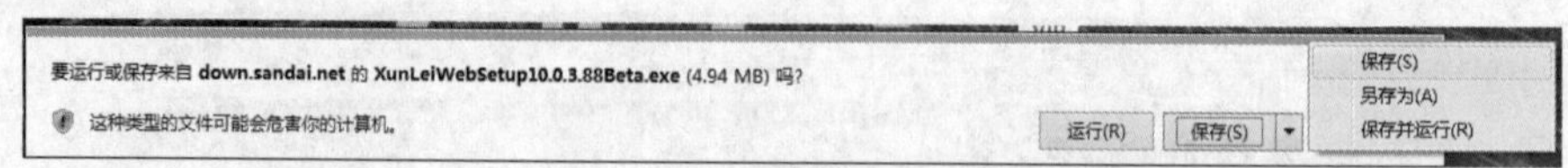


图 8-11　选择“另存为”命令

（3）设置完毕，单击“保存”按钮，系统开始下载文件。

（4）下载完成后，单击“打开文件夹”按钮或浏览保存位置，即可看到下载的资料，如图 8-12 所示。

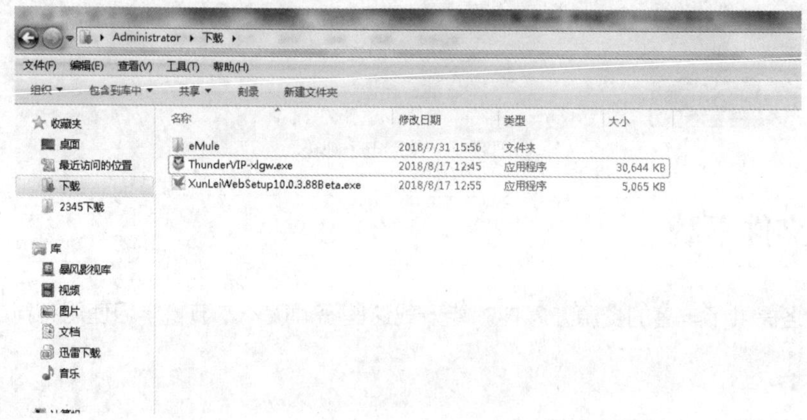


图 8-12　查看下载的资料

（5）如果想查看之前下载的资源，可以按 Alt 键然后选择“工具”→“查看下载”命令或者按 Ctrl+J 组合键打开“查看下载”窗口，如图 8-13 所示。

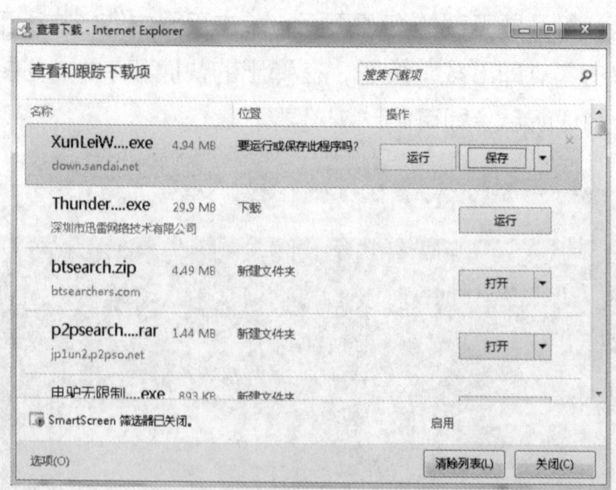


图 8-13　“查看下载”窗口

### 8.3.2　使用下载工具下载资源

下载工具是一种可以更快地从网上下载内容的软件。用下载工具下载速度快是因为它们采用了

“多点连接（分段下载）”技术，充分利用了网络上的多余带宽，并且采用“断点续传”技术，随时接续上次下载中断位置继续下载，有效避免了重复劳动，大大节省了用户连线下载时间。常用的下载工具有迅雷、IDM 下载器、QQ 旋风、东方快车等。

**1. 迅雷**

迅雷使用基于网格原理先进的超线程技术，能够将保存在第三方服务器与计算机上的数据文件进行有效整合，用户能够以更快的速度从第三方服务器和计算机中获取所需的数据文件。这种超线程技术还具有互联网下载负载均衡功能，在不降低用户体验的前提下，迅雷网络可以均衡服务器资源，有效降低服务器负载。

**2. IDM 下载器**

IDM 下载器（Internet Download Manager）支持 HTTP、 FTP、 HTTPS 和 MMS 协议。IDM 的续传功能可以恢复下载因为断线、网络问题、计算机宕机，甚至无预警的停电导致下传到一半的文件，具有动态档案分割、多重下载点技术，采用 In-speed 技术可以动态地将所有设定应用到某种联机类型，以充分利用下载速度。IDM 支持下载队列、防火墙、映射服务器、重新导向、cookies、需要验证的目录，以及各种服务器平台。IDM 紧密地与 Internet Explorer 和 Netscape Communicator 结合，自动处理用户的下载需求，另外，IDM 还具有下载逻辑功能、检查病毒，以及多种偏好设定。

**3. QQ 旋风**

QQ 旋风是腾讯公司 2008 年年底推出的新一代互联网下载工具，下载速度快，占用内存少，界面清爽简单。QQ 旋风创新性地改变了下载模式，将浏览资源和下载资源融为一体，让下载更简单、更纯粹、更小巧；支持离线下载，可加速下载文件。

**4. 东方快车**

东方快车采用 P2P 和 P2S 无缝兼容技术，全面支持 BT、HTTP、eMule 及 FTP 等多种协议。它能够智能检测下载资源，在 HTTP/BT 下载模式间自动切换，无须手工操作。采用 One Touch 技术优化 BT 下载，获取种子文件后自动下载目标文件，无须二次操作。东方快车可以对下载的文件进行自动分类、分组管理，实现将下载任务备份到网络的功能。东方快车拥有即时换肤系统，内置皮肤管理器，在线下载，随时换肤。

### 8.3.3 使用迅雷下载资源

迅雷是新型的基于 P2SP 技术的下载软件，有相对较高的下载速度、占用系统资源较少、使用简单。下面介绍迅雷的几点使用技巧。

微课 8-4 迅雷设置技巧

（1）因为迅雷的多数设置都在“设置中心”对话框中，所以首先在“设置”菜单中（迅雷 10 为☰），单击“设置中心”命令，如图 8-14 所示，打开“设置中心”对话框。

①“设置中心”对话框的“下载管理”选项卡中包含“下载加速”“下载目录”“下载模式”“BT 设置”“下载代理”等下载配置选项。在“下载目录”中的“使用指定的迅雷下载目录”中设置自己的下载目录。默认目录一般都在迅雷安装目录下的“迅雷下载”文件夹中，这样查看下载后的文件比较麻烦，路径名较长，更何况一般都设有专门的供下载的磁盘目录，所以最好单击“选择目录”按钮重新选择专用下载文件夹，如图 8-15 所示。

②“设置中心”对话框中的“任务管理”选项卡包含“自动离线下载”“任务设置”“任务提示”等任务管理配置。“任务设置”中的“原始地址线程数”默认是 5，本书修改为 10。因为有的下载文件在迅雷服务器中没有资源，只能从原始地址下载，而默认的原始地址下载线程数较少，容易影响下载速度，所以应改为最大线程数 10，如图 8-16 所示。

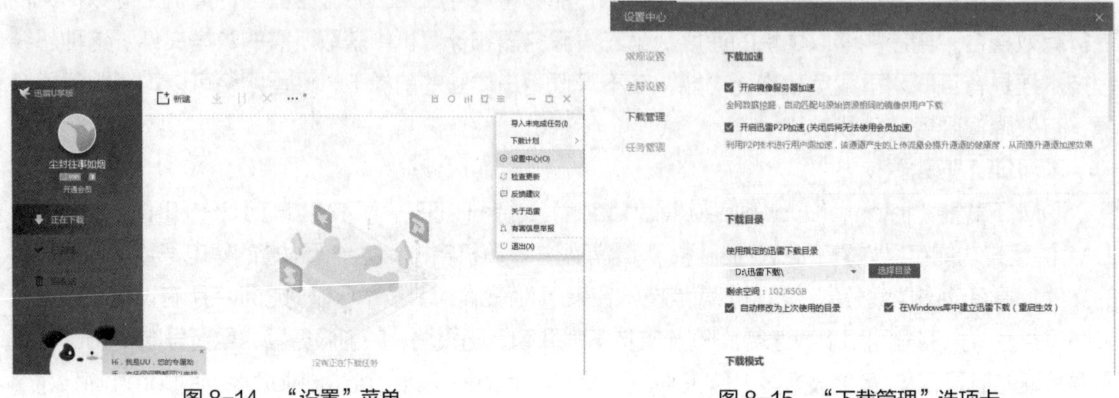


图 8-14 “设置”菜单　　　　图 8-15 “下载管理”选项卡

（2）“新建”菜单中的“新建批量下载任务”命令可以帮助用户同时建立下载地址类似的多个下载任务。

（3）“设置”菜单中的“导入未完成的下载”命令可以帮助用户继续下载未下载完的文件，该功能在两种情况下应用较多：一种是用户重装迅雷后，可以用此功能继续下载先前版本的迅雷未下载完的文件；另一种是用户白天用公司网络下载电影等文件，但下班前仍未下完，用户可以用移动存储设备（如移动硬盘等）将未下载完的文件全部移至家里的计算机，然后用迅雷的此功能继续下载。

（4）对于使用学校等局域网的用户，有的局域网对上传、下载速度做了限制，为了提高下载速度，可考虑使用代理服务器。

代理服务器在“设置中心”对话框“下载管理”选项卡的“下载代理”中配置，如图 8-17 所示。选中“使用自定义代理服务器”单选项，单击“添加”按钮，然后填写相应的栏目，代理名称可自定义，代理服务器和端口可使用专门的软件在网上搜索，类型一般为 HTTP，有些代理服务器需要验证，即填写申请时获取的用户名和密码，有些则不需要。

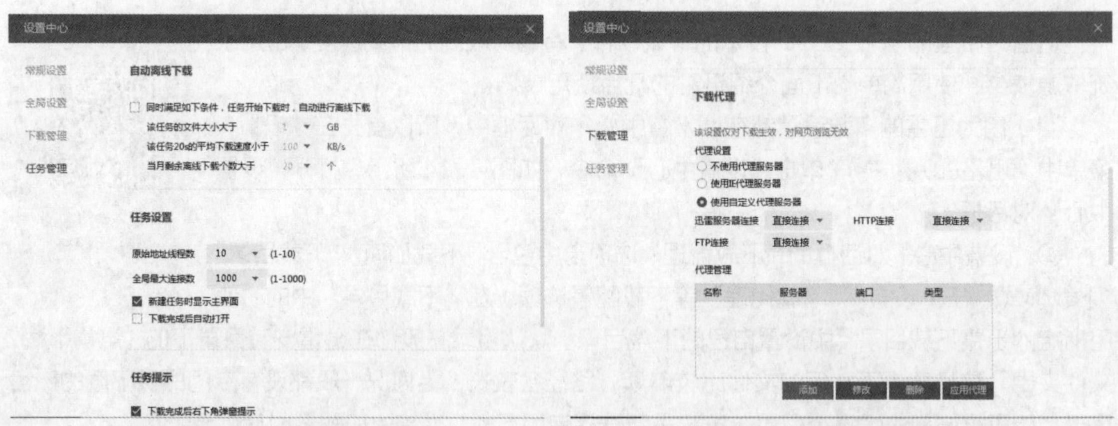


图 8-16 “任务管理”选项卡　　　　图 8-17 代理服务设置

## 8.4 即时通信工具

即时通信（Instant Messaging，IM）是目前 Internet 上最为流行的通信方式，各种各样的即时通信软件层出不穷，通信服务功能也越来越丰富。Internet 已经成为真正的信息高速公路。

即时通信工具作为计算机网络的应用之一，受到了用户的普遍喜爱，它把人们带进了一个虚拟的网络世界，大大加深了人们之间的联系。从单一的文本通信，到语音通信以及现在的图像、视频通信，即时短信的发送和在线游戏等功能的开发，已经大大拓展了通信工具的概念，成为人们通过 Internet 相互联系和娱乐的主要平台。

### 8.4.1 腾讯 QQ

QQ 是腾讯 QQ 的简称，是腾讯公司开发的一款基于 Internet 的即时通信软件。目前 QQ 已经覆盖 Microsoft Windows、OS X、Android、iOS、Windows Phone 等多种主流平台。其标志是一只戴着红色围巾的小企鹅。

腾讯 QQ 具有聊天、视频通话、语音通话、点对点断点续传文件、传送离线文件、共享文件、QQ 邮箱、网络收藏夹、发送贺卡、储存文件等功能。QQ 不仅仅是简单的即时通信软件，它还与全国多家寻呼台、移动通信公司合作，实现传统的无线寻呼网、GSM 移动电话的短消息互联，是功能很强的即时通信软件。

微课 8-5　QQ 下载与安装

**1. QQ 软件下载与安装**

安全起见，用户通常需要在腾讯公司官方网站下载 QQ 软件，其操作步骤如下。

（1）启动 IE 浏览器，在地址栏中输入腾讯公司官方网站地址，打开网站首页。单击网站首页右上角的“软件”超链接，进入“腾讯软件中心”页面，单击“QQ”软件图标，进入“QQ 下载”页面，如图 8-18 所示。

（2）在“QQ 下载”页面，单击“普通下载”按钮，如图 8-18 所示，即可下载 QQ 软件。下载完成后，在计算机本地文件中找到 QQ 软件安装文件，双击运行，如图 8-19 所示，打开 QQ 安装界面。

图 8-18　“QQ 下载”页面

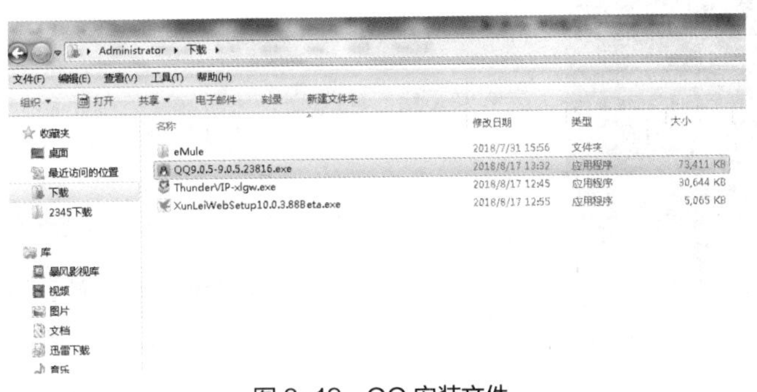


图 8-19　QQ 安装文件

（3）在 QQ 安装界面中，单击“立即安装”按钮，安装 QQ 软件。稍等几十秒后，软件提示安装完成。在“安装完成”界面中，还可以安装腾讯公司的其他产品，如腾讯视频播放器、QQ 浏览器、QQ 游戏等。如不需要，直接单击“完成安装”按钮即可，如图 8-20 所示。

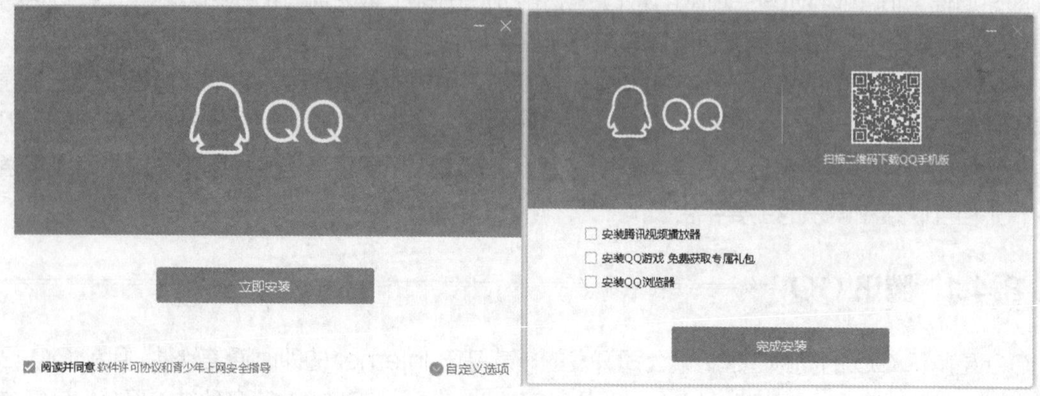


图 8-20　QQ 安装界面

### 2. QQ 号码的注册申请

微课 8-6　QQ 注册账号

QQ 软件安装完成后，要想用 QQ 同好友聊天，还需要申请 QQ 账号。QQ 账号目前可以通过腾讯官方网站免费注册申请，其步骤如下。

（1）从“开始”菜单启动 QQ，打开“QQ 登录”界面，单击“QQ 登录”界面左下角的“注册账号”超链接，打开“QQ 注册”页面，如图 8-21 所示。

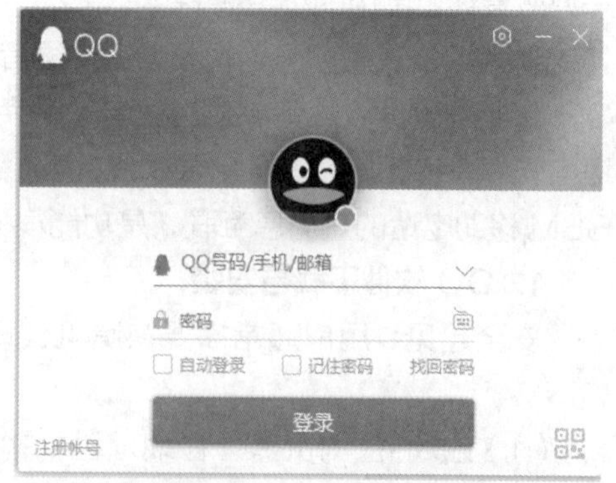


图 8-21　“QQ 登录”界面

（2）在“QQ 注册”页面中，输入“昵称”“密码”“手机号码”等内容后，单击“发送短信验证码”按钮，系统会发送 6 位数字短信验证码到手机。在“短信验证码”文本框中填写此验证码，单击“立即注册”按钮，即可注册完成，如图 8-22 所示。

图 8-22　“QQ 注册”页面

### 3. 使用 QQ 聊天

QQ 号码注册成功后，在“QQ 登录”界面中，输入刚刚注册的 QQ 号码和相应密码，单击“登录”按钮，即可登录 QQ。

单击 QQ 程序界面（见图 8-23）左下角的“添加好友”按钮，可以打开“查找”界面，在该界面中有“找人”“找群”“找课程”“找服务”等功能选项卡。在“找人”选项卡中输入好友的 QQ 号码，待好友通过验证后，就可以添加好友并跟好友聊天。

图 8-23　QQ 程序界面

## 8.4.2 微信

微信（WeChat）是腾讯公司于 2011 年 1 月 21 日推出的一个为智能终端提供即时通信服务的免费应用程序。微信支持跨通信运营商、跨操作系统平台服务；可以通过网络快速发送免费（需消耗少量网络流量）语音短信、视频、图片和文字；也可以使用共享流媒体内容的资料和基于位置的 “摇一摇”“漂流瓶”“朋友圈”“公众平台”“语音记事本”等服务插件。

截止到 2016 年第二季度，微信已经覆盖中国 94%以上的智能手机，月活跃用户达到 8.06 亿，用户覆盖 200 多个国家、20 多种语言。

微信提供公众平台、朋友圈、消息推送等功能，用户可以通过“摇一摇”“搜索号码”“附近的人”和二维码扫描方式添加好友和关注公众平台，同时可以将内容分享给好友或分享到微信朋友圈。

### 1. 微信应用程序的下载与安装

通常用户在各大合法的手机应用商店，均可下载微信软件，其操作步骤如下。

（1）打开手机应用商店，在搜索框中输入“微信”，单击“搜索”按钮，便可找到关键字包含“微信”的应用程序。单击“微信”的“下载”按钮，即可下载微信应用程序。

（2）微信应用程序下载完成后，会自动进行安装。系统安装完成后，会在手机桌面自动添加微信图标。单击微信图标，即可启动微信应用程序，如图 8-24 所示。

### 2. 微信账号的注册申请

在微信应用程序登录界面，有“登录”和“注册”两个按钮，如已有微信账号，可单击“登录”按钮，直接登录。如果还没有微信账号，则单击“注册”按钮，进行手机号码注册。

在“手机号注册”界面，输入“昵称”，选择相应国家/地区，输入“手机号”和“密码”后，单击“注册”按钮，即可完成注册。

图 8-24 微信界面

微信账号注册完成后，在应用程序登录界面，点击“登录”按钮，打开“手机号登录”界面。选择相应国家/地区，输入“手机号”，进行相应安全验证后，即可登录微信，如图 8-25 所示。

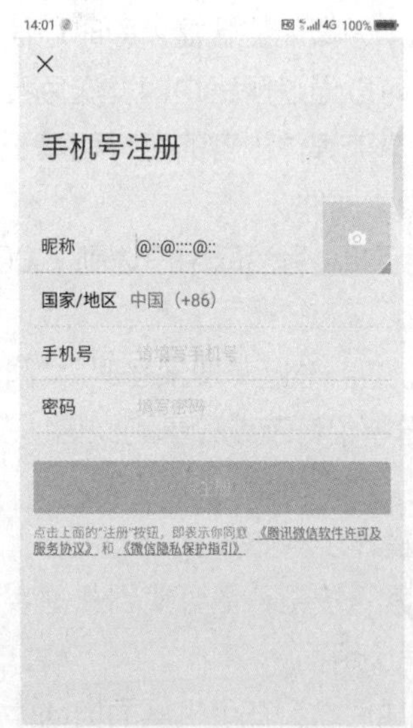

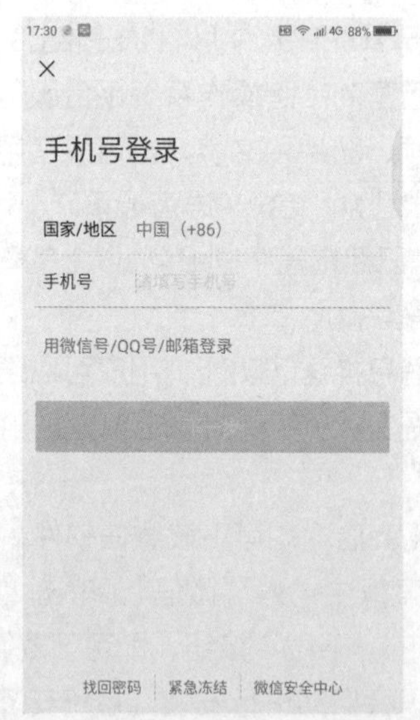

图 8-25 微信“注册”和“登录”界面

### 3．使用微信与好友聊天

单击微信应用程序界面的右上角的 “+”号，可以打开微信功能菜单，包含“发起群聊”“添加朋友”“扫一扫”“收付款”“帮助与反馈”等功能选项。

单击“添加朋友”选项，打开“添加朋友”界面。在搜索框中输入好友的手机号，单击“搜索”

按钮，可以查看好友的“详细资料”。

在好友“详细资料”界面中点击“添加到通讯录”按钮，如图 8-26 所示，给好友发送验证申请。待好友验证通过后，好友头像就会出现在微信程序界面中。点击好友头像，就可以同好友进行微信聊天。

图 8-26　添加朋友

## 8.5 网络论坛与微博

### 8.5.1 网络论坛

**1. 论坛简介**

网络论坛（Bulletin Board System，BBS）也叫“电子公告板”，是一个和网络技术有关的网上交流场所。

BBS 目前为企业开放给客户交流的平台，可以在 BBS 发表一个主题，让大家一起来探讨，也可以提出一个问题，让大家一起来解决等，是一个人与人语言文化共享的平台，具有实时性、互动性的特点。

随着时代的发展，网络论坛上的新型词语或一些不正规的词语飞速蔓延，如斑竹（版主）、罐水（灌水）、沙发（第一个回帖的人）、板凳（第二个回帖的人）等，因此，在交流时请注意避免不正规的词语蔓延。

随着网络的不断发展，网络论坛几乎涵盖了用户生活的各个方面，几乎每一个人都可以找到自己感兴趣或者需要了解的专题性论坛，而各类网站也都青睐于开设自己的论坛，以促进网友之间的交流、增加互动性和丰富网站的内容。

**2. 论坛分类**

（1）网络论坛按涉及内容的复杂程度，可分为综合论坛和专题论坛。

① 综合论坛

综合论坛包含的信息比较丰富和广泛，包罗万象，但是由于知识面广而难以全部做到精细，所以这类论坛往往存在不能面面俱到的弊端。

通常大型的门户网站有足够的人气、凝聚力以及强大的后盾支持，能够把论坛做得很强大，但是小规模的网站或简单的个人网站，就倾向于建设精致的专题论坛。

② 专题论坛

专题论坛能够吸引真正志同道合的人来交流探讨，有利于信息的分类、整合和搜集，专题性论坛对学术、科研、教学都起到重要的作用，如军事类论坛、情感倾诉类论坛等。

专题论坛能够在单独的领域划分设置版块，更有一些论坛，把专题直接做到最细化，这样往往能够取得更好的效果，如图 8-27 所示。

（2）网络论坛按其功能性，可分为教学类论坛、推广型论坛、地方性论坛和交流性论坛等。

① 教学类论坛

教学论坛通常聚焦于知识的传授和学习，特别是在计算机软件等技术类行业，教学类论坛发挥着重要的作用。通过在论坛里浏览帖子、发布帖子求助，用户能迅速与很多人在网上进行技术性的交流和学习。

② 推广型论坛

推广型论坛通常以广告软文的形式，为某一个企业或某一种产品进行宣传服务，企业支付一定的报酬。但是这样的论坛往往很难吸引人，单就其宣传推广的性质，很难有大作为。所以这样的论坛寿命通常很短，论坛中的会员也几乎是受雇佣的人员而非自愿加入。

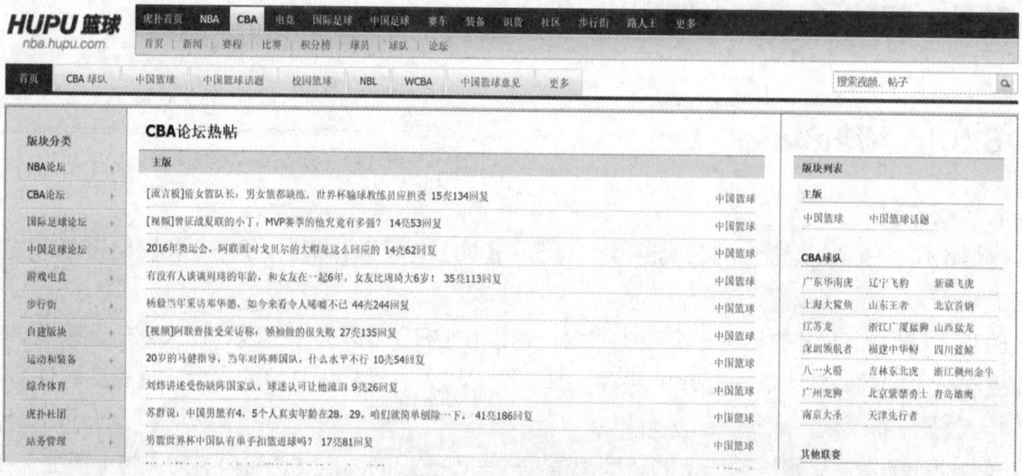

图 8-27 专题论坛

③ 地方性论坛

地方性论坛是娱乐性与互动性最强的论坛之一。不论是大型论坛的地方站，还是专业的地方论坛，都在网民中反响热烈，如百度北京贴吧、水木社区论坛（见图 8-28）等。

地方性论坛能够更大限度地拉近人与人之间的距离，另外由于是地方性的论坛，所以论坛对其中的网民也有一定的区域限制，论坛中的人或多或少都来自相同的地方，多了些真实的安全感。

④ 交流性论坛

交流性论坛又是一个广泛的大类，因其重点在于论坛会员之间的交流和互动，所以内容也较丰富，有供求信息、交友信息、线上线下活动信息等，这样的论坛是将来论坛发展的大趋势。

图 8-28　水木社区论坛

## 8.5.2　微博

### 1. 微博简介

微博（Weibo）即微型博客（MicroBlog）的简称，是博客的一种，是一个基于用户关系信息分享、传播以及获取的平台。用户可以通过 Web、WAP 等各种客户端组建个人社区，以 140 个字（包括标点符号）以内的文字更新信息，并实现即时分享，如图 8-29 所示。

图 8-29 “微博”界面

### 2. 微博的特点

微博具有以下特点。

（1）微博信息获取具有很强的自主性、选择性，用户可以根据自己的兴趣偏好，依据对方发布内容的类别与质量，来选择是否“关注”某用户，并可以对“关注”的所有用户群进行分类。

微课 8-7　新浪微博注册

（2）微博宣传的影响力具有很大弹性，与内容质量高度相关。其影响力基于用户现有的被“关注”的数量。用户发布信息的吸引力、新闻性越强，对该用户感兴趣、关注该用户的人也越多，该用户影响力越大。只有拥有更多高质量的粉丝，才能让用户的微博被更多人关注。此外，微博平台本身的认证及推荐也助于增加用户被“关注”的数量。

（3）内容短小精悍。微博的内容被限定为 140 个字以内，内容简短，不需长篇大论，门槛较低。

（4）信息共享便捷迅速。可以通过各种连接网络的平台，在任何时间、任何地点即时发布信息，其信息发布速度超过传统纸媒及网络媒体。

### 3. 新浪微博的使用

2009 年 8 月，新浪网推出“新浪微博”，成为第一家提供中文微博服务的门户网站，如图 8-30 所示。下面以新浪微博为例，介绍微博的使用方法。

图 8-30　新浪微博官方网站

（1）访问新浪微博官方网站。

（2）单击“立即注册”超链接，进入微博注册页面，如图 8-31 所示。

图 8-31　“微博注册”页面

（3）单击“个人注册”选项卡，填写手机号码，设置密码（密码要求 6 ~ 16 位字母、数字、符号的组合），单击“立即注册”按钮。此时，用手机给官方系统的特定号码发送一条验证短信，即可通过验证。通过验证后，网页跳转至完善资料页面，如图 8-32 所示。

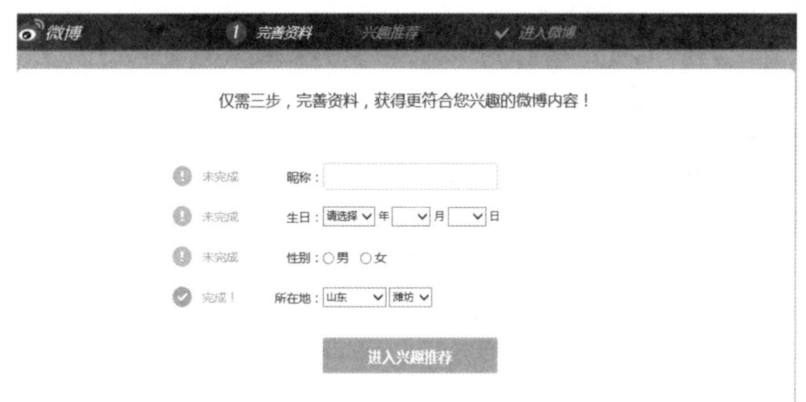

图 8-32 “完善资料”页面

（4）依此填写个人信息，选择“兴趣推荐”后，即可完成注册，进入个人微博首页，如图 8-33 所示。

图 8-33 微博首页

（5）在个人微博首页，可以根据界面提示发表个人微博。

## 8.6 电子商务应用

### 8.6.1 认识电子商务

#### 1. 电子商务的概念

电子商务通常是指在开放的网络环境下，基于浏览器/服务器应用方式，买卖双方不谋面地进行各种商贸活动，是实现消费者的网上购物、商户之间的网上交易和在线电子支付以及各种商务活动、交易活动、金融活动和相关综合服务活动的一种新型商业运营模式。

通常将电子商务划分为狭义和广义的电子商务。

从狭义上讲，电子商务（Electronic Commerce，EC）是指使用互联网等电子工具（这些工具包括电报、电话、广播、电视、传真、计算机、计算机网络、移动通信等）在全球范围内进行的商务贸易活动，包括商品和服务的提供者、广告商、消费者、中介商等有关各方行为的总和。人们一般理解的电子商务是指狭义上的电子商务。

从广义上讲，电子商务就是通过电子手段进行的商业事务活动。使用互联网等电子工具，在公司内部、供应商、客户和合作伙伴之间，利用电子业务共享信息，实现企业间业务流程的电子化，配合企业内部的电子化生产管理系统，提高企业在生产、库存、流通和资金等各个环节的效率。

无论是广义的还是狭义的电子商务，都涵盖了两方面的内容：一是离不开互联网这个平台，没有了网络，就称不上电子商务；二是电子商务通过互联网完成的是一种商务活动。

**2. 电子商务的功能**

电子商务可提供网上交易和管理等全过程的服务，因此它具有广告宣传、咨询洽谈、网上订购、网上支付、电子账户、服务传递、意见征询、交易管理等功能。

**3. 电子商务的运营模式**

当前电子商务主要有 B2B、B2C、C2C、ABC、O2O 五类运营模式。

（1）B2B 模式

B2B（Business to Business）模式是指商家（泛指企业）对商家的电子商务，即企业与企业之间通过互联网进行产品、服务及信息的交换。可简单理解为，在 B2B 模式下进行电子商务交易的供需双方都是企业，它们通过 Internet 的各种商务网络平台，完成商务交易的过程。这些过程包括：发布供求信息，订货及确认订货，支付过程及票据的签发、传送和接收，确定配送方案并监控配送过程等。例如，阿里巴巴网是大型的 B2B 商城之一。

（2）B2C 模式

B2C（Business to Consumer）模式是我国最早产生的电子商务模式，是商家对用户的模式，以 8848 网上商城正式运营为标志。当前的 B2C 商城非常多，比较大型的有京东商城、天猫、当当网等。

（3）C2C 模式

C2C（Consumer to Consumer）与 B2B、B2C。不同的是，C2C 是用户对用户的模式，C2C 商务平台就是为买卖双方提供一个在线交易平台，卖方可以主动提供商品在网上拍卖，买方可以自行选择商品进行竞价，如淘宝网。

（4）ABC 模式

ABC（Agents to Business to Consumer）模式是新型电子商务模式的一种，被誉为继阿里巴巴的 B2B 模式、京东商城的 B2C 模式、淘宝的 C2C 模式之后，电子商务领域的第四大模式，是由代理商（Agents）、商家（Business）和消费者（Consumer）共同搭建的集生产、经营、消费于一体的电子商务平台。这三者之间可以转化，大家相互服务，相互支持，你中有我，我中有你，真正形成一个利益共同体。

（5）O2O 模式

O2O（Online to Offline）是近年来兴起的一种电子商务新商业模式，它将线下商务与互联网结合在了一起，让互联网成为线下交易的前台。这样线下服务就可以通过线上服务揽客，消费者可以在线上筛选服务，可以在线结算，使交易很快达到规模。该模式的重要特点是：推广效果可查，每笔交易可跟踪。

### 8.6.2 网上购物

网上购物就是使用互联网检索商品信息，并通过电子订购单发出购物请求，然后约定合适的付款方式和商品配送方式，买卖双方无需见面，仅凭信用即可完成商品交易的一种新型商贸活动。

目前国内网上购物常用的付款方式有担保交易（淘宝支付宝、腾讯财付通等）、款到发货（直接银行转账，在线汇款）、货到付款（物流公司代收）等。常用的商品配送方式有厂商送货、专业物流公司送货、快递公司送货、邮政送货等。

**1. 网购的优势**

（1）省时、省力。网上购物，用户仅需动动鼠标，就可在网上查找全部的商品，只要有确定购买的商品目标，用户在商城中稍加搜索就能直接找到。

（2）省钱。网络经营门槛比较低，并且无需超大的库存和租用昂贵的店面，进货渠道也不复杂，网络经营成本低廉，所以网上卖出的商品要比现实中的便宜很多，在网上买同样的产品要比在线下购买省不少钱。

（3）相对安全。总体上，网上购物的支付系统还是很安全的，目前网上银行的安全系数也比以前大大增强，特别是支付宝、财付通等一系列第三方交易担保平台的出现，大大提高了个人账户的安全性。

（4）商品种类齐全。网上商城包罗万象，几乎可以出售用户需要的任何商品。通过网络购物，几乎能做到：只有你想不到的，没有你买不到的商品。

（5）足不出户就能收到货物。当前，发达的物流体系可以提供精确的商品配送服务，直接送货到户。

（6）订单不受时间限制。网上店铺除特殊节日外，一般不打烊，均为 24 小时营业，用户可以在任何时间下单购买。

总的来说，网上购物的优点还是很多的，比较懒惰或者不喜欢在现实中讨价还价的用户可以试试网上购物。

**2. 网上购物的主要步骤**

网上购物的主要步骤如下。

（1）选择购物平台。

（2）注册账号。

（3）挑选商品。

（4）协商交易事宜。

（5）填写准确详细的地址和联系方式。

（6）选择支付方式。

（7）收货验货。

（8）评价。

收到货后，若不满意，那么需要执行以下操作。

（9）退换货。

（10）退款。

（11）维权。

## 8.6.3 淘宝购物

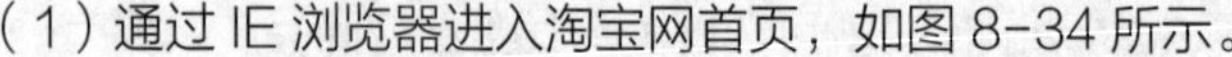

目前，比较流行的网购平台有淘宝网、天猫商城、京东商城等，每家平台都各具特色，下面以淘宝网为例，介绍网上购物的具体流程。

微课 8-8 淘宝账号注册

### 1. 注册淘宝账号

无论在哪个平台购物，都需要一个账号，淘宝网也不例外。注册账号步骤如下。

（1）通过 IE 浏览器进入淘宝网首页，如图 8-34 所示。

图 8-34 淘宝网首页

（2）单击网页右侧的“注册”按钮，进入“用户注册”页面，同意淘宝网注册协议后，进入“设置用户名”页面，根据提示，先通过手机号码验证，再填写账号信息，如图 8-35 所示。

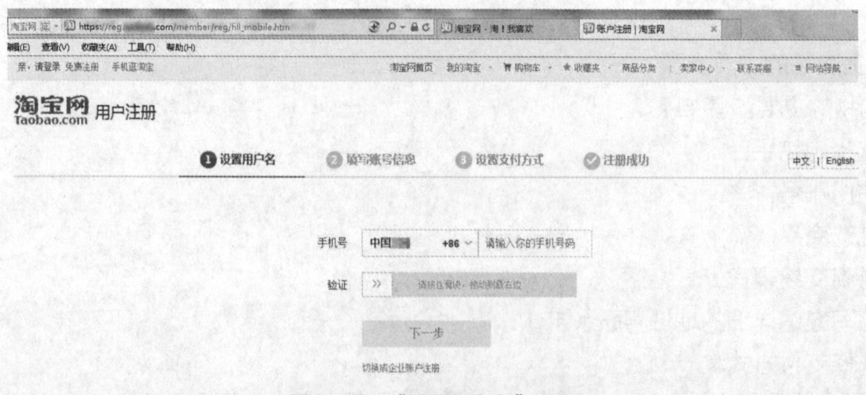


图 8-35 “设置用户名”页面

（3）单击“下一步”按钮，在“填写账号信息”页面，设置登录密码和会员名，单击“提交”按钮，如图 8-36 所示，进入“设置支付方式”页面，如图 8-37 所示。

❶ 设置用户名　❷ 填写账号信息　❸ 设置支付方式　✓ 注册成功

登录名 18306462102

请设置登录密码 登录时验证，保护账号信息

登录密码 设置你的登录密码

密码确认 请再次输入你的密码

设置会员名

登录名 会员名一旦设置成功，无法修改

提交

图 8-36　“填写账号信息”页面

（4）在“设置支付方式”页面，输入已开通网上银行的银行卡号，填写姓名和身份证号，通过网银的预留手机号验证后，即可成功注册支付宝账号和淘宝会员账号，如图 8-38 所示。

❶ 设置用户名　❷ 填写账号信息　❸ 设置支付方式　✓ 注册成功

银行卡号

持卡人姓名　选择生僻字

证件 身份证

手机号码 此卡在银行预留手机号码　获取校验码

同意协议并确定　跳过，到下一步

查看《快捷支付服务相关协议》

图 8-37　“设置支付方式”页面

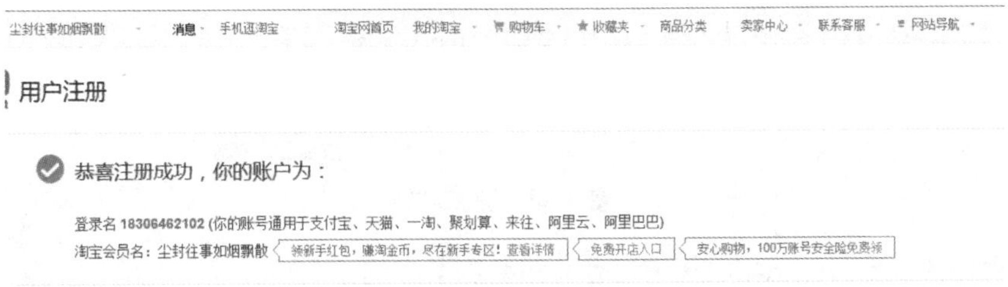

尘封往事如烟飘散　消息　手机逛淘宝　淘宝网首页　我的淘宝　购物车　收藏夹　商品分类　卖家中心　联系客服　网站导航

用户注册

恭喜注册成功，你的账户为：

登录名 18306462102 (你的账号通用于支付宝、天猫、一淘、聚划算、来往、阿里云、阿里巴巴)

淘宝会员名：尘封往事如烟飘散　领新手红包，赚淘金币，尽在新手专区！查看详情　免费开店入口　安心购物，100万账号安全险免费领

图 8-38　“注册成功”页面

## 2. 在淘宝网购物

微课 8-9　淘宝购物

成功注册淘宝会员账号和支付宝账号后，用户即可返回淘宝网首页，开始购物。

（1）用注册好的账号和密码登录。

（2）在淘宝网首页的宝贝搜索栏内，输入想要购买的商品名称，单击“搜索”按钮，即可展示所有销售此商品的店铺名称和商品价格，并按照一定的规则排序，如图 8-39 所示。

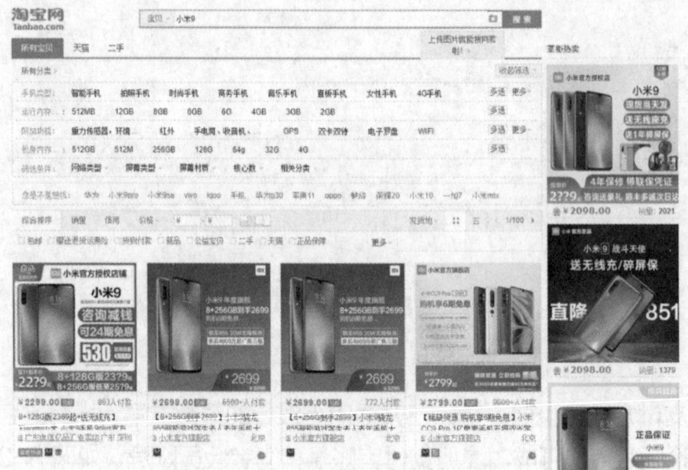

图 8-39　搜索商品

（3）选择合适的商家，进入宝贝详情页查看商品详情、规格参数、累计评价等商品相关信息，确定购买后，选择相应的商品，单击“立即购买”按钮，如图 8-40 所示。

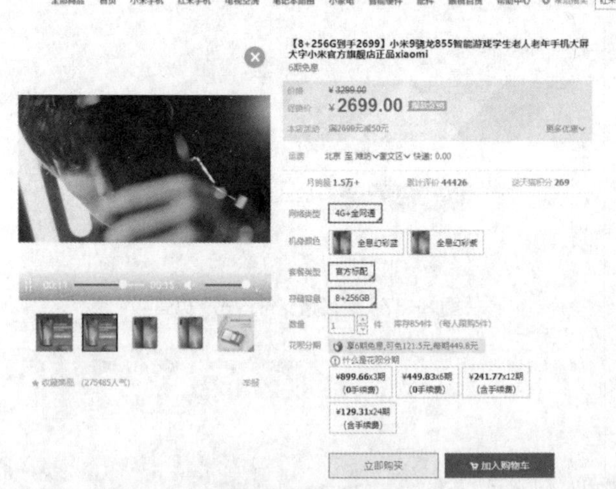

图 8-40　选择商品

（4）填写相应的支付信息和收货信息后，即可购买成功。

## 8.7 实训

### 8.7.1　实训 1：信息的查询与下载

**实训目的**

（1）学会使用百度等搜索引擎搜索需要的信息或软件。

（2）能够使用迅雷下载所需的软件。

（3）能够注册免费的电子邮箱，并发送邮件给好友。

**实训内容及步骤**

本次实训需要一台 Windows 7 操作系统的计算机，并能够连接 Internet。

（1）利用计算机的上网功能，启动 IE 浏览器，在浏览器地址栏中输入百度搜索引擎的官网地址，在百度搜索框中输入自己感兴趣的内容的关键词，查阅资料。

（2）利用百度查找、下载迅雷软件，并安装。

（3）利用迅雷下载 Foxmail 等电子邮件客户端软件，并安装。

（4）在网易 126 免费邮箱网站，申请免费邮箱。

（5）使用新注册的 126 邮箱，进行邮件收发操作。

**实训总结**

本次实训主要练习了百度搜索引擎的使用、迅雷软件的下载和安装、利用迅雷软件下载其他软件、126 免费邮箱的申请以及邮件的收发等操作。

### 8.7.2 实训 2：信息交流与沟通

**实训目的**

（1）学会使用 QQ 等即时通信工具进行交流。

（2）学会使用微信等手机即时通信软件进行交流。

（3）能够使用微博，在网络上发表自己的看法。

（4）能够使用论坛讨论自己感兴趣的话题。

**实训内容及步骤**

本次实训需要一台 Windows 7 操作系统的计算机，并能够连接 Internet；一台能够无线上网的智能手机。

（1）从腾讯官网下载 QQ 聊天工具并安装，注册 QQ 账号或使用已有的 QQ 账号登录，查找、添加好友，并进行聊天。

（2）从网上下载微信的客户端，注册微信账号或利用已有账号登录，添加好友并进行聊天。

（3）注册腾讯微博或新浪微博，利用微博发表自己对本课程的观点（必须是正面的）。

（4）利用网络查找关于“计算机网络技术”的专业性论坛，并注册一个合法的论坛账号，学会利用论坛分享自己的观点，参与相关话题的讨论。

**实训总结**

本次实训主要涉及各种聊天工具的使用，包括 QQ、微信、微博、论坛等。这些工具拉近了人与人之间的距离，促进了现代学生与世界的交流。

### 8.7.3 实训 3：网上购物

**实训目的**

（1）掌握网上购物的方法和流程。

（2）掌握淘宝账号和支付宝账号的申请过程。

（3）学会利用现有条件完成一次真正的网上购物。

**实训内容及步骤**

本次实训需要一台 Windows 7 操作系统的计算机，并能够连接 Internet；一台能够无线上网的智能手机。

（1）访问几种类型的电子商务网站，如淘宝、天猫、京东商城等，浏览查找自己感兴趣的商品信息。

（2）注册淘宝账号和支付宝账号，了解电子商务的流程。

（3）通过淘宝网，购买一件你感兴趣的商品。

（4）下载手机淘宝和支付宝，完成一次无线购物过程。

**实训总结**

本次实训主要通过淘宝、支付宝网上购物，真正理解网上购物和电子商务。

## 8.8 习题

**1. 单项选择题**

（1）百度主要提供的服务为（　　）。

A. 搜索引擎　　B. 电子邮件　　C. FTP 下载　　D. 远程登录

（2）下列网站中，提供中文搜索服务的是（　　）。

A. 天猫　　B. 百度　　C. 京东　　D. 今日头条

（3）下列网站中，提供电子邮件服务的是（　　）。

A. 淘宝　　B. 百度　　C. 网易　　D. 凤凰网

（4）下列电子邮件地址正确的是（　　）。

A. www.ryjiaoyu.com　　B. cccqqq@126.com

C. 8666435#qq.com　　D. lzlzl&sohu.com

（5）下列工具软件中，主要用来下载文件的是（　　）。

A. 迅雷　　B. 支付宝　　C. QQ　　D. 抖音

（6）迅雷主要是用来（　　）。

A. 收发电子邮件　　B. 网上购物　　C. 远程登录　　D. 文件下载

（7） 下列工具软件中，主要用来即时通信交流的是（　　）。

A. 美团　　B. QQ　　C. 支付宝　　D. 西瓜视频

（8）微信主要用来（　　）。

A. 通信交流　　B. 网上购物　　C. 下载文件　　D. 远程登录

（9）铁血网论坛属于（　　）。

A. 教学类论坛　　B. 专题论坛　　C. 地方性论坛　　D. 综合论坛

（10）新浪微博规定，每条微博允许最多（　　）个字。

A. 120　　B. 140　　C. 100　　D. 200

（11）下列网站中，（　　）的主要业务是电子商务。

A. 淘宝　　B. 百度　　C. 网易　　D. 凤凰网

（12）下列电子商务网站中，（　　）的商业模式主要采用 B2C 模式。

A．淘宝网　B．京东商城　C．美团　D．阿里巴巴

（13）淘宝网的主要商业模式是（　　）。

A．B2B　B．C2C　C．B2C　D．O2O

（14）天猫商城的主要商业模式是（　　）。

A．B2B　B．C2C　C．B2C　D．O2O

（15）下列属于第三方交易担保平台的是（ ）。

A．美团　B．QQ　C．支付宝　D．滴滴出行

**2．多项选择题**

（1）目前常用的中文搜索引擎包括（　　）。

A．360 搜索　B．百度　C．Google　D．今日头条

（2）电子邮件与传统的通信方式相比有（　　）的优势。

A．速度快　B．收发方便　C．信息多样化　D．成本低廉

（3）下列能够提供电子邮箱服务的网站有（　　）。

A．QQ mail（腾讯）　B．163 邮箱（网易）

C．126 邮箱（网易）　D．新浪邮箱（sina.cn 或 sina.com）

（4）下列电子邮件地址正确的有（　　）。

A．12232@sinA．com.cn　B．cccqqq@126.com

C．8666435#qq.com　D．lzlzl@sohu.com

（5）常用的下载工具有（　　）。

A．迅雷　B．东方快车　C．QQ 旋风　D．VeryCD 电驴

（6）目前常用的即时通信软件有（　　）。

A．迅雷　B．微信　C．QQ　D．抖音

（7）网络论坛按其功能性，可分为（　　）几类。

A．教学类论坛　B．推广型论坛　C．地方性论坛　D．交流性论坛

（8）微博的特点有（　　）。

A．信息获取具有很强的自主性、选择性　B．内容短小精悍

C．宣传的影响力具有很大弹性　D．信息共享便捷迅速

（9）目前常见的电子商务商业模式有（　　）。

A．B2B　B．C2C　C．B2C　D．O2O

（10）网上购物的优势主要有（　　）。

A．价格便宜　B．省时省力　C．时间方便　D．足不出户即可完成购物

**3．简答题**

（1）简述网络搜索引擎的工作原理。

（2）简述申请并使用免费电子邮箱的主要步骤。

（3）简述 QQ 软件的下载、安装步骤。

（4）网络论坛主要有哪些类型？

（5）简述新浪微博的注册过程。

（6）简述网上购物的主要过程。

# 第 9 章 网络维护与安全

计算机的安全问题一向令计算机用户深感头疼，尤其是网络的广泛应用，使得病毒与黑客的攻击日益猖獗。因此，要想顺利地利用网络工作和学习，就要注意网络安全，做好网络的日常维护；此外，还需要提高网络管理水平和故障排除能力，注意防范各种可能的侵害。本章主要介绍一些网络维护及网络安全知识，包括网络软硬件维护、病毒的防护、黑客的防范以及防火墙的使用等。

## 学习目标

- 网络维护
- 网络安全概述
- 病毒防范方法
- 常用的杀毒软件
- 防范黑客入侵
- 防火墙的应用
- 常用的防火墙

## 学习情境引入

**中国网络安全谁做主**

2014 年 1 月 21 日下午，全国多地出现网站无法打开的现象。经多方证实，此次事件系全国所有通用顶级域的根服务器出现异常，也就是 DNS 故障导致的大面积“断网”。一场突如其来的全国网络大瘫痪，不仅让 DNS 这个专业术语瞬间爆红，也让一则消息在微博、朋友圈中不胫而走：“大面积的 DNS 故障，意味着你访问的百度可能不是真正的百度，你看见的微博也不是真正的微博，你访问的网银、支付宝都可能已经被盗走!”

DNS 相当于互联网上的导航仪，负责把用户访问的网址指向该网站的 IP 地址。一旦 DNS 被黑客劫持，对于广大网民来说这意味着遭遇盗号、窃取网银等巨大风险。据《环球时报》报道，记者通过查询 IP 地址 65.49.2.178 的信息发现，该 IP 地址位于美国北卡罗来纳州卡里镇 Dynamic Internet Technology 公司，大量中国知名 IT 公司的域名被解析到该地址。据 360 安全卫士官方微博透露，中国国内三分之二域名服务器处于瘫痪状态，故障波及旅游、航空、电商、IT 服务、社区等众多网站，网站报错均为“无法与服务器建立连接”。

百度杀毒技术专家孟齐源向《环球科技》记者表示，目前，能够提供“域名解析”的 13 台多级服务器均位于美国、欧洲和日本。我国没有设立根域名服务器，因此在互联网疆土中只有租用使用权，没有最终管理权。此次事件的爆发，暴露了我国在信息安全方面的软肋，也启发我们，当面临外部攻击事件时，亟需全行业联手打破安全孤岛。

《环球时报》评论认为，虽然中国已经有了华为、中兴这样的一流电信设备供应商，但还缺少像俄罗斯卡巴斯基那样强大的国际网络安全公司。我们的技术能力远未连成片，华为、中兴等还像是孤岛。中国必须加快互联网关键技术的开发和创新，只有在技术领域走到最前列，中国才能从根本改变网络安全的形势。

## 9.1 网络维护

建设一个新的网络并不困难，重要的是怎样保障网络少出故障、正常运行。减少网络故障的关键在于对网络的保养，即网络维护。网络维护的内容主要包括硬件设备维护和软件维护两个方面。

### 9.1.1 硬件设备维护

硬件设备是一台计算机正常运转的物质基础。只要操作得当，硬件一般不会出现太大的故障；但是，一旦发生故障，就可能造成很大的经济损失，所以维护硬件的正常运行是网络管理中一项很重要的工作。

**1. 环境**

由于计算机是具有高科技含量的电子产品，因此它对周围的环境有很高的要求，如需要防尘、防潮、防水等，并且要将温度和湿度控制在适宜的范围内。

灰尘的堆积是影响计算机正常运转的因素之一。计算机硬件设备在运行过程中会产生大量的静电，如果空气中存在过量的灰尘，机器内部就会因静电作用而吸附这些灰尘；当灰尘堆积到一定程度后，就会影响机器的运行，所以要定期打开机箱清理内部。另外，还需采取一定的防尘措施，如尽量不开或少开窗户，以避免灰尘进入，同时还需要定期打扫机房等。

如果有条件，机房中最好有空调，并在室内维持恒定的温度，最佳温度在 15℃～25℃，而且要控制室内的湿度，这样才有利于维持计算机的正常运行，延长其使用寿命。

单就显示器来说，其维护需要做到防尘、防潮和防高温。显示器内具有较高的电压，它极易吸附空气中的灰尘，这就要求保持机房环境清洁；如果空气中的湿度过高，其电源变压器和线圈受潮后，容易发生漏电现象，严重时会造成短路。所以机房要保持适当的湿度。显示器如果在过高的温度下长期运行，可能产生工作不稳定的现象，并将加速内部元件老化，进而影响其工作性能和使用寿命。

**2. 放置方式和位置**

在组建局域网时，一定要规划好各计算机的布局，在做到整齐有序的同时，应将主机放置到用户的脚或膝盖不易碰到的地方。

在计算机运行时，主机内的硬盘处于高速转动状态，一旦硬盘遇到强烈的震动，就可能导致硬盘的磁头和数据区相撞，从而使盘片数据区损坏或格式化盘，严重时会丢失硬盘中的所有文件信息。因此在机器运行或关机过程中，在主轴电机尚未停机时，不要移动主机箱；在平时的维护中，对各硬件设备也要注意轻拿轻放，尽量减少对它们的震动。

显示器如果长时间受电磁干扰，会显示混乱，如在显示屏边角出现大面积的色彩偏差。应将显示器放置到离其他磁场较远的地方。此外，显示器也不能长期受到阳光或强光照射，否则容易加速老化，降低发光效率，并且会对用户眼睛有一定伤害，因此显示器要放置到光照较弱的地方或者通过悬挂深色的窗帘来阻挡一部分阳光。

在有线网络中，网线是连接各台计算机的介质，应将网线放置在相对干燥、不容易碰到的位置，以免因为受潮或人为磕绊而造成网络不通。

使用无线路由器的网络，虽然大多数厂商都宣传自己产品的有效传输距离为室内 100m、室外 400m 左右，但这都只是理论数据，与实际运用还有一段差距。当无线路由器与网卡的距离过远，或者两者间的障碍物过多时，无线信号就会严重衰减，从而缩小无线信号的覆盖范围，出现掉线现象。因此，在使用无线路由器时，应适当拉近无线路由器与网卡的距离，并清除两者之间的障碍物，或者选用外接增益天线、无线网络扩张器等设备来扩展无线网络的覆盖范围。此外，在无线路由器的附近还不能有无线音箱、可发射或可接收无线电波的手机、蓝牙设备等干扰源，否则会使无线路由器出现掉线故障。

**3．电源**

电源是计算机正常运行的重要因素，有人将其比作计算机的心脏，由此可见其重要程度。在突发断电时，计算机没有正常退出操作系统就关机，所以很可能导致系统瘫痪，或者由于高速旋转的硬盘因突然失去动力而导致盘片损伤，从而造成硬盘坏道或报废。

当电源的电压过高时，计算机的其他硬件会被烧坏，如显示器、主板等。所以一旦电源出现故障，其造成的损失将会相当大。因此，为了保证电压的稳定性和电流的连续性，一般使用稳压电源和不间断电源等设备。

目前计算机中常用的电源是不间断电源系统（Uninterruptable Power System，UPS）。计算机在使用的过程中，当遇到意外停电等情况时，UPS 能够提供正常的电源，以确保计算机正常运行和数据安全。另外，UPS 还可以调节异常的电压，过滤电源中的杂波，以抵抗较强的电压等。

### 9.1.2 软件维护

计算机网络中的软件除了网络操作系统和通信协议外，还应包括各种应用软件。下面是在软件维护方面应注意的问题。

**1．加装硬盘保护卡**

计算机加装硬盘保护卡后，无论用户怎样增删软件、重新启动计算机，系统上的一切内容都恢复原样。硬盘保护卡比较适合网吧，而不适合企业网络。

**2．由系统添加硬件驱动程序**

安装新的带有驱动程序的硬件后启动计算机，系统将自动检测到新硬件并添加相应的驱动程序。如果找不到新硬件的驱动程序，则将该硬件的驱动程序安装光盘放入光驱，然后启动计算机，系统将搜索并添加新硬件的驱动程序。这样不仅简化了添加驱动程序的步骤，而且避免了手动添加可能产生的错误。

**3．不要使用过多的通信协议**

过多的通信协议不仅增加设置工作的复杂性，而且影响系统的运行速度。在局域网中，通常只选择 TCP/IP 即可满足需求。

**4. 合理应用组策略**

在 C/S 局域网中合理运用组策略，可以限制某些用户修改客户机的系统设置，如安装软件或修改注册表等。

**5. 使用合适的系统优化或网络管理软件**

一些系统优化或网络管理软件的功能比较强大，如 360 安全卫士、Windows 优化大师、超级魔法兔子和美萍安全卫士等。用户使用这些软件，并通过简单的设置，即可保护整个系统设置。

## 9.2 网络安全概论

信息安全从古至今一直是人们非常重视的问题。自从有了计算机网络之后，人们获取资源和共享信息的方式更加简单、方便。但是，信息安全却日益面临严峻的考验，来自网络的各种攻击可能会随时侵害用户的计算机，或者盗取用户计算机中的机密信息。网络犯罪与日俱增，许多企业和个人受到了严重的经济损失。人们日益意识到网络安全的重要性，世界各国纷纷制定了计算机网络的安全管理措施和规定，我国也颁布了《计算机信息网络国际互联网安全保护管理办法》，用于制止网络犯罪及阻止任何侵犯网络安全的行为发生，以使网络正常、有序地工作。

### 9.2.1 网络安全概念与内容

由于组建计算机网络的基本目的是向网络用户提供网络上的共享资源以及各种类型的服务，因此计算机网络安全的含义为：确保网络服务的可用性和网络信息的完整性。美国的计算机专家提出了一个安全框架，以解释网络中的各种安全问题。该框架具有以下性能特征。

（1）保密性：是指信息应具有保密性，应确保不被泄露给非授权的用户、实体或过程，并被其利用。

（2）完整性：是指信息在存储或传输的过程中应确保不被修改、损坏和丢失。

（3）可用性：是指网络中主机存放的静态信息应具有可用性和可操作性，即用户可以在需要时存取所需的信息。

（4）实用性：是指应保证信息的实用性，如信息加密的密钥不可丢失或泄密，否则就失去了其实用性。

（5）真实性：是指应保证信息的可信程度，即信息应具有完整、准确、在传递和存储的过程中不被篡改以及对信息内容具有控制权等特性。

（6）占用性：是指应确保用于存储信息的主机、磁盘和信息载体等不被盗用，并具有对该信息的占有权。

### 9.2.2 网络安全措施

网络安全措施是指对安全使用网络资源的具体要求，以及保证网络系统安全运行的措施。为了保证计算机网络安全，除了要从安全立法和行政管理两个方面来加强规范人们社会行为的准则外，还要加强技术措施。网络安全措施是计算机网络安全的重要保证。

目前 Internet 上常用的安全技术包括包过滤、防火墙、安全套接层等技术。但在具体实施中，用户还要根据实际情况采取一些必要的措施，以保证网络系统安全运行。

**1．实行最小授权**

最小授权措施是指赋予网络使用者、管理者、程序或者系统其所需的最小特权，以尽量限制系统对入侵者的暴露，从而减少由此可能带来的破坏。这一措施被大量使用。

最小授权措施主要包括两个方面，一是对系统管理员的最小授权，二是对系统的最小授权。

（1）对系统管理员的最小授权原则。不必让每位系统管理员都知道根口令（即系统管理员的口令），而只将根口令告诉需要的管理员。此外，知道根口令的管理员，也并不是执行每项操作都需要最高的操作权限，因此可以为该管理员建立多个账户，当他进行一般工作时，只使用一般权限的账户就可以了。

（2）对系统的最小授权原则。在局域网的包过滤防火墙系统中，应设置只允许需要的网络访问和服务，而不是所有访问和服务都进出防火墙。

在执行最小授权措施时，要注意不仅应确认成功地应用了最小授权原则，而且不能因为该措施的使用而影响用户或系统的正常工作。

**2．全面防御**

全面防御措施是指系统中应当使用多种安全防御措施，而不能只依赖一种防御措施。例如，在局域网中建立防火墙系统的同时，还可以使用主机安全的防御技术，并且加强系统安全管理，以及加强员工的安全工作等。使用全面防御措施可以实现多种安全机制互补，以防由于一种机制失效而造成防御失败。

**3．设立阻塞点**

阻塞点是指可以对攻击者进行监视的一个狭小通道。例如，在局域网中使用了防火墙，防火墙就是一个阻塞点，因为任何想从外部网络攻击内部网络的入侵者都必须通过防火墙这个通道，而防火墙可以检测进出内部网络的信息并阻止可疑信息进入被保护的内部网络。但是，如果攻击者采用其他的方法绕过阻塞点，阻塞点就失去了意义。例如，网络中存在多条电话拨号连接时，防火墙并不能阻止所有线路的攻击，攻击者有时就可以仅通过一个次级的连接或者一个间接的连接进入内部网络，从而危害局域网。

**4．避免最薄弱连接**

在设计局域网时，应尽量避免最薄弱连接。因为最薄弱连接点直接决定了系统连接的强弱，防火墙的强弱也取决于最薄弱连接。因此在设计网络的安全系统时，应均衡处理各个环节，而不应有轻有重，以免出现最薄弱连接点。一旦出现了无法消除的最薄弱连接点，则必须严加防范。

**5．安全失效保护**

安全失效保护也是一种普遍使用的安全防护措施，它的意义在于：即使安全保护失败，也能保证系统的安全。在采用措施时，可以使用默认拒绝和默认许可两种设置原则。

默认拒绝是指在安全保护失败时，除预先决定的服务外，禁止所有其他服务。预先决定的服务是根据用户和网络安全的需要逐步确定的，对于那些不能安全地用现行方式提供的服务，可将其限制在部分用户或系统中。从安全角度来看，默认拒绝措施是一种安全的失效保护状态。这种措施虽然能够将攻击者拒之门外，但也可能会影响到合法用户的工作。

默认允许是指在安全保护失败时，除了预先禁止的服务之外，其他服务都是被系统允许的。在决定预先禁止的服务时，系统管理员应当尽量保证系统的安全。由于系统维护者会逐步将一个个不安全的服务点加入预先禁止的范围内，而用户却总是想获得尽可能多的服务，因此，默认允许措施可能会增加防火墙管理者和用户之间的矛盾。

## 9.3 网络病毒防护

由于网络媒体的便利特性，计算机病毒也更加泛滥，传播速度非常快。恶性计算机病毒可以在瞬间损坏文件系统，使系统陷入瘫痪，从而导致用户丢失大量数据。因此计算机病毒是计算机安全的一大毒瘤，许多计算机用户谈毒色变。对企业网络而言，计算机病毒更有可能造成不可估量的损失。其实，只要了解计算机病毒的特点、原理、传播途径及发作症状，并加强防护，就可在最大程度上远离病毒的侵扰。

### 9.3.1 计算机病毒基本概念

**1. 计算机病毒的定义**

微课 9-1　计算机病毒基本概念

计算机病毒是指编制或者在计算机程序中插入的破坏计算机功能或者毁坏数据、影响计算机使用，并能自我复制的一组计算机指令或者程序代码。计算机病毒通常将自身具有的破坏性的代码复制到其他有用代码上，以计算机系统的运行及读写磁盘为基础进行传播。它驻留在内存中，然后寻找并感染要攻击的对象。

计算机病毒与医学上的“病毒”不同，计算机病毒不是天然存在的，是有人利用计算机软件和硬件固有的脆弱性特征编制的一组指令集或程序代码。它能潜伏在计算机的存储介质（或程序）中，在条件满足时即被激活，通过修改其他程序，将自己精确复制或者以可能演化的形式放入其他程序中，从而感染其他程序，对计算机资源进行破坏，其对用户的危害性很大。随着 Internet 的广泛应用，计算机病毒的传播速度非常惊人，它能够在几小时之内传播到世界各地，并造成巨大的损失。

**2. 计算机病毒的特点**

计算机病毒具有以下主要特点。

（1）繁殖性

计算机病毒可以像生物病毒一样繁殖。当正常程序运行时，它也进行自身复制。是否具有繁殖、感染的特征是判断某段程序是否为计算机病毒的首要条件。

（2）破坏性

计算机中毒后，可能会导致正常的程序无法运行，计算机内的文件被删除或受到不同程度的损坏，引导扇区及 BIOS 被破坏，硬件环境被破坏。

（3）传染性

计算机病毒的传染性是指计算机病毒通过修改正常程序将自身的复制品或其变体传染到其他无毒的对象上。这些对象可以是一个程序，也可以是系统中的某一个部件。

（4）潜伏性

计算机病毒的潜伏性是指计算机病毒依附于其他媒体寄生的能力，侵入后的病毒潜伏到条件成熟才发作，从而使计算机变慢。

（5）隐蔽性

计算机病毒具有很强的隐蔽性，很难通过病毒软件检查出来，具有隐蔽性的计算机病毒时隐时现、变化无常，这类病毒处理起来非常困难。

（6）可触发性

编制计算机病毒的人，一般都为病毒程序设定了一些触发条件，如系统时钟的某个时间或日期、系统运行了某些程序等。一旦条件满足，计算机病毒就会“发作”，使系统遭到破坏。

每种病毒都有 3 个主要能力，即社会吸引力、复制能力及加载（或激活）能力，它们决定着病毒的传播力和覆盖面。其中社会吸引力是最重要的，病毒在发作前大多显示一段令人迷惑的语言（如一封情书）或漂亮的程序效果（如美丽的烟花）。这样才能激发他人的好奇心理而执行程序，从而给病毒的传播创造机会。复制能力使病毒被编译、存活和传播，加载能力则给寄主（各种被感染的程序、文件甚至操作系统）带来危险，病毒只有被加载后，才能开始其破坏工作。

**3. 计算机病毒的破坏行为**

计算机病毒的破坏行为体现了病毒的杀伤能力，病毒破坏行为的激烈程度取决于病毒制作者的主观愿望和病毒具有的技术能量，我们不可能穷举所有破坏行为，也难以做全面描述。不过，根据已有的病毒资料，大致可以把病毒的破坏目标和攻击部位归纳为以下几类。

（1）攻击系统数据区。攻击部位包括硬盘主引导扇区、Boot 扇区、FAT 表、文件目录。一般来说，攻击系统数据区的病毒是恶性病毒，受损的数据不易恢复。

（2）攻击文件。病毒对文件的攻击方式有很多，如删除、更名、替换文件内容，丢失部分程序代码，内容颠倒，写入时间空白，碎片化，假冒文件，丢失文件簇和丢失数据文件。

（3）攻击内存。内存是计算机的重要资源，也是病毒攻击的目标。病毒额外地占用和消耗系统的内存资源，会导致一些大程序运行受阻。病毒攻击内存的方法有占用大量内存、改变内存总量、禁止分配内存和蚕食内存等。

（4）干扰系统运行。病毒会干扰系统正常运行，以此作为自己的破坏行为。此类行为也是花样繁多的，如不执行命令、干扰内部命令的执行、虚假报警、打不开文件、内部栈溢出、占用特殊数据区、更改现行盘、时钟倒转、重启动、死机、强制游戏、扰乱串并行口。

（5）速度下降。病毒激活时，其内部的时间延迟程序启动。在时钟中纳入了时间的循环计数，迫使计算机空转，导致计算机速度明显下降。

（6）攻击磁盘。攻击磁盘数据、不写盘、写操作变读操作、写盘时丢字节。

（7）扰乱屏幕显示。病毒扰乱屏幕显示的方式很多，如字符跌落、环绕、倒置，显示前一屏，光标下跌，滚屏，抖动，乱写，吃字符。

（8）干扰键盘。病毒干扰键盘操作，如响铃、封锁键盘、换字、抹掉缓存区字符、重复、输入紊乱。

（9）喇叭发声。许多病毒运行时，会使计算机的喇叭发出响声，如演奏曲子、发出警笛声、炸弹噪声、鸣叫声、咔咔声、滴嗒声等。

（10）攻击互补金属氧化物半导体（Complementary Metal-Oxide-Semiconductor，CMOS）。在计算机的 CMOS 区中，保存着系统的重要数据，如系统时钟、磁盘类型、内存容量和校验和。有的病毒激活时，能够对 CMOS 区进行写入动作，破坏系统 CMOS 中的数据。

（11）干扰打印机。在病毒干扰打印机时，打印机会出现假报警、间断性打印、更换字符等现象。

### 9.3.2 常见的病毒

**1. 宏病毒**

宏病毒是一种寄存在文档或模板的宏中的计算机病毒。一旦打开包含宏的文档，其中的宏就会被执行，宏病毒就会被激活，转移到计算机上，并驻留在 Normal 模板上。从此以后，所有自动保存的文档都会“感染”上宏病毒，而且如果其他用户打开了感染病毒的文档，宏病毒又会转移到他的计算机上。宏病毒是一种特殊的计算机病毒，它只感染具有宏功能的应用程序生成的文档，如 Word 的.doc 和.docx、Excel 的.xls 和.xlsx、Access 的.mdb 和.accdb 文档等。宏是实现指定功能的代码段，可自动批量处理一些指定任务。一些别有用心的人通过编写具有破坏功能的宏，即宏病毒来破坏文档，使用户遭受损失。

微课 9-2 常见病毒、日常防病毒措施

**2. 蠕虫**

蠕虫病毒是一种常见的计算机病毒。它利用网络进行复制和传播，传染途径是网络和电子邮件。最初的蠕虫病毒定义是因为在 DOS 环境下，病毒发作时会在屏幕上出现一条类似虫子的东西，胡乱吞吃屏幕上的字母并将其改形。蠕虫病毒是自包含的程序（或是一套程序），它能传播自身的复制品或自身（蠕虫病毒）的某些部分到其他的计算机系统中（通常是经过网络连接）。

计算机蠕虫严格来说并不能称为计算机病毒，但它与病毒类似，并对计算机安全的威胁更大。计算机蠕虫是一种可独立运行的程序，它从内部消耗宿主的资源以维护其自身，并能够将自身程序完整地传播到其他计算机上。蠕虫与病毒的差异在于其“存活”方式及其感染其他计算机的方式，但结果基本上相同，蠕虫也像病毒一样能够删除或改写文件。由于蠕虫主要通过网络传播，因此其危害性可能更大。蠕虫类似病毒，因此许多用户也将其称为蠕虫病毒。

### 9.3.3 日常防病毒措施

计算机病毒的防范，关键在于“防患于未然”，需要用户加强日常防范措施。预防计算机病毒主要有以下几点措施。

（1）不要使用来历不明的硬盘和光盘，以免被其中的病毒感染。如果必须使用，首先用杀毒软件检查确认其无毒。

（2）养成备份重要文件的习惯，万一感染病毒，可以用备份恢复文件数据。

（3）不要打开来历不明的邮件，甚至不要将指针指向这些邮件，以防止邮件带有病毒而感染计算机。

（4）使用杀毒软件定时查杀病毒，并经常更新杀毒软件的病毒库，以查实新出现的病毒。

（5）了解和掌握特定计算机病毒的发作时间或发作条件，并事先采取措施。

（6）如果主板上有控制 BIOS 写入的开关，一定要将其设为 disabled 状态，事先要准备好 BIOS 升级程序。若有条件，也可以购买一块 BIOS 芯片，写入 BIOS 程序后作为备用。

（7）从 Internet 下载软件时，要从正规的并有名气的下载站点下载，下载后及时用杀毒软件杀毒。

（8）安装杀毒软件时，开启实时监控功能，随时监控病毒的入侵。

（9）随时关注计算机报刊或其他媒体发布的新病毒信息及其防治方法。

（10）如果要打开的文件中含有宏，在无法确定来源可靠的情况下，不要轻易打开该文件。可以用最新杀毒软件检查，确认无毒后再打开。此外，用户可以设置宏安全级别或者运行宏病毒自动提示来防范宏病毒。

### 9.3.4 常用的杀毒软件

计算机病毒的泛滥为研发杀毒程序的公司创造了机遇，各种杀毒软件也层出不穷。目前，国内比较有名的杀毒软件主要有 360 杀毒、腾讯电脑管家、百度杀毒、瑞星、江民、卡巴斯基等。它们一般都能查杀当前流行的病毒和已知的病毒，并且各具特色。

**1. 常用杀毒软件**

(1) 360 杀毒

360 杀毒是 360 安全中心出品的一款免费的云安全杀毒软件。它创新性地整合了五大先进查杀引擎，包括国际知名的 BitDefender 病毒查杀引擎、小红伞病毒查杀引擎、360 云查杀引擎、360 主动防御引擎以及 360 第二代 QVM 人工智能引擎，具有查杀率高、资源占用少、升级迅速等优点。360 杀毒快速、全面地诊断系统安全状况和健康程度，并进行精准修复。其防杀病毒能力得到多个国际权威安全软件评测机构认可，荣获多项国际权威认证。360 杀毒软件的主界面如图 9-1 所示。

图 9-1　360 杀毒软件

(2) 瑞星

瑞星杀毒软件是国内用户使用较多的反病毒软件之一，是北京瑞星科技股份有限公司自主研制的反病毒安全工具。瑞星可用于对病毒、黑客等的查找，实时监控和清除病毒，恢复被病毒感染的文件和系统，维护计算机系统的安全。瑞星杀毒软件能全面清除感染 DOS、Windows 等系统的病毒，以及危害计算机安全的各种有害程序。瑞星杀毒软件号称"网络病毒粉碎机"，曾获得杀毒软件领域中的多项殊荣。2011 年 3 月 18 日，瑞星公司宣布瑞星杀毒软件永久免费。免费产品包括：2011 年最新的瑞星全功能安全软件、瑞星杀毒软件、瑞星防火墙、瑞星账号保险柜、瑞星加密盘、软件精选、瑞星安全助手等所有个人软件产品。自此以后，价格将不再成为阻碍广大用户使用瑞星安全软件的障碍。瑞星杀毒软件的主界面如图 9-2 所示。

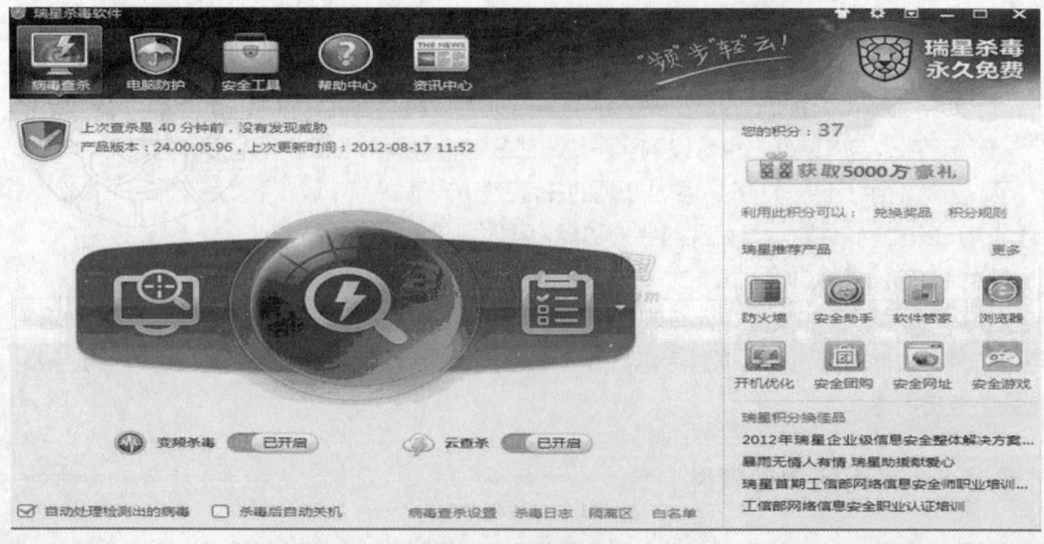


图 9-2　瑞星杀毒软件

## 2. 360 杀毒软件的使用

（1）病毒查杀

360 杀毒软件具有实时病毒防护和手动扫描功能，为用户的系统提供全面的安全防护。实时防护功能在文件被访问时对文件进行扫描，及时拦截活动的病毒。在发现病毒时会通过提示窗口警告用户，如图 9-3 所示。

360 杀毒软件提供了 5 种病毒扫描方式，图 9-4 所示为 360 杀毒主界面。

图 9-3　病毒提示窗口

图 9-4　360 杀毒主界面快捷任务

① 快速扫描：扫描 Windows 系统目录及 Program Files 目录。

② 全盘扫描：扫描所有磁盘。

③ 自定义扫描：扫描用户指定的目录，如图 9-3 和图 9-4 所示。

④ 右键扫描：当用户在文件或文件夹上单击鼠标右键时，可以选择“使用 360 杀毒扫描”命令对选中文件或文件夹进行扫描。

通过 5.0 版的 360 杀毒软件主界面可以直接使用快速扫描、全盘扫描、自定义扫描和常用工具栏扫描，其中自定义扫描还有以下几种预设扫描位置：Office 文档、我的文档、我的扫描、手机病毒和桌面。

除了主界面上的快速扫描和全盘扫描外，单击“功能大全”图标，可以显示 360 杀毒软件更多的功能，解决计算机的一些常见问题，如图 9-5 所示。

（2）升级 360 杀毒软件病毒库

360 杀毒软件具有自动升级功能，如果用户开启了自动升级功能，360 杀毒软件会在需要升级时，自动下载并安装升级文件。360 杀毒软件 5.0 版本默认不安装本地引擎病毒库，如果用户想使用本地引擎，可以单击主界面右上角的“设置”，打开“设置”界面后单击“多引擎设置”选项卡，然后选中常规的反病毒引擎，用户可以根据自己的喜好选择引擎，选择好之后单击“确定”按钮，如图 9-6 所示。

在 5.0 版本的 360 杀毒软件中，用户也可以直接在主界面开启和关闭本地引擎，如图 9-7 所示。

设置完毕，回到主界面，单击“检查更新”按钮进行更新。升级程序会连接服务器检查是否有可用更新，如果有，就会下载并安装升级文件，如图 9-8 所示。

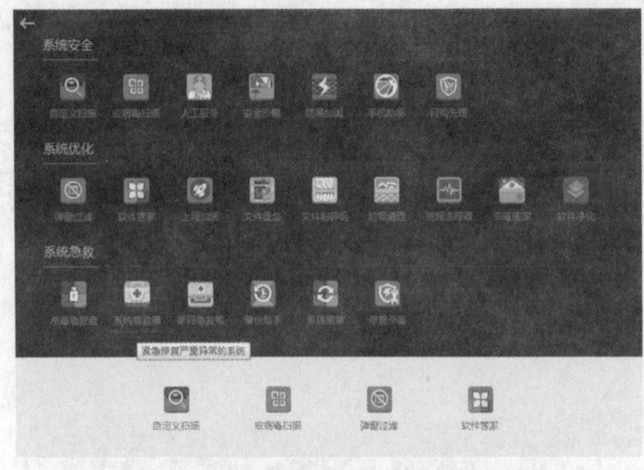


图 9-5　360 杀毒软件“功能大全”界面

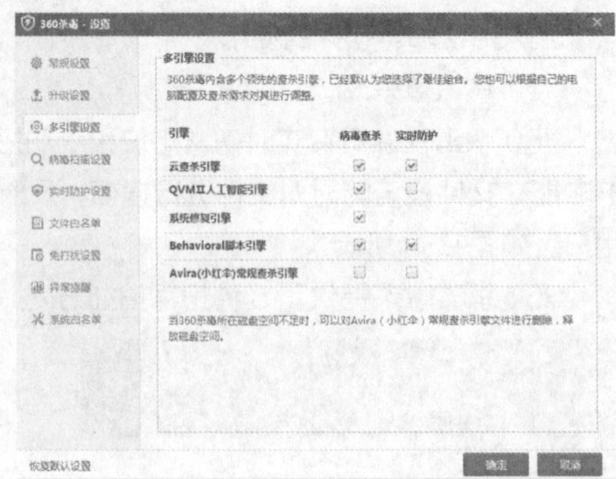


图 9-6　本地引擎病毒库设置

图 9-7　本地引擎的开启和关闭

图 9-8　软件升级

升级完成后，会弹出“升级成功”对话框，如图 9-9 所示。

图 9-9　软件升级成功

（3）处理扫描出的病毒

360 杀毒软件扫描到病毒后，会首先尝试清除文件所感染的病毒，如果无法清除，则会提示用户删除感染病毒的文件。木马和间谍软件并不感染其他文件，而是其自身即为恶意软件，因此会被直接删除。在处理过程中，由于情况不同，会出现部分感染文件无法处理的情况，请参见表 9-1 的说明，采用其他方法处理这些文件。

**表 9-1　360 杀毒软件无法处理感染病毒文件的情况**

| 错误类型 | 原因 | 建议操作 |
|---|---|---|
| 清除失败（压缩文件） | 由于感染病毒的文件存在于 360 杀毒软件无法处理的压缩文档中，因此无法清除其中的病毒。360 杀毒软件目前暂时无法清除 RAR、CAB、MSI 及系统备份卷类型的压缩文档的病毒 | 请用户使用针对该类型压缩文档的相关软件，将压缩文档解压到一个目录下，然后使用360 杀毒软件对该目录下的文件进行扫描及清除，完成后再使用相关软件将文件重新压缩 |
| 清除失败（密码保护） | 对于有密码保护的文件，360 杀毒软件无法将其打开清理病毒 | 请去除文件的保护密码，然后使用 360 杀毒软件进行扫描及清除。如果文件不重要，也可直接删除该文件 |
| 清除失败（正被使用） | 文件正在被其他应用程序使用，360 杀毒软件无法清除其中的病毒 | 请退出使用该文件的应用程序，然后使用 360 杀毒软件重新对其进行扫描清除 |
| 删除失败（压缩文件） | 由于感染病毒的文件存在于 360 杀毒软件无法处理的压缩文档中，因此无法删除其中的文件 | 请用户使用针对该类型压缩文档的相关软件将压缩文档中的病毒文件删除 |
| 删除失败（正被使用） | 文件正在被其他应用程序使用，360 杀毒软件无法删除该文件 | 请退出使用该文件的应用程序，然后手工删除该文件 |
| 备份失败（文件太大） | 由于文件太大，超出了文件恢复区的大小，文件无法被备份到文件恢复区 | 请删除用户系统盘上的无用程序和数据，增加可用磁盘空间，然后再次尝试。如果文件不重要，也可选择删除文件，不进行备份 |

（4）常见恶意软件说明

表 9-2 列出 360 杀毒软件扫描完成后显示的恶意软件名称及其含义，供用户参考。

**表 9-2　恶意软件**

| 名称 | 说明 |
|---|---|
| 病毒程序 | 病毒是指通过复制自身以感染其他正常文件的恶意程序，被感染的文件可以通过清除病毒后恢复正常，也有部分被感染的文件无法清除，此时建议删除该文件，重新安装应用程序 |
| 木马程序 | 木马是一种伪装成正常文件的恶意软件，通常通过隐蔽的手段获得运行权限，然后盗窃用户的隐私信息，或进行其他恶意行为 |
| 盗号木马 | 这是一种以盗取在线游戏、银行卡、信用卡等账号为主要目的的木马程序 |
| Office 宏病毒 | 这是一种寄存在微软 Office 文档或模板的宏中的计算机病毒。一旦打开这样的文档，其中的宏就会被执行，于是宏病毒就会被激活，并驻留在 Normal 模板上。从此以后，所有自动保存的文档都会感染上这种宏病毒，而且如果在其他计算机上打开了感染病毒的文档，宏病毒又会转移到其他计算机上。360 杀毒软件 3.0 版本推出的“病毒免疫”功能，可以防止宏病毒感染计算机上的文档 |
| 广告软件 | 广告软件通常通过弹窗或打开浏览器页面向用户显示广告，此外，它还会监测用户的广告浏览行为，从而弹出更“相关”的广告。广告软件通常捆绑在免费软件中，在安装免费软件时一起安装 |
| 蠕虫病毒 | 蠕虫病毒是指通过网络将自身复制到网络中其他计算机上的恶意程序，有别于普通病毒，蠕虫病毒通常并不感染计算机上的其他程序，而是窃取其他计算机上的机密信息 |
| 后门程序 | 后门程序是指在用户不知情的情况下，远程连接到用户计算机，并获取操作权限的程序 |
| 可疑程序 | 可疑程序是指由第三方安装并具有潜在风险的程序。虽然程序本身无害，但是经验表明，此类程序比正常程序具有更高的可能性被用作恶意目的，常见的有 HTTP 及 SOCKS 代理、远程管理程序等。此类程序通常可在用户不知情的情况下安装，并且在安装后完全对用户隐藏 |
| 测试代码 | 被检测出的文件是用于测试安全软件是否正常工作的测试代码，本身无害 |
| 恶意程序 | 其他不宜归类为以上类别的恶意软件，会被归类到“恶意程序”类别 |

# 9.4 防范黑客入侵

## 9.4.1 黑客攻击手段

“黑客”一词来源于英语动词 hack，意为“劈，砍”，也意味着“辟出，开辟”。黑客精通各种编程语言和各类操作系统，伴随着计算机和网络的发展而成长，泛指擅长 IT 技术的人群、计算机科学家。目前黑客这一群体包括各种各样的人，起初的“黑客”并没有贬义成分，直到后来，少数怀有不良企图的，为了个人利益的计算机技术人员进行非法侵入他人网站，窃取他人资料等计算机犯罪活动，这就是我们所说的骇客“Cracker”。

微课 9-3 黑客攻击手段

黑客攻击手段可分为非破坏性攻击和破坏性攻击两类。非破坏性攻击一般是为了扰乱系统的运行，并不盗窃系统资料，通常采用拒绝服务攻击或信息炸弹；破坏性攻击是以侵入他人计算机系统、盗窃系统保密信息、破坏目标系统的数据为目的的。下面介绍黑客常用的 5 种攻击手段。

**1. 后门程序**

由于程序员设计一些功能复杂的程序时，一般采用模块化的程序设计思想，将整个项目分割为多个功能模块，分别进行设计、调试，这时的后门就是一个模块的秘密入口。在程序开发阶段，后门可便于测试、更改和增强模块功能。在正常情况下，程序完成设计之后需要去掉各个模块的后门，不过有时由于疏忽或者其他原因（如将其留在程序中，便于日后访问、测试或维护），后门没有去掉，一些别有用心的人会利用穷举搜索算法发现并利用这些后门，然后进入系统并发动攻击。

**2. 信息炸弹**

信息炸弹是指使用一些特殊工具软件，短时间内向目标服务器发送大量超出系统负荷的信息，造成目标服务器超负荷、网络堵塞、系统崩溃的攻击手段。例如，向未打补丁的 Windows 95 系统发送特定组合的 UDP 数据包，导致目标系统死机或重启；向某型号的路由器发送特定数据包致使路由器死机；向某人的电子邮箱发送大量的垃圾邮件将此邮箱“撑爆”等。目前常见的信息炸弹有邮件炸弹、逻辑炸弹等。

**3. 拒绝服务**

拒绝服务又叫 DOS 攻击，它是使用超出被攻击目标处理能力的大量数据包消耗可用系统、带宽资源，最后致使网络服务瘫痪的一种攻击手段。作为攻击者，首先需要通过常规的黑客手段侵入并控制某个网站，然后在服务器上安装，并启动一个可由攻击者发出的特殊指令来控制进程，攻击者把攻击对象的 IP 地址作为指令下达给进程时，这些进程就开始对目标主机发起攻击。这种方式可以集中大量的网络服务器带宽，对某个特定目标实施攻击，因而威力巨大，顷刻之间就可以使被攻击目标带宽资源耗尽，导致服务器瘫痪。例如，1999 年，美国明尼苏达大学遭到的黑客攻击就属于这种方式。

**4. 网络监听**

网络监听是一种监视网络状态、数据流以及网络上传输信息的管理工具。它可以将网络接口设置在监听模式，并且可以截获网上传输的信息。也就是说，当黑客登录网络主机并取得超级用户权限后，使用网络监听可以有效截获网上的数据，并登录其他主机。这是黑客使用最多的方法。但是，网络监听只能应用于物理上连接于同一网段的主机，通常被用于获取用户口令。

**5. 密码破解**

密码破解当然也是黑客常用的攻击手段之一。

## 9.4.2 受到黑客攻击后采取的应对措施

如果是新装的系统(或者能确认用户的系统当前是无毒的)，受到黑客攻击后采取的应对措施是：执行“计算机”→“管理”→“计算机管理”→“本地用户和组”→“用户”命令。

首先，把超级管理员密码更改成 10 位以上，然后新建一个用户，把它的密码也设置成 10 位以上，并提升为超级管理员。这样做是为了双保险：如果忘记了其中一个密码，还可以使用另一个超管密码登录。接着添加两个用户，比如用户名分别为 user1、user2，并指定它们属于 user 组。以后除了必要的维护计算机外，就不要使用超级管理员和 user2 登录了，只使用 user1 登录就可以了。

之后上网时，鼠标指针指向“开始”→“所有程序”→“Internet Explorer”，按住 Shift 键，用鼠标右键单击 Internet Explorer，选择“以其他用户方式运行”命令，如图 9-10 所示，打开“Windows”安全对话框，如图 9-11 所示，单击“确定”按钮。输入 user2 的用户名和密码，现在上网使用的就是用户 user2 的身份了。

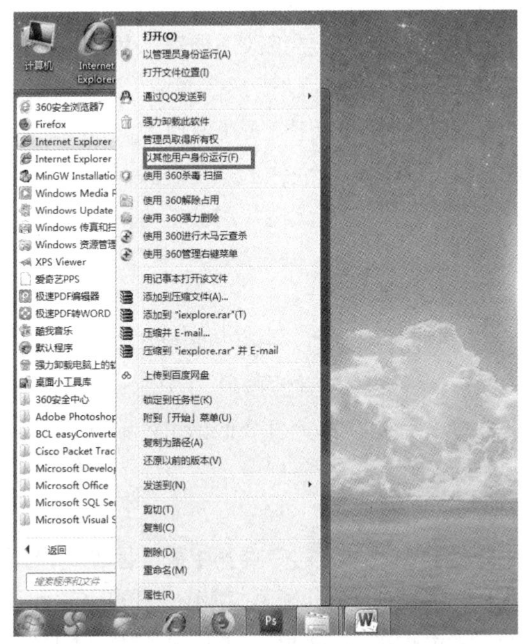


图 9-10　Internet Explorer 运行用户设置

图 9-11　打开“Windows 安全”对话框

当前系统的活动用户是 user1，user2 是不活动的用户。使用这个不活动的用户上网时，无论多聪明的网站，通过 IE 得到的信息都将让它以为这个 user2 就是当前活动的用户，如果网站要在用户浏览时用恶意代码破坏系统的话根本行不通，即使能行得通，被修改的也仅仅是 user2 的一个配置文件，而很多恶意代码和病毒试图通过 user2 进行的破坏活动都将失败，因为 user2 根本没有运行。

### 9.4.3 防范黑客的措施

俗话说“无风不起浪”，既然黑客能进入，就说明系统一定存在为他们打开的“后门”，只要堵死这个后门，让黑客无处下手，便无后顾之忧。

**1. 删掉不必要的协议**

对于服务器和主机来说，一般只安装 TCP/IP 就够了。用鼠标右键单击“网络邻居”，选择“属性”命令，然后用鼠标右键单击“本地连接”图标，选择“属性”命令，打开本地连接属性对话框，卸载不必要的协议。其中 NetBIOS 是很多安全缺陷的根源，对于不需要提供文件和打印共享的主机，还可以将绑定在 TCP/IP 的 NetBIOS 关闭，避免针对 NetBIOS 的攻击。单击“TCP/IP”→“属性”→“高级”命令，进入“高级 TCP/IP 设置”对话框，选择“WINS”标签，选中“禁用 TCP/IP 上的 NETBIOS”复选框，关闭 NetBIOS。

**2. 关闭“文件和打印共享”**

文件和打印共享是一个非常有用的功能，但它也是黑客入侵很好的漏洞，所以在不需要“文件和打印共享”的情况下，可以将它关闭。用鼠标右键单击“网络邻居”，在弹出的快捷菜单中选择“属性”命令，打开“网络和共享中心”窗口，单击“更改高级共享设置”命令，打开“高级共享设置”窗口，在文件和打印机共享部分，选中“关闭文件和打印机共享”。

虽然“文件和打印共享”功能关闭了，但是还不能确保安全，还要修改注册表，禁止他人更改“文件和打印共享”。打开注册表编辑器，选择“HKEY_CURRENT_USER\Software\Microsoft\Windows\CurrentVersion\Policies\NetWork”主键，在该主键下新建 DWORD 类型的键值，键值名为 NoFileSharingControl，键值设为 1 表示禁止这项功能，从而达到禁止更改“文件和打印共享”的目的；键值为 0 表示允许这项功能。这样“网络邻居”的“属性”对话框中的“文件和打印共享”功能就不复存在了。

**3. 禁用 Guest 账户**

很多入侵都是通过 Guest 账号进一步获得管理员密码或者权限的，一般需要禁用该账户。打开“控制面板”，单击“用户账户和家庭安全”→“用户账户”→“管理其他账户”→“Guest 账户”，打开“更改来宾选项”窗口，单击“关闭来宾账户”命令。另外，将 Administrator 账号改名，可以防止黑客知道自己的管理员账号，这会在很大程度上保证计算机安全。

**4. 禁止建立空连接**

在默认情况下，任何用户都可以通过空连接连上服务器，枚举账号并猜测密码，因此，必须禁止建立空连接，方法是修改注册表：打开注册表“HKEY_LOCAL_MACHINE\System\CurrentControlSet\Control\LSA”，将 DWORD 值 RestrictAnonymous 的键值改为 1 即可。最后建议为系统及时安装微软公司推送的更新。

**5. 关闭不必要的端口**

黑客在入侵时，常常会扫描用户计算机端口，如果安装了端口监视程序（如 Netwatch），遇到入侵时，该监视程序会有警告提示。可用工具软件关闭用不到的端口，比如，用“Norton Internet Security”关闭用来提供网页服务的 80 和 443 端口，其他一些不常用的端口也可关闭。

**6. 更换管理员账户**

Administrator 账户拥有最高的系统权限，一旦该账户被人利用，后果不堪设想。黑客入侵的常用手段之一就是试图获得 Administrator 账户的密码，所以要重新配置 Administrator 账号。

首先是为 Administrator 账户设置一个强大复杂的密码，然后重命名 Administrator 账户，再创建一个没有管理员权限的 Administrator 账户欺骗入侵者。这样一来，入侵者就很难弄清哪个账户真正拥有管理员权限，也就在一定程度上降低了危险性。

**7. 安装必要的安全软件**

在计算机中，杀毒软件和防火墙都是必备的。在上网时打开它们，这样即便有黑客攻击，计算机的安全也是有保障的。

## 9.5 防火墙的应用

防火墙有助于防止黑客或恶意软件（如蠕虫）通过网络或 Internet 访问计算机。防火墙还有助于阻止计算机向其他计算机发送恶意软件。

### 9.5.1 防火墙的概念

防火墙是位于被保护网络和外部网络之间执行访问控制策略的一个或一组系统，包括硬件和软件，它们构成一道屏障，以防止发生对被保护网络的不可预测的、潜在破坏的侵扰。防火墙是一种特殊的访问控制设施，可以是软件，也可以是硬件，它能够检查来自 Internet 或网络的信息，然后根据防火墙设置阻止或允许这些信息通过计算机。它可以有效地隔开内部网络与 Internet 之间的通道，在计算机中安装防火墙是防止网络黑客攻击的有效手段。充当防火墙的计算机既可以直接访问被保护的网络，也可以直接访问 Internet。而被保护的网络不能直接访问 Internet，同时 Internet 也不能直接访问被保护的网络。

微课 9-4　防火墙的基本类型和功能

### 9.5.2 防火墙的基本类型

从防火墙的软、硬件形式来分的话，防火墙可以分为软件防火墙和硬件防火墙。

根据防火墙应用在网络中的层次不同，防火墙可以分为三大类：网络层防火墙、应用网关防火墙、复合型防火墙。

**1. 网络层防火墙**

网络层防火墙又称包过滤防火墙，如图 9-12 所示。数据包过滤技术是防火墙为系统提供安全保障的主要技术，包过滤技术是防火墙的初级产品,其技术依据是网络中的分包传输技术。在整个网络层防火墙技术的发展过程中，根据防火墙采用的过滤技术及出现的先后顺序，将包过滤防火墙分为两种：第一代静态包过滤防火墙和第二代动态包过滤防火墙。

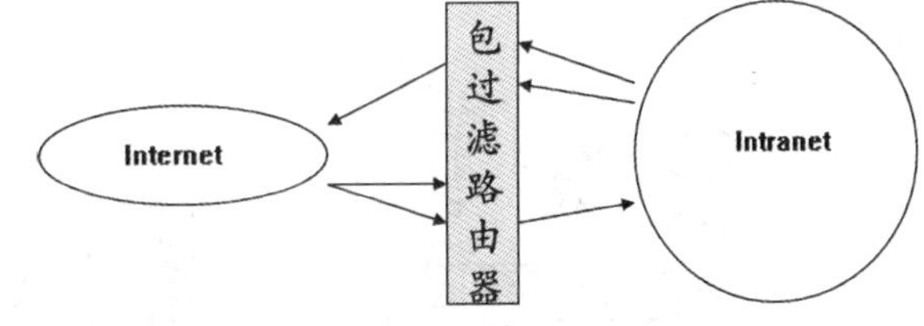


图 9-12　网络层防火墙

网络层防火墙的最大优点就是它对于用户来说是透明的，也就是说，不需要用户名和密码来登录。这种防火墙速度快而且易于维护，通常作为第一道防线。另外，包过滤方式不用改动客户机和主机上的应用程序，因为它工作在网络层和传输层，与应用层无关。其次，包过滤路由速度快、效率高，它只是检查报头相应的字段，一般不查看数据包的内容。

网络层防火墙缺点是：不能防范地址欺骗，不支持应用层协议，不能处理新的安全威胁。

**2. 应用网关防火墙**

应用网关防火墙又称代理防火墙，如图 9-13 所示，它工作在 OSI 的最高层，即应用层。它通过对每种应用服务编制专门的代理程序，起到监视和控制应用层通信流的作用。应用网关防火墙由两部分组成：代理服务器和包过滤路由器。这种防火墙是目前最通用的，它把包过滤路由器技术和软件代理技术结合在一起，由包过滤路由器负责网络的互连，进行严格的数据选择，应用代理则提供应用层服务的控制，起到外部网络向内部网络申请服务时中间转接的作用。应用网关防火墙通常运行在 Internet 和内部网络之间，检查进出的数据包，通过网关复制传递数据，防止在受信任服务器和客户机与不受信任的主机间直接建立联系。

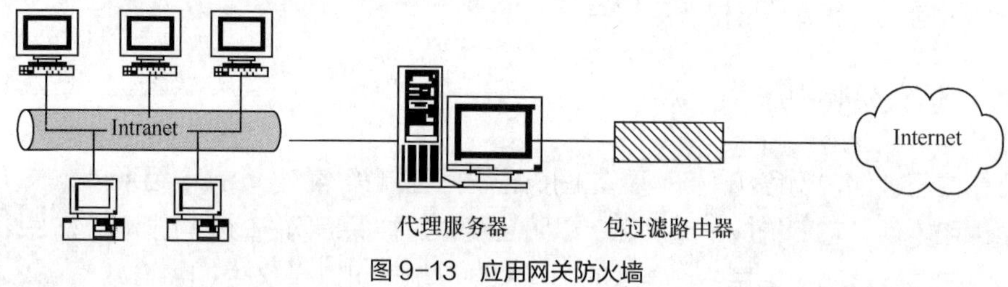


图 9-13　应用网关防火墙

代理服务器是一台通过安装特殊的服务软件来实现传输作用的主机。在代理防火墙技术的发展过程中经历了两个版本：第一代应用网关型代理防火墙和第二代自适应代理防火墙。

代理防火墙的优点：安全，可以做一些复杂的访问控制，限制了命令集并决定哪些内部主机可以被该服务访问，详细记录所有访问状态信息以及相应的安全审核，具有较强的访问控制能力。

代理防火墙的缺点：缺乏一定的透明度，速度相对比较慢。

**3. 复合型防火墙**

复合型防火墙将包过滤路由器和应用层网关这两种技术结合起来。复合型防火墙一般分为以下两种。

（1）主机屏蔽防火墙

主机屏蔽防火墙由一个单个网络端口的应用层网关防火墙和一个包过滤路由器组成，如图 9-14 所示。

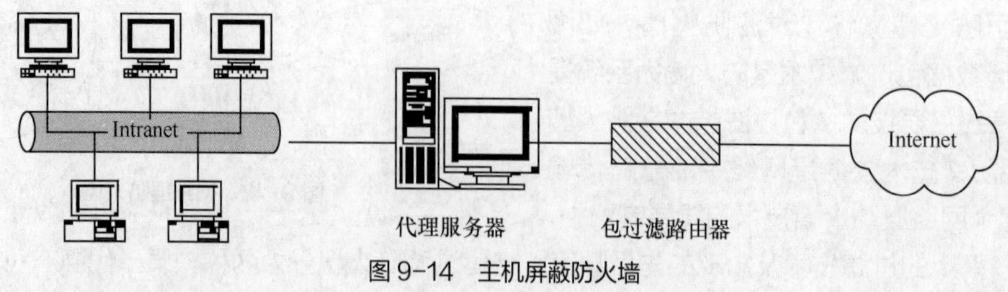


图 9-14　主机屏蔽防火墙

（2）子网屏蔽防火墙

子网屏蔽防火墙是在主机屏蔽防火墙上加上一个路由器，它在内部网络和外部网络之间建立一个被隔离的子网，用两台分组包过滤路由器将这一子网分别与内部网络和外部网络分开，如图 9-15 所示。

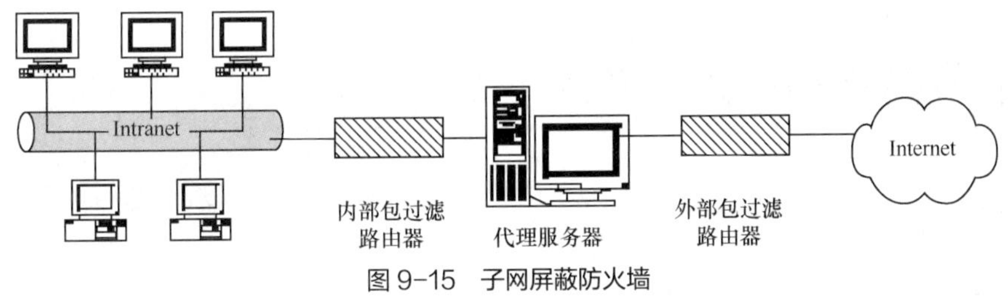


图 9-15　子网屏蔽防火墙

## 9.5.3　防火墙的功能

防火墙对流经它的网络通信进行扫描，从而过滤掉一些攻击，以免攻击在目标计算机上执行，防火墙还可以关闭不使用的端口，并禁止特定端口的流出通信，封锁特洛伊木马。最后，它可以禁止来自特殊站点的访问，从而阻止来自不明入侵的所有通信。防火墙的主要功能如下。

（1）过滤出入网络的数据。

（2）强化网络安全策略。

（3）对网络存取和访问进行监控审计。

（4）控制不安全的服务。

（5）对站点的访问控制。

除了安全作用，防火墙还支持具有 Internet 服务特性的企业内部网络技术体系虚拟专用网络（Virtual Private Network，VPN）。通过 VPN，将企事业单位分布在全世界各地的 LAN 或专用子网有机地连成一个整体。这样不仅省去了专用通信线路，而且为信息共享提供了技术保障。

但是，由于 Internet 的开放性，有许多防范功能的防火墙也有防范不到的地方。

（1）防火墙不能防范不经由防火墙的攻击。例如，如果允许从受保护网内部不受限制地拨号，一些用户可以形成与 Internet 的直接连接，从而绕过防火墙，造成一个潜在的后门攻击渠道。

（2）防火墙不能防止感染了病毒的软件或者文件的传输，只能在每台主机上安装反病毒软件。

（3）防火墙不能防止数据驱动式攻击。当有些表面看来无害的数据被邮寄或者被复制到 Internet 主机上被执行而发起攻击时，数据就会发动驱动式攻击。

总之，防火墙是阻止外面的用户对本地网络进行访问的系统，此系统根据网络管理员的一些规则和策略来保护内部网络的计算机。

## 9.5.4　常用防火墙

### 1. 瑞星防火墙

瑞星防火墙支持 64 位操作系统，兼容 Windows 8，全面提升了对钓鱼网站的拦截能力，能实时屏蔽视频、网页和软件广告，支持所有浏览器，可以实现流量统计、ADSL 优化、IP 地址自动切换、家长控制、网速保护、共享管理、防蹭网等功能。其主界面如图 9-16 所示。

### 2. 360 流量防火墙

360 流量防火墙具有保护计算机系统的信息安全、智能防御木马、抵御各类网络攻击等多项功能，用户可以在产品的界面自主选择各项，如图 9-17 所示。360 流量防火墙是从 360 安全卫士中分离出来的一个独立程序，如图 9-18 所示。

图 9-16　瑞星防火墙

图 9-17　360 安全防护

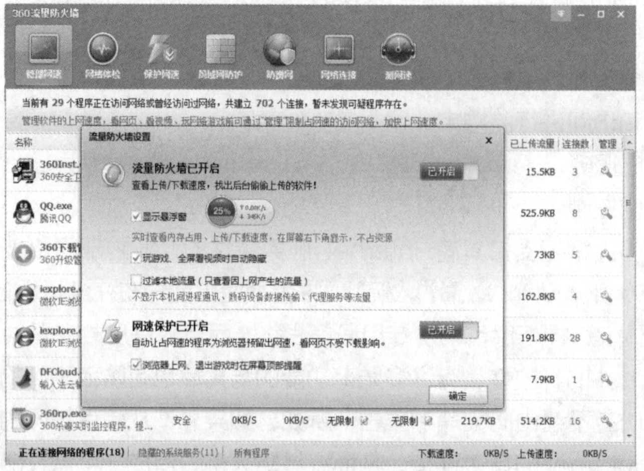


图 9-18　360 流量防火墙

## 9.6 网络加密

### 9.6.1 加密技术

密码学是研究编制密码和破译密码的技术科学，它包含两个分支：密码编码学和密码分析学。研究密码变化的客观规律，应用于编制密码以保守通信秘密的学科，称为密码编码学；应用于破译密码以获取通信情报的学科，称为密码分析学。

微课 9-5　网络加密技术

数据加密技术可以分为 3 类，即对称加密、非对称加密和不可逆加密。

（1）对称密码

如果发送方使用的加密密钥和接收方使用的解密密钥相同，或从其中一个密钥易于推出另一个密钥，这样的系统叫作对称密码系统。对称加密使用单个密钥对数据进行加密或解密。常用的对称加密算法有：DES、AES 等。

（2）非对称密码

如果发送方使用的加密密钥和接收方使用的解密密钥不相同，从其中一个密钥难以推出另一个密钥，这样的系统就叫作非对称密码系统。非对称加密算法也称为公开加密算法，其特点是有公钥和私钥两个密钥，只有两者搭配使用，才能完成加密和解密的全过程。非对称加密算法的一个重要应用就是数字签名。常用的非对称加密算法有 RSA、ElGamal、椭圆曲线、背包算法等。

（3）不可逆加密

不可逆加密算法的特征是加密过程不需要密钥，并且经过加密的数据无法被解密，只有同样输入的数据经过同样的不可逆算法，才能得到同样的加密数据。常用的不可逆加密算法有 MD5、SHA-1 等。

### 9.6.2 认证技术

认证是防止主动攻击的重要技术，它对开放环境中的各种信息系统的安全有重要作用。认证技术主要解决网络通信过程中通信双方的身份认可问题。认证技术主要有身份认证和数字签名两种。

**1. 身份认证**

身份认证大致分为以下 3 类。

（1）个人知道的某种事物。

（2）个人持证，如图章、标志、钥匙、护照等。

（3）个人特征，如指纹、声纹、手形、视网膜、血型、基因、笔迹、习惯性签字等。

**2. 数字签名**

数字签名是用于确认发送者身份和消息完整性的一个加密的消息摘要，其应该满足以下要求。

（1）收方能够确认发方的签名，但不能伪造。

（2）发方发出签名的消息后，就不能再否认他所签发的消息。

（3）收方对已经收到的签名消息不能否认，即有收报认证。

（4）第三者可以确认收发双方之间的消息传送，但不能伪造这一过程。

常用的数字签名算法有 RSA 算法和数字签名标准算法（DIgital Signature Standard，DSS）。

## 9.7 实训

### 9.7.1 实训 1：杀毒软件（360 杀毒软件）

**实训目的**

（1）掌握 360 杀毒软件的安装方法。

（2）熟练掌握 360 杀毒软件的使用。

**实训内容及步骤**

（1）通过 360 杀毒软件官方网站下载最新版本的 360 杀毒软件安装程序。

（2）双击运行下载好的安装包，弹出 360 杀毒安装向导。在这一步，用户可以选择安装路径，建议按照默认设置即可。用户也可以单击“更换目录”按钮选择安装目录，如图 9-19 所示。

（3）安装开始，如图 9-20 所示。

图 9-19　360 更换安装路径

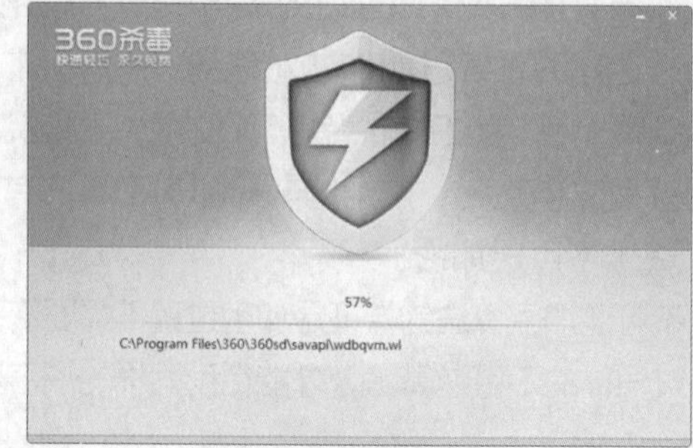


图 9-20　360 安装

安装完成之后，打开图 9-21 所示的 360 杀毒软件界面。

图 9-21　360 杀毒软件

（4）使用 360 杀毒软件（见 9.3.4 节）。

**实训总结**

360 杀毒软件目前支持以下操作系统：Windows XP SP2 以上、Windows Vista、Windows 7、Windows 8、Windows 10、Windows Server 2008/2012。

> **注意**　如果操作系统不是上述版本，建议不要安装 360 杀毒软件，否则可能导致不可预知的结果。

### 9.7.2　实训 2：防火墙（360 安全卫士）

**实训目的**

（1）掌握 360 安全卫士的安装。

（2）熟练掌握 360 安全卫士的使用方法。

**实训内容及步骤**

1. 安装 360 安全卫士

同 360 杀毒软件的安装方法。

2. 使用 360 安全卫士

（1）计算机体检

体检功能可以全面检查计算机的各项状况。体检完成后会提交一份优化计算机的意见，可以根据需求对计算机进行修复，也可以便捷地选择一键修复，如图 9-22 所示。

（2）木马查杀

木马查杀功能可以找出计算机中疑似木马的程序，并根据要求处理这些程序，如图 9-23 所示。

图 9-22　计算机体检

图 9-23　木马查杀

① 快速查杀：扫描系统内存，开启启动项，快速查杀木马。

② 全盘查杀：扫描全部磁盘文件，全面查杀木马及残留。

③ 按位置查杀：扫描指定位置的文件或文件夹以精准查杀木马。

（3）计算机清理

计算机清理可清理无用的垃圾、上网痕迹和各种插件等，让计算机更快、更干净，如图 9-24 所示。

（4）系统修复

系统修复可以检查计算机中多个关键位置是否处于正常状态，如图 9-25 所示。

图 9-24　计算机清理

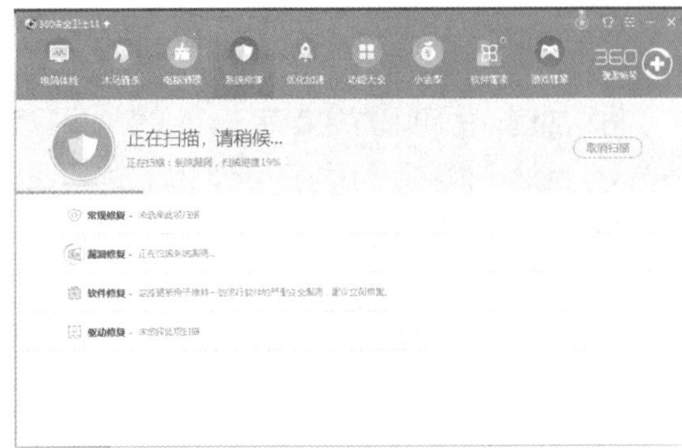


图 9-25　系统修复

① 全面修复：修复计算机异常、修补漏洞、修补驱动程序、更新软件等。

② 单向修复。

常规修复：修复浏览器组件等问题。

漏洞修复：修复计算机中存在的漏洞。

软件修复：修复一些流行软件的严重安全漏洞。

驱动修复：修复、更新计算机中的驱动程序。

（5）优化加速

优化加速可帮助用户全面优化系统，如图 9-26 和图 9-27 所示，以提高计算机速度。

图 9-26　全面加速

① 全面加速：360 安全卫士根据检测到的系统状态同时优化网络配置，提高硬盘传输效率，系统优化并加速。

② 启动项优化：管理开机启动项，包括禁止和开启，优化开机速度。

（6）加速球

加速球随时给计算机加速，方便快捷，如图 9-28 所示。

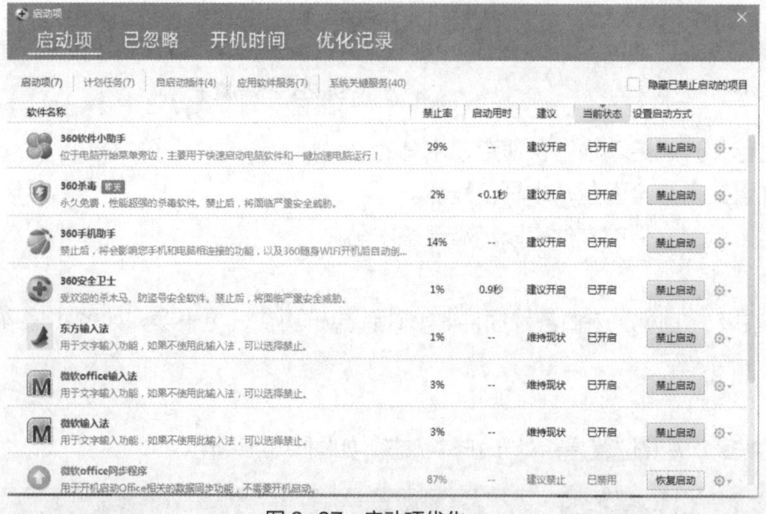


图 9-27　启动项优化

图 9-28　加速球

① 加速：关闭闲置的程序，让计算机更轻盈。

② 网速：检测所有程序运行时所占的网速，并可以限速和实现流量保护功能。

③ 清理：一键清理垃圾、不常用软件、启动项等，再次提高计算机速度。

（7）功能大全

功能大全可以提供更多的功能供用户自主选择，让 360 安全卫士更加简洁方便，如图 9-29 所示。

（8）软件管家

软件管家提供常用工具下载，方便用户使用，如图 9-30 所示。

图 9-29 功能大全

图 9-30 软件管家

（9）安全防护中心

360 安全防护中心在浏览器防护、系统防护、入口防护、隔离防护四大方面共 22 层全方位保护计算机安全，如图 9-31 所示。

图 9-31 安全防护中心

① 日志记录：记录下载记录、拦截记录和被删除的文件。

② 信任与阻止：用户可以管理自己信任的和阻止的程序或网址。

③ 安全设置：用户可以自主设置需要开启和关闭的拦截功能。

**实训总结**

360 安全卫士集计算机体检、木马查杀、计算机清理、系统修复、优化加速五大核心功能于一身；加上安全防护中心、实用小工具可以个性化地选择等特点，界面与交互更轻快，可以有效实现对计算机的保护。

## 9.8 习题

### 1. 单项选择题

（1）在计算机运行时，主机内的（　　）处于高速转动状态，一旦遇到强烈的震动，就可能使磁头和数据区相撞，导致盘片数据区损坏或格式化磁盘，严重时会丢失磁盘中的所有文件信息。

A．操作系统　　B．硬盘　　C．软件　　D．内存

（2）（　　）可调节忽高忽低的电压，使电压处于相对稳定的状态。

A．电源　　B．电压调节器　　C．变压器　　D．稳压电源

（3）UPS 指的是（　　）。

A．不间断电源　　B．稳压电源　　C．通用串行接口　　D．变压器

（4）（　　）是指编制或者在计算机程序中插入的破坏计算机功能或者毁坏数据、影响计算机使用，并能自我复制的一组计算机指令或者程序代码。

A．软件　　B．操作系统　　C．计算机病毒　　D．特洛伊木马

（5）计算机病毒的（　　）是指计算机病毒可以依附于其他媒体寄生的能力，侵入后的病毒潜伏到条件成熟才发作， 会使计算机变慢。

A．繁殖性　　B．破坏性　　C．传染性　　D．潜伏性

（6）（　　）是一种寄存在文档或模板的宏中的计算机病毒。

A．宏病毒　　B．蠕虫病毒　　C．木马　　D．CIH 病毒

（7）（　　）是一种可独立运行的程序，它从内部消耗其宿主的资源以维护其自身，能够将其完整地传播到其他计算机上。

A．宏病毒　　B．木马　　C．寄生病毒　　D．计算机蠕虫

（8）（　　）又叫 DOS 攻击，它是使用超出被攻击目标处理能力的大量数据包消耗可用系统、带宽资源，最后致使网络服务瘫痪的一种攻击手段。

A．网络监听　　B．拒绝服务　　C．后门　　D．信息炸弹

**2．判断题**

（1）灰尘的堆积并不能影响计算机正常运转。（　　）

（2）网络安全的保密性是指信息应具有保密性，应确保不被泄露给非授权的用户、实体或过程，并被其利用。（　　）

（3）最小授权措施是指赋予网络使用者、管理者、程序或者系统以其所需要的最小特权，以尽量限制系统对入侵者的暴露，从而减少由此可能带来的破坏。（　　）

（4）计算机病毒的破坏性是指计算机病毒通过修改别的程序，将自身的复制品或其变体传染到其他无毒的对象上，这些对象可以是一个程序，也可以是系统中的某一个部件。（　　）

（5）编制计算机病毒的人，一般都为病毒程序设定了一些触发条件，一旦条件满足，计算机病毒就会“发作”，使系统遭到破坏。（　　）

**3．操作题**

使用 360 安全卫士保护自己的计算机，对自己的计算机进行体检、木马查杀和清理，并进行系统修复，将浏览器主页设成百度首页，并锁定。

# 第10章 完整案例——东方电子商务有限公司办公网络的组建

10

## 学习情境引入

网络的应用已经深入人们日常生活中的每个角落，不少学校、小区、公司、政府机关都建立了自己的局域网，而宽带的蓬勃发展更要求用户对局域网知识有一定的了解。办公网络是局域网的典型应用之一，公司和政府机关等利用局域网进行管理和办公，各办公室之间可以在网络中快速地访问共享资源，也可进行网络打印等，从而提高工作效率，方便管理工作事务。

一个典型的办公局域网应该包括网络运行环境、网络硬件系统、网络操作系统以及基于网络操作系统的网络数据库管理系统、网络软件开发工具与网络应用系统。同时，设计完备的系统还应有保证系统安全的网络安全系统与保证网络正常运行的网络管理系统。本章综合前 9 章的知识，为东方电子商务有限公司组建快速、安全、合理的办公网络，实现企业的信息化，提高企业的办公效率。

## 10.1 组建网络前的准备工作

办公网络的最大用途就是方便单位中各部门之间的联系和办公，各个办公室之间利用网络互连后，各工作人员就不需要通过电话或口头传达一些文件、精神等。因此组建办公网络十分有利于工作人员进行协同办公。与组建其他网络一样，在组建办公网络前需要做一些准备工作，如先对组网中用到的各种硬件和软件工具进行预算，根据公司中各办公室之间距离的远近和结构来选择网络的结构类型等。

**1. 办公网络的设计目标**

办公网络的最终目标是建设覆盖整个单位的互连、统一、高效、实用、安全的局域网，近期可支持十几个，远期可支持至少上百个并发用户；可提供广泛的资源共享（包括硬件、软件和信息资源的共享）；网络结构清楚、布线合理、充分考虑房间分布；局域网性能稳定、安全；软、硬件结合良好，满足公司日常办公需要；方便资源共享、浏览；具备远程控制功能，为公司提供远程访问能力并设计安全认证系统；有良好的兼容性和可扩展性，具备本公司局域网与其他公司局域网互连，甚至根据具体需求传输网上视频信号的能力。

**2．办公网络工程建设原则**

（1）实用性：网络建设应从应用实际需求出发，坚持为领导决策服务，为经营管理服务，为生产建设服务。

（2）先进性：采用成熟的先进技术，兼顾未来的发展趋势，既量力而行，又适当超前，留有发展余地。

（3）可靠性：确保网络可靠运行，在网络的关键部分应具有容错能力。

（4）安全性：提供公共网络连接、通信链路、服务器等全方位的安全管理系统。

（5）开放性：采用国际标准通信协议、标准操作系统、标准网管软件，采用符合标准的设备，保证整个系统具有开放性，增强与异机种、异构网的互连能力。

（6）可扩展性：系统便于扩展，保证前期投资的有效性与后期投资的连续性。

（7）可管理型：系统设计、设备选型都必须考虑到整个系统的可管理性和可维护性，通过智能网管软件可实现动态网络配置，监控网络运行，从而优化网络。

## 10.1.1 前期预算分析

办公网络主要应用于各办公室之间，而各办公室的主要工作就是资料的编辑、打印和各种数据的统计。因此在组网时，要充分考虑各办公室所需的设备及所需安装计算机的办公室采用何种网线组网，并且网络能否扩大新的应用范围，是否具有先进的技术支持、足够的扩充能力和灵活的升级能力，使先进性保持较长的周期。网络系统规划应保质保量按时完成系统的建立，并最大限度地保障网络的后期管理与维护提供。具体来讲，在组建网络前，要做好下面的预算分析。

**1．网络用户调查**

网络用户调查就是分析网络用户的需求，网络需求分析的目的是从实际出发，通过现场实地调研，收集第一手资料，对已经存在的网络系统或新建的网络系统有系统的认知，取得对整个工程的总体认识，确定总体目标和阶段性目标，为系统总体设计打下基础。需求分析是设计、建设网络的关键。

网络用户调查是与已经存在的用户或未来的网络用户直接交流，了解用户对未来系统的应用需求，如可靠性、可用性、安全性、可扩展性等要求，以及对基于网络的信息系统用户请求的响应时间、流量的要求等。本案例的用户调查表如表 10-1 所示。

**表 10-1　用户调查表**

| 用户服务需求 | 目前需求/服务的描述 |
| --- | --- |
| 地点 | 电子商务企业 |
| 用户数量 | 200 |
| 今后三年增长的需求 | 100 |
| 延时/响应时间 | 客户检索≤0.5s,客户查询≤1min |
| 可靠性/可用性 | 365 天不能停机 |
| 安全性 | 数据安全、数据备份、链路安全 |
| 可扩展性 | |
| 其他 | |

### 2. 网络应用需求调查

网络应用需求调查需要由网络工程师或有关人员填写网络应用调查表，本案例的网络应用调查表如表 10-2 所示。

表 10-2 网络应用调查表

| 业务部门 | 人数与工作地点分部 | 业务内容与应用软件 | 业务数据 | 需要网络提供的服务 |
|---|---|---|---|---|
| 业务部 | 100 | 报账<br>结算<br>税务管理<br>固定资产管理<br>财务软件 | 财务报表数据<br>明细账数据<br>总账数据<br>每天平均发生 600 笔<br>每一笔的数据量平均为 30KB<br>保留时间为 30 年 | 80%的数据在财务部局域网内传输<br>15%在企业内部网中传输<br>5%需要企业传送到上级主管部门与相关业务单位 |
| 人事部 | 20 | 人事档案<br>工资档案<br>统计报表<br>人事管理软件 | 人事档案数据<br>工资档案数据<br>统计报表数据<br>每天平均发生 10 笔<br>每一笔的数据量平均为 10MB<br>保留时间为 30 年 | 85%的数据在人事部局域网内传输<br>5%在企业内部网中传输<br>10%需要企业传送到上级主管部门与相关业务单位 |
| 设计部 | 50 | 设计资料<br>产品生产资料<br>实验报告<br>CAD 软件 | 总线设计数据<br>设计档案数据<br>生产统计报表数据<br>每天平均发生 1 000 笔<br>每一笔的数据量平均为 50MB<br>保留时间为 10 年 | 90%的数据在设计部局域网中传输<br>10%在企业内部网络中传输<br>不允许外部用户访问设计部局域网 |
| 客服部 | 30 | 市场推广<br>电子商务<br>广告宣传<br>客户管理<br>Web 服务器<br>市场营销软件 | 客户数据产品宣传资料数据<br>Web 服务器数据<br>销售数据<br>每天平均发生 1 000 笔<br>每一笔的数据量为 10 KB<br>保留时间为 10 年 | 40%的数据量在市场营销部门局域网内传输<br>15%在企业内部网络中传输<br>45%需要与客户通信 |

### 3. 网络节点地理位置分布情况

在确定网络规模、布局与拓扑结构之前，还需要调查网络节点地理位置分布，主要内容包括以下几方面。

（1）用户数量及分布的位置

对于楼内局域网的设计，首先要弄清节点的位置、数量等资料。本案例楼内局域网用户数量及分布如表 10-3 所示。

表 10-3　楼内局域网用户数量及分布

| 部门 | 楼层 | 用户数量 |
|---|---|---|
| 总经理办公室 | 5 | 20 |
| 人事部 | 4 | 40 |
| 设计部 | 3 | 100 |
| 业务部 | 2 | 200 |
| 客服部 | 1 | 60 |
| 其他 | 1-5 | 30 |

（2）建筑物内部结构情况调查

建筑物内部情况调查包括楼层结构、每个楼层设备间可能的位置、楼层主干线路的选择、楼层之间的连接路由及施工可能性等。

（3）建筑物群情况调查

建筑物群情况调查包括建筑物位置分布、建筑物之间的相对位置、建筑物网络设备之间的距离以及通信流量的估计、通信线路的选择、连接的路由与施工可行性等。

以上数据是最终确定网络规模、布局、拓扑结构与结构化布线方案的重要依据。

**4．应用概要分析**

通过对用户需求调查进行分析，找出影响网络系统设计的因素。结合以上企业组建网络系统的要求，本案例应用主要包括以下几种类型。

（1）Internet 或 Intranet 服务：主要包括 Web 服务、E-mail 服务、FTP 服务、电子商务服务。

（2）数据库服务，主要包括：

① SQL Server 关系数据库管理新系统，主要为财务、人事、OA 系统应用提供后台数据库支持；

② 企业专用管理信息系统，是为企业专门开发的专用管理信息系统软件，如企业资源规划 ERP 软件、CAD 在线设计软件、CIMS 集成制造系统等。

（3）网络基础服务系统主要包括：

① 网络管理与服务软件，如 DNS 服务与 SNMP 网管软件等；

② 网络安全管理软件，如 DA 认证服务与防火墙软件等。

**5．网络造价估算**

网络需求详细分析主要包括：网络总体需求分析、综合布线需求分析、网络可用性与可靠性分析、网络安全性分析，以及网络工程造价估算。

在完成以上详细分析和初步设计方案的基础上，需要初步估算满足设计要求的系统建设工程造价。工程造价估算主要依据以下项目。

（1）网络设备，如路由器、交换机、集线器、网卡。

（2）网络基础设施，如 UPS、机房装修、结构化布线器材与电缆、双绞线与光纤。

（3）远程通信线路与接入城域网的租用线路。

（4）服务器与客户端设备，如服务器群、海量存储设备、网络打印机、客户端个人计算机与便携式计算机。

（5）系统集成费用、用户培训费用与系统维护费用。

### 10.1.2 网络拓扑结构

大型和中型的网络必须采用分层的设计思想，这是解决网络系统规模、结构和技术复杂性最有效的方法。网络结构与网络规模、应用的程度及投资直接相关。一个利用新一代网络技术组建的大中型企业网、校园网、机关办公网基本上都采用了核心层、汇聚层、接入层的 3 层网络结构。其中，核心层网络用于连接服务器集群、各建筑物子网交换路由器，以及与城域网连接的出口；汇聚层网络用于将不同位置的子网连接到核心层网络，实现路由汇聚的功能；接入层网络用于将终端用户计算机接入网络中。典型系统的核心路由器与核心路由器、核心路由器与汇聚路由器直接使用具有冗余链路的光纤连接；汇聚路由器与接入路由器、接入路由器与用户计算机之间可以视情况选择价格较低的非屏蔽双绞线连接。本案例共有节点 450 个，需要按 3 层结构来设计，拓扑结构选择星形结构。因为星形连接方式适用于一个中心节点和其他许多子节点之间的通信，在这种结构中，站点通过点到点的链路与中心节点相连。其特点是网络具有很强的扩容性和数据安全性，优先级容易控制，易实现网络监控。另外，为了加强网络管理，提升网络安全性能，整个网络中至少要有一台服务器（域控制器），即采用客户机/服务器工作模式。

本企业网共分为以下三层。

（1）核心层：2 台路由器。

（2）汇聚层：4 台三层交换机。

（3）接入层：10 台交换机。

其中，内网通过一台路由器连接到外网 ISP 路由器，且 ISP 连接到外网 Web 服务器。本案例主要的拓扑结构如图 10-1 所示。

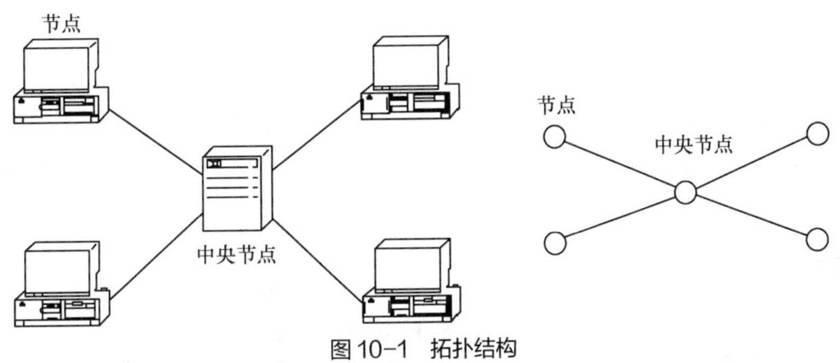


图 10-1 拓扑结构

### 10.1.3 硬件配置

对于网络硬件，其所有传输速率都要达到 100Mbit/s，这里使用交换机代替集线器，选择超 5 类双绞线作为网线。目前双绞线是最常用的网线，其对应的网卡接口是 RJ-45。这样，组建成一个百兆网络，不仅满足了用户共享上网的需求，而且该速率对于在局域网内看视频、下载电视剧等的速度要求也是绰绰有余的，主要的硬件如表 10-4 所示。

表 10-4 主要的硬件

| 设备 | 型号配置 | 数量 | 单价（元） | 总价（元） |
|---|---|---|---|---|
| 服务器 | Xeon Bronze 3104 CPU 6 核 6 线程，16GB DDR4 内存，4TB 硬盘 | 4 | 15 000 | 60 000 |
| 工作站 | i3 8100T CPU 4 核 4 线程，4GB DDR4 内存，1TB 硬盘 | 100 | 5 000 | 500 000 |
| 汇聚交换机 | 支持 24 个 10/100/1000 Base-T 千兆电口 | 4 | 2 000 | 8 000 |
| 接入交换机 | 支持 16 个 10/100/1000BASE-T 千兆电口 | 10 | 1 000 | 10 000 |
| 路由器 | 8 口 POE 路由器搭配千兆面板式 AP | 2 | 5 000 | 10 000 |
| 合计 | | | | 588 000 |

### 10.1.4 服务器和客户机网络 IP 地址配置

本案例的办公局域网采用三层设计，即包括核心层、汇聚层和接入层。具体的 IP 地址分配如下。

核心层：10.12.0.1~10.12.0.254。

汇聚层：10.121.0.1~10.121.0.254。

接入层如表 10-5 和表 10-6 所示。

**1. 有线网络 IP 地址**

表 10-5 有线网络 IP 地址

| 部门 | IP | 网关 | 计算机名 |
|---|---|---|---|
| 客服部 | 192.168.1.2~192.168.1.200 | 192.168.1.1 | KF01~KF200 |
| 业务部 | 192.168.2.2~10.13.0.200 | 192.168.2.1 | YW01~YW200 |
| 设计部 | 192.168.3.2~192.168.3.200 | 192.168.3.1 | QH01~QH200 |
| 人事部 | 192.168.4.2~192.168.4.200 | 192.168.4.1 | SJ01~SJ200 |

子网掩码:255.255.255.0。

DNS：10. 12.0.2。

**2. 无线网络 IP 地址**

表 10-6 无线网络 IP 地址

| 部门 | IP | 网关 | 计算机名 |
|---|---|---|---|
| 客服部 | 192.168.5.2~192.168.5.200 | 192.168..5.1 | WKF01~WKF200 |
| 业务部 | 192.168.6.2~192.168.6.200 | 192.168.6.1 | WYW01~WYW200 |

子网掩码：255.255.255.0

DNS：10. 124.0.1

## 10.2 办公局域网的组建过程

本案例采用 C/S 模式组建办公局域网，在实际组建过程中，要在核心层配置 2 台服务器和 2 台路由器，在汇聚层要配置 4 台路由器或 3 层交换机，在接入层要配置 10 台交换机。因此采用路由器+三层交换机+二层交换机的方案。三层交换机作为网络的核心，提供网络的配置、划分和各个 VLAN 间的数据交换，而每个 VLAN 由二层交换机组建。网络主干设备或核心层设备建议选择具备第 3 层交换功能的高性能主干交换机。如果要求局域网主干具备高可靠性和可用性，还应该考虑核心交换机的冗余与热备份方案设计。汇聚层或接入层的网络设备，通常选择普通交换机即可，交换机的性能和数量由入网计算机的数量和网络拓扑结构决定。办公网络拓扑结构如图 10-2 所示。

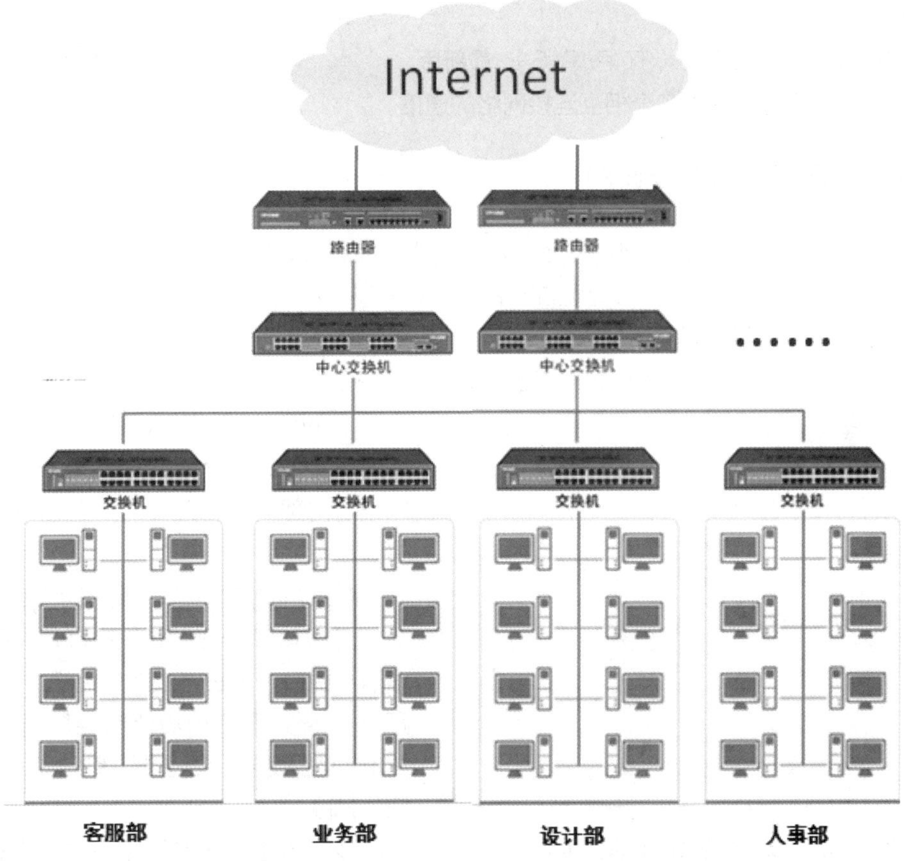


图 10-2 办公网拓扑结构

### 10.2.1 安装设置网络组件

Windows Server 2012 操作系统在一般情况下会自动建立局域网连接，但还是会出现在某些情况下，用户不能正常访问本地网络的情况。在对等网中，如果缺少必要的网络协议，计算机之间就不能正常访问对方的资源。如果要访问局域网中的 Windows Server 2012 服务器，那么“Microsoft 网络客户端”客户组件必不可少。

只要正确安装网卡，启动计算机，Windows 7 都会自动添加下必要的网络组件，如图 10-3 所示。

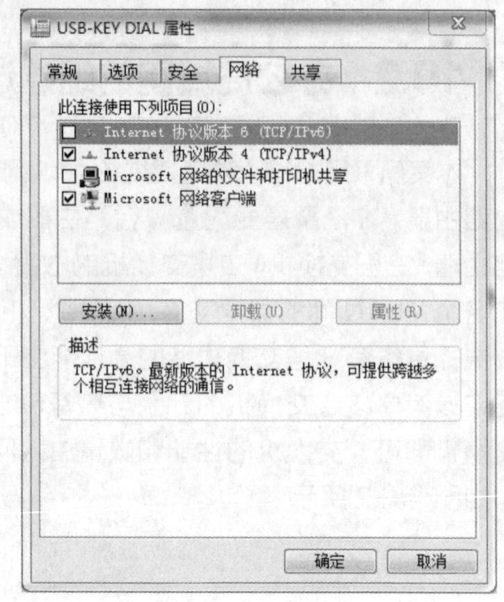

图 10-3　必要网络组件

（1）Microsoft 网络客户端：允许用户的计算机访问 Microsoft 网络上的资源。

（2）Microsoft 网络的文件和打印机共享：允许其他计算机使用 Microsoft 网络访问用户的计算机上的资源。

（3）Internet 协议版本 4（TCP/IPv4）：默认的广域网网络协议，它提供在不同的相互连接的网络上的通信。

（4）Internet 协议版本 6（TCP/IPv6）：最新版的 Internet 协议，可提供跨越多个相互连接网络的通信。

### 10.2.2　配置服务器及客户机

首先安装服务器和客户机操作系统，然后配置客户机和服务器的 IP 地址，根据公司需要，可以配置各种功能的服务器，本案例仅以客服部 DHCP 服务器和 Web 服务器的配置为例进行介绍。

**1. 客服部 DHCP 服务器配置**

动态主机配置协议（Dynamic Host Configuration Protocol，DHCP）是局域网的一个网络协议，使用 UDP 工作，其主要有两个用途：给内部网络或 ISP 自动分配 IP 地址，用于用户或者内部网络管理员对所有计算机进行中央管理。

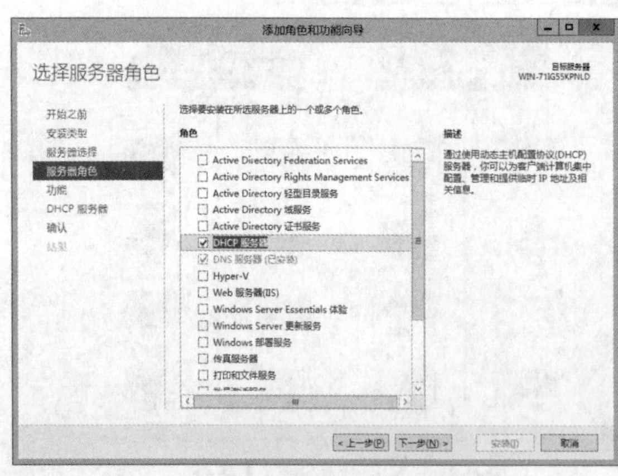

图 10-4　“添加角色和功能向导”窗口

配置客服部 DHCP 服务器的步骤如下。

（1）从“管理工具”中打开“服务器管理器”窗口，单击“添加角色和功能”命令，打开“添加角色和功能向导”窗口，选中“DHCP 服务器”复选框，单击“下一步”按钮，如图 10-4 所示。

（2）单击“安装”按钮，完成安装，如图 10-5 所示。

（3）从“管理工具”中双击“DHCP”按钮打开 DHCP 窗口，如图 10-6 所示。

（4）在 DHCP 窗口，展开左侧窗格的节点树，在 IPv4 上单击鼠标右键，选择“新建作用域”命令，如图 10-7 所示。

（5）在“作用域名称”对话框中输入名称 KeFu，如图 10-8 所示，单击“下一步”按钮。

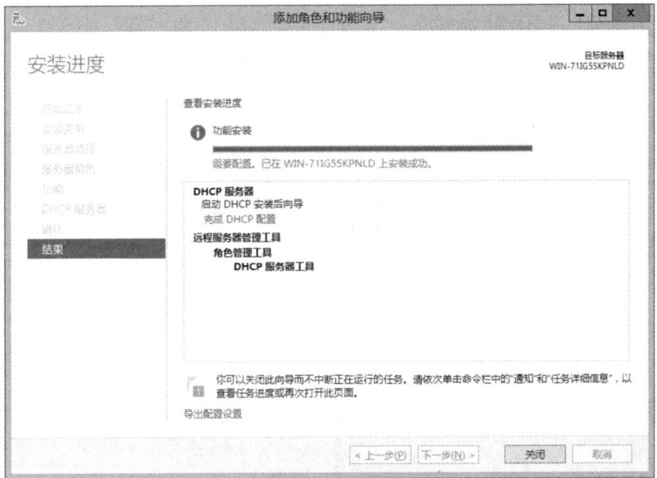


图 10-5 “安装进度”窗口

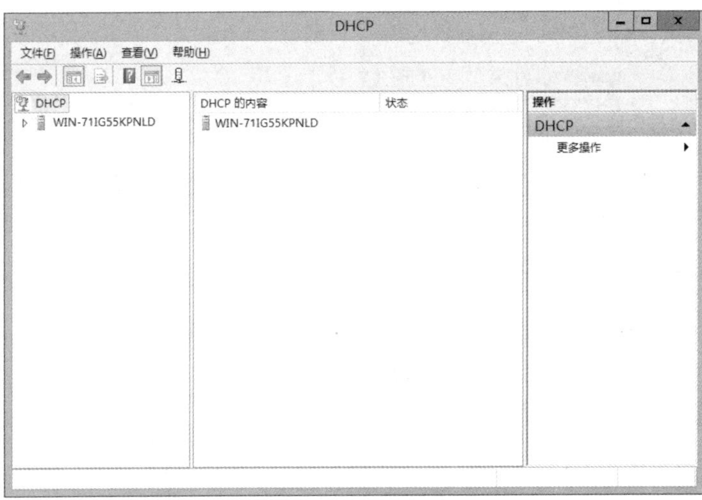


图 10-6 “DHCP”窗口

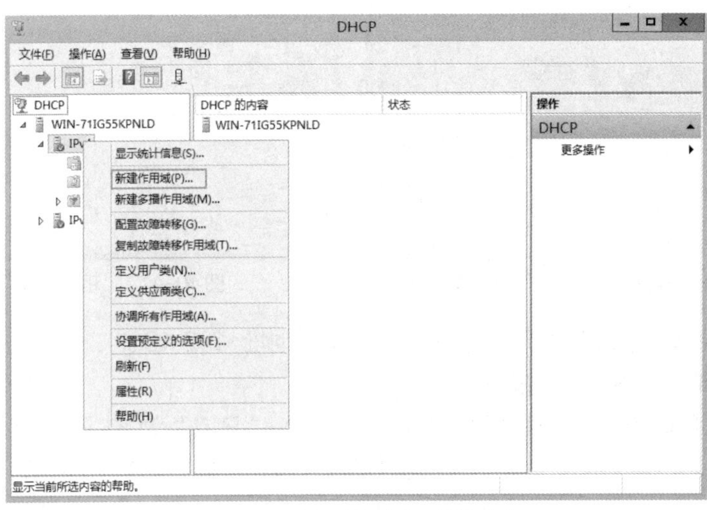


图 10-7 选择“新建作用域”命令

（6）在“IP 地址范围”对话框中输入“起始 IP 地址”为 192.168.1.2，“结束 IP 地址”为 192.168.1.200，“长度”为 24，“子网掩码”为 255.255.255.0，如图 10-9 所示，单击“下一步”按钮。

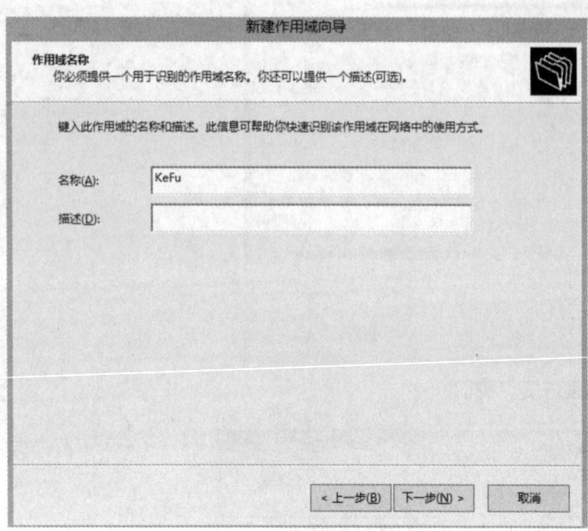


图 10-8 “作用域名称”对话框

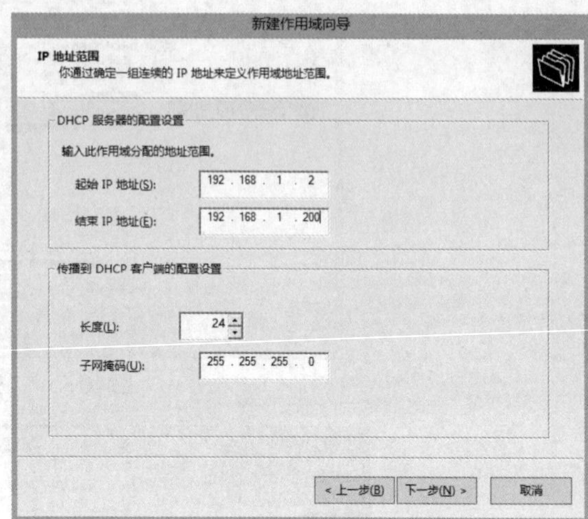


图 10-9 “IP 地址范围”对话框

（7）在“添加排除和延迟”对话框中输入需要排除的 IP 地址，本案例不需要排除，如图 10-10 所示，单击“下一步”按钮。

（8）在“租用期限”对话框中输入限制时间为 8 天，如图 10-11 所示，单击“下一步”按钮。

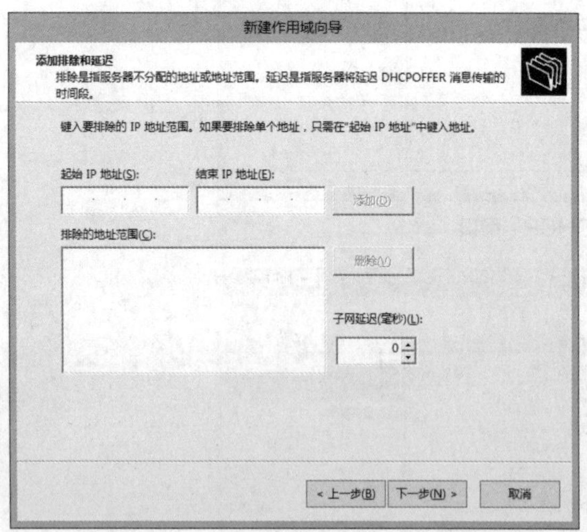


图 10-10 “添加排除和延迟”对话框

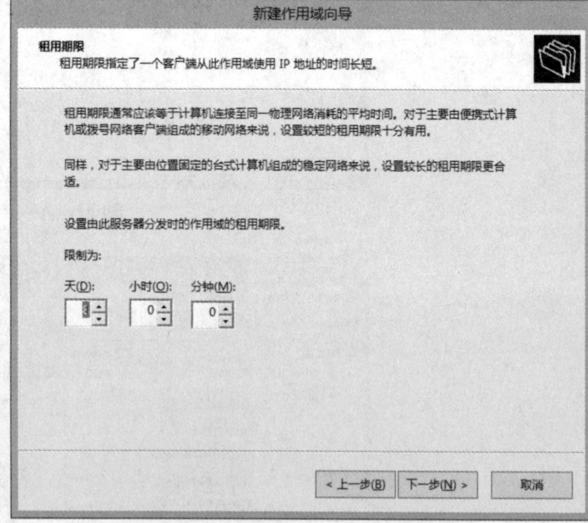


图 10-11 “租用期限”对话框

（9）在“路由器（默认网关）”对话框中输入网关地址 192.168.1.1，单击“添加”按钮，如图 10-12 所示，单击“下一步”按钮。

（10）在“域名称和 DNS 服务器”对话框中输入“父域”为 KeFu.com，“服务器名称”为 KeFu，“IP 地址”为 192.168.1.1，单击“添加”按钮，如图 10-13 所示，再单击“下一步”按钮。

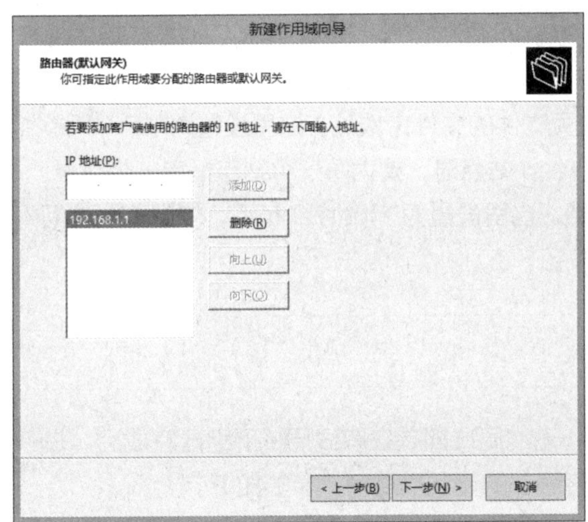


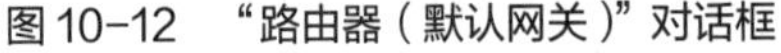
图 10-12 “路由器（默认网关）”对话框

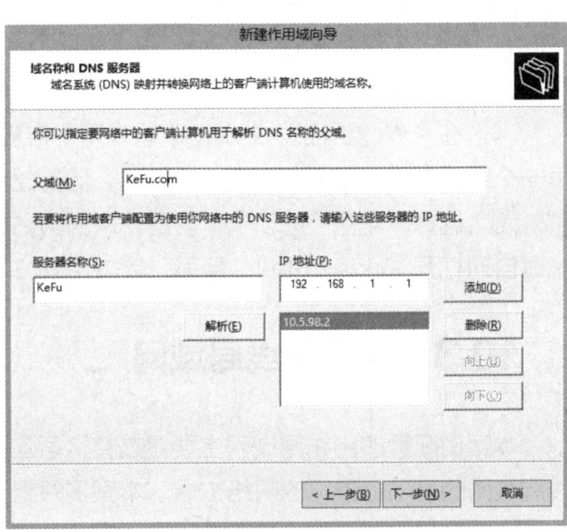


图 10-13 “域名称和 DNS 服务器”对话框

（11）在“激活作用域”对话框中，选择“是，我想现在激活此作用域”单选项，如图 10-14 所示，再单击“下一步”按钮，再单击“完成”按钮。

（12）配置完 DHCP 服务器后，需要配置 DHCP 客户机。配置 DHCP 客户机只需将客户机 IP 地址设为自动获得 IP 地址即可，如图 10-15 所示。

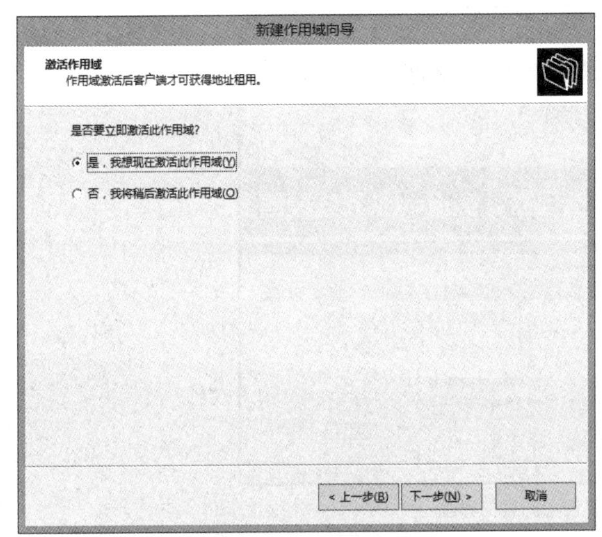


图 10-14 “激活作用域”对话框

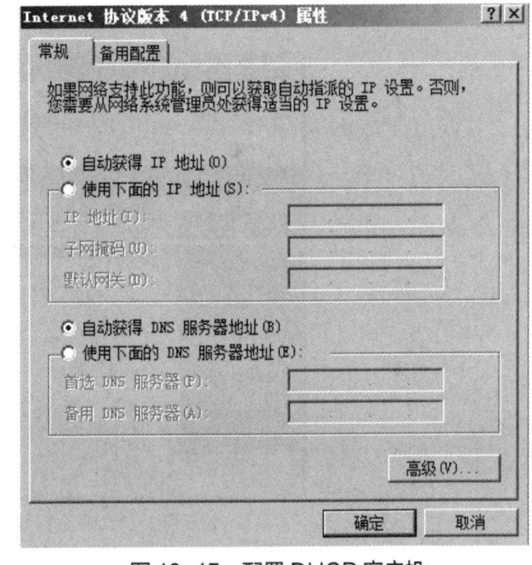


图 10-15 配置 DHCP 客户机

### 2. Web 服务器的配置

配置 Web 服务器的步骤如下。

（1）单击“开始”→“控制面板”→“添加/删除程序”命令，弹出“添加或删除程序”窗口。

（2）双击“应用程序服务器”选项，进入“应用程序服务器”对话框，选中“Internet 信息服务（IIS）”选项，单击“确定”按钮。

（3）配置默认网站属性，单击“开始”→“控制面板”→“管理工具”命令，单击“Internet 信息服务（IIS）管理器”图标进入 IIS 管理器。在 IIS 管理器窗口中的左侧目录树中，单击

“SCTFSERVER（本地计算机）”→“网站”→“默认网站”命令，选中“默认网站”，单击鼠标右键，选择“属性”选项，弹出“默认网站属性”对话框，选中“主目录”选项卡。

（4）在“本地路径:”文本框中输入用于存放网页文件的文件夹地址，这里设置为“E:\Web”，每一个网站都对应服务器上的一个目录，因此建立 Web 站点时，要为每一个站点指定一个目录。

（5）选择“文档”选项卡，设置默认的网站文档。这里设置为“index.html”，使浏览器访问网站时自动打开“index.html”网页，单击“添加”按钮。

## 10.3 组建无线局域网

本案例配置的无线局域网主要是在接入层应用，无线局域网是在有线局域网组建完成后，在有线局域网的基础上进行的网络扩展。本案例只组建客服部的无线局域网，步骤如下。

（1）硬件准备。每个办公室至少需要一个无线路由器或者无线 AP 及一条新网线。

（2）网线的一端插入公司主干网汇聚层的接口，另一端插入无线路由器上的 LAN 分支接口。

（3）打开计算机，依照无线路由器的说明书设置自动拨号和无线上网安全模式及密码。不同路由器有不同的设置界面。设置步骤如下。

① 打开 IE 浏览器，在地址栏中输入 192.168.0.1，按 Enter 键。在弹出的对话框中输入用户名和密码，默认的用户名和密码都是 admin。单击“确定”按钮，出现路由器的设置界面，在左侧列表选择“设置向导”选项，单击“下一步”按钮，出现图 10-16 所示的界面。

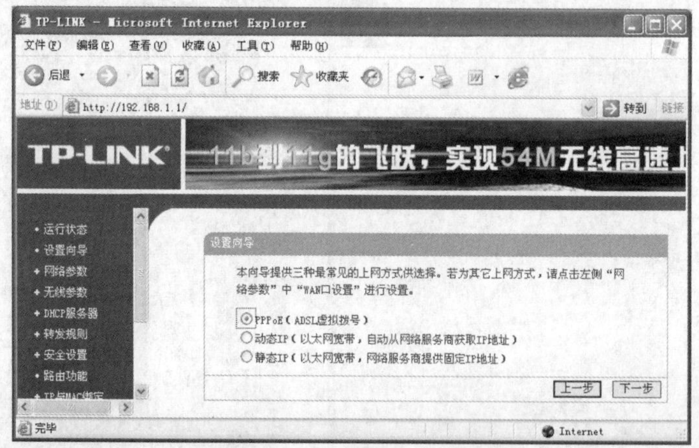

图 10-16 “设置向导”界面

② 选中“PPPoE（ADSL 虚拟拨号）”选项，用户可以根据自己的网络情况，在 3 个选项中选择其一。单击“下一步”按钮，出现图 10-17 所示的界面，输入 ADSL 上网账号和上网口令（安装宽带时，工作人员给的账号和上网口令），单击“下一步”按钮。

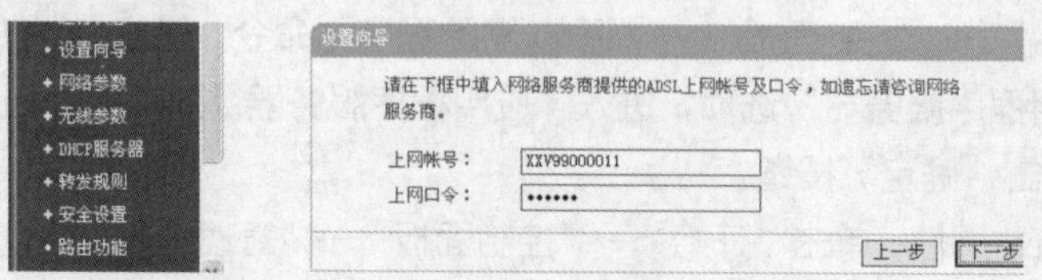

图 10-17 输入 ADSL 上网账号和口令

③ 在图 10-18 中，更改 SSID 为“ZTG-WLAN”。在“模式”下拉列表框中选择自己的无线网卡模式（如 802.11b、802.11g 等，根据自己的情况而定，现在市面的路由器兼容 802.11g、802.11n）。单击“下一步”按钮。

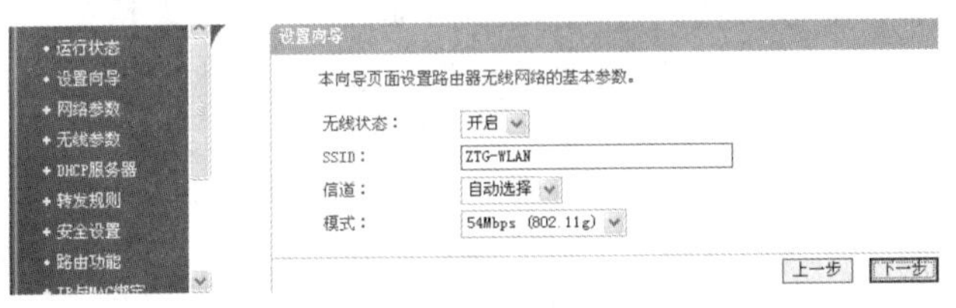


图 10-18　更改 SSID

④ 在图 10-19 中，设置 PSK 密码。单击“下一步”按钮，完成无线路由器的初始配置。

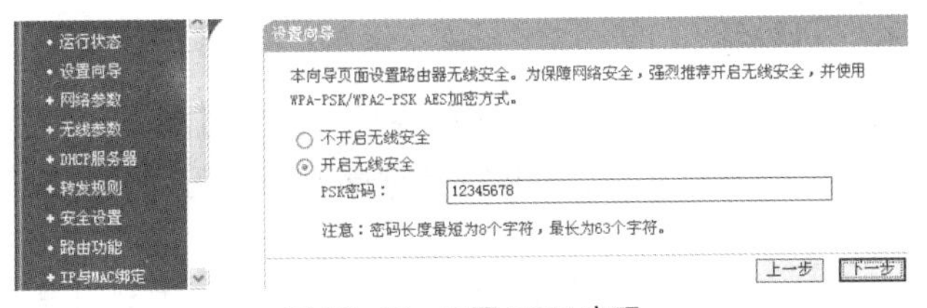


图 10-19　设置 PSK 密码

⑤ 配置无线路由器的 DHCP 服务，在图 10-20 中，选择“DHCP 服务器”→“DHCP 服务”选项，如果局域网规模较小，建议关闭 DHCP 服务，给每台计算机设置静态 IP 地址。如果局域网规模较大，可以启动 DHCP 服务，不过一定要确保无线路由器安全设置。

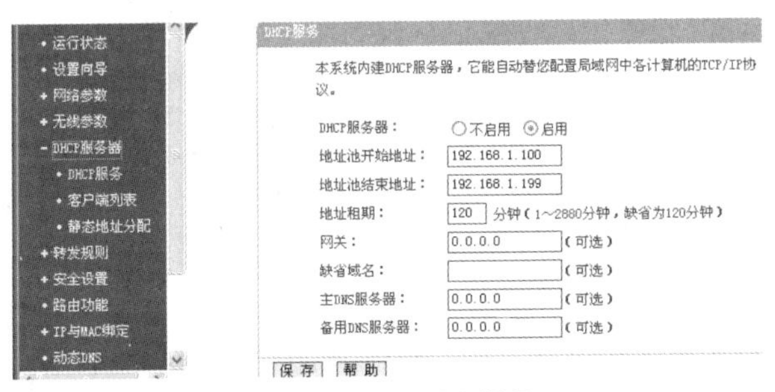


图 10-20　DHCP 服务

设置完成后，使用客服部的计算机上网就不用单击“宽带连接”图标了，开机就可以直接上网，手机若打开 Wi-Fi 也会自动连接。

## 10.4　办公网络的宽带接入

办公局域网要接入 Internet，需要向 ISP 申请。

随着 Internet 在我国的迅速发展，越来越多的单位和个人想得到 Internet 提供的各项服务，于是提供 Internet 接入服务的 ISP 也越来越多。选择 ISP，应从以下几个方面考虑。

### 1. 入网方式

对于个人用户而言，目前有几种上网方式可供选择，如拨号上网、光纤上网、ADSL 等。这几种上网方式的网速各不相同，并且安装费、使用费也各不相同，用户可根据实际情况和使用要求来选择入网方式。

**2. 出口速率**

ISP 的出口速率是指 ISP 直接接入 Internet 骨干网的专线速率。目前在我国只有少数几个 ISP 有专线，如电信 CHINANET、教育 CERNET、吉通 CHINAGBN、科学 CSTNet 等，其他则是通过这些 ISP 的出口专线转接入网。

**3. 服务项目**

Internet 可提供的服务项目种类很多，每个 ISP 提供的项目又各不相同。有的提供了 Internet 全部服务项目，有的只提供电子邮件、文件传输、远程登录 3 项基本服务项目，有的还提供一些特殊服务类型，如经济信息查询、人才信息查询、教育服务、电子购物、本地 BBS 站、Internet 电话和传真，大大丰富了 Internet 的服务项目。

**4. 收费标准**

收费问题是用户最关心的。目前各 ISP 的收费标准各不相同，一般包括入网费（安装费）、月租费和使用费等。收费差别主要在使用费，有的采用登录服务器的时间计算，有的采用通信的信息量收费，有的采用占用 ISP 的存储空间收费，有的使用包月制等。必须了解 ISP 是否收取额外费用，如超过每月规定的小时数后，如何加收附加费；下载软件是否需要另外付费；发送大的邮件是否也需要另外付费；连接到一些特殊的网点、浏览特殊的信息资源是否额外收费等。

**5. 服务管理**

ISP 是否为用户安装 Internet 上网软件，是否为用户培训 Internet 基本操作，能否及时为用户排除上网故障，能否及时向用户讲解服务项目，能否向用户通报费用细目，以及 ISP 的设备是否可靠，是否提供全天候 24 小时服务，存放在 ISP 服务器上的用户私人信息是否安全保密等，都是用户关心的问题。

根据以上方面的考虑，本案例选择的网络运营商是中国联通。公司向中国联通提供单位介绍信、公司企业法人营业执照、公司章程和验资报告等资料及费用，经中国联通开通上网业务后，公司各部门就可以通过局域网接入 Internet 了。

## 10.5 案例总结

本案例的完成让我们对组建办公网络有更多的了解，可以使同学们能更加深刻地学习网络硬件、网络软件和网络协议等的应用，进一步探究网络的发展趋势和良好前景，让新一代网络技术能够更好地改变人类的工作和生活。